养殖场兽药规范使用手册系列丛书

羊场
兽药规范使用手册

中国兽医药品监察所
中国农业出版社　组织编写
薛青红　窦永喜　主编

YANG CHANG
SHOUYAO GUIFAN ZHIYONG SHOUCE

中国农业出版社
北　京

本书有关用药的声明

随着兽医科学研究的发展、临床经验的积累及知识的不断更新，治疗方法及用药也必须或有必要做相应的调整。建议读者在使用每一种药物之前，参阅厂家提供的产品说明书以确认推荐的药物用量、用药方法、所需用药的时间及禁忌等，并遵守用药安全注意事项。执业兽医有责任根据经验和对患病动物的了解决定用药量及选择最佳治疗方案。出版社和作者对动物治疗中所发生的损失或损害，不承担任何责任。

丛书编委会

编者名单

主　编　薛青红　窦永喜

副主编　孙　淼　赵宏涛　郝利华

编　者（按姓氏笔画排序）

王小慈　王杏利　王桂花　白　雪

刘　博　孙　淼　苏富琴　李亚菲

李忠军　杨大伟　杨文欢　杨京岚

张　媛　张天舒　陈延飞　赵宏涛

郝利华　黄　炯　梁先明　温　芳

窦永喜　薛青红

有效保障食品安全、养殖业安全、公共卫生安全、生物安全和生态环境安全是新时期兽医工作的首要任务。我国是动物养殖大国，也是动物源性食品消费大国。但是我国动物养殖者的文化素质、专业素质参差不齐，部分养殖者为了控制动物疫病，违规使用、滥用兽药，甚至违法使用违禁药物，造成动物产品中兽药残留超标和养殖环境中动物源细菌耐药性，形成严重的公共卫生和生物安全隐患。

当前，细菌耐药、兽药残留问题深受百姓关注，党中央国务院非常重视。国家"十三五"规划明确提出要强化兽药残留超标治理，深入开展兽用抗菌药综合治理工作。2017 年，制定实施《全国遏制动物源细菌耐药行动计划（2017—2020 年）》，明确了今后一个时期的行动目标、主要任务、技术路线和关键措施。随着兽药综合治理工作的推进和养殖业方式转变，我国养殖业兽药的使用已呈现逐步规范、渐近趋好的态势。

为进一步规范养殖环节各种兽药的使用，引导养殖场兽医及相关工作人员加深对兽药规范使用知识的了解，中国兽医药品监察所和中国农业出版社组织编写了养殖场兽药规范使用手册系列丛书。该丛书站在全局的高度，充分强调兽药规范使用的重要性，理论联系实际，以《中华人民共和国兽药典》等相关规范为基础，介绍兽药使用基础知识、各畜种常见使用药物、疫病诊断及临床用药方法等，同时附录兽药残留限量标准、休药期标准等基础参数，直观生动，易学易懂，具有较强的科学性、实用性和先进性，可为兽医临床用药提供全面、系统的指导，既是先进兽药科学使用的技术指导书，也是一套适用于所有畜牧兽医工作者学习的理论参考书，对落实《全国遏制动物源细菌耐药行动计划（2017—2020 年)》将发挥积极作用，具有重要的现实意义。

相信这套丛书一定会成为行业受欢迎的图书，呈现出权威、标准、规范和实用特色！

农业农村部副部长　于康震

　　兽药（包括疫苗等）是预防、治疗和诊断动物疫病的特殊商品，其质量直接关系到重大动物疫病防控成效、养殖业健康发展、食品安全和公共卫生安全。我国是畜牧大国，2016 年羊存栏量约 3.1 亿只，随着集约化和规模化养殖的发展，群发性疾病尤其传染病已成为阻碍养殖业健康发展的主要因素。不规范用药导致的动物源性食品的病原微生物污染、抗生素残留等已引起社会的广泛关注。由此可见，安全、科学、合理、规范的使用兽药已成为影响养殖业健康、高效和可持续发展的重要因素，系统编写一本指导羊场兽药规范使用的参考书具有重要意义。

　　依据我国已批准的兽药，结合当前羊场发生疾病的复杂形势及我国的防控策略，中国兽医药品监察所、中国农业出版社组织了长期在养羊生产一线的专家学者编写了《羊场兽药规范使用手册》一书。本书从羊场用药的基础知识、常用药品、常见疾病的临床用药、药物残留及合理用药、耐药控制 5 个方面对羊场的规范用药进行了介绍，编写中突出"病、药结合"，兼顾免疫预防，通俗易懂，可供广大羊户、羊场兽医学习使用，以提高对常见羊病防治的技术水平，同时也可作为基层兽医工作者、农业院校相关专业师生进行羊病诊疗、规范用药的参考资料。

本书涉及药物种类、数量较多，由于编写时间紧、编者的水平有限，难免存在疏漏、不足甚至是错误之处，恳请同行专家和广大读者提出宝贵意见和建议，以便再版时加以修改补充。

编　者

2018 年 8 月

CONTENTS 目 录

第一章

羊场用药基础知识

第一节　兽药的定义、应用形式及保管

一、兽药的定义与来源

（一）兽药的定义

兽药是指用于预防、治疗、诊断动物疾病，或者有目的地调节动物生理机能的物质。主要包括血清制品、疫苗、诊断制品、微生态制剂、中药材、中成药、化学药品、抗生素、生化药品、放射性药品及外用杀虫剂、消毒剂等。兽药也包括用以促进动物生长、繁殖和提高动物生产效能，促进畜牧业养殖生产的一些物质。动物饲养过程中常用到的饲料添加剂是指为满足某些特殊需要而加入饲料中的微量营养性或非营养性的物质，含有药物成分的饲料添加剂则被称为药物饲料添加剂，亦属于广义兽药的范畴。当药物使用方法不当、用量过大或使用时间过长时，会对动物机体产生毒性，损害动物健康，甚至会导致死亡，药物则变为了毒物。药物和毒物之间并无本质的、绝对的界限，因此，在用药时应明白用药的目的及方法，发挥药物对机体有益的药理作用，避免其有害的毒副作用或不良反应。

（二）兽药的来源

我国兽药使用历史悠久，早在秦汉时期，药学文献《居延汉简》和《流沙坠简》中已有关于兽药处方的记载；汉末三国时期，中国最早的药学著作《神农本草经》中，曾有专用的兽药记录。北魏贾思勰在《齐民要术》中收载了多种兽用方剂。明代李时珍的《本草纲目》中收载了 1 892 种药物，其中兽药有 60 多种；明代万历年间中国的兽医专著《元亨疗马集》中收载的兽药则多达 200 多种、兽用处方 400 余个。

这些典籍中收载的兽药大致有三个来源：植物、动物和矿物。其中植物类兽药最多，如桔梗科植物桔梗具有宣肺、祛痰、利咽、排脓的功效，多用于治疗动物咳嗽痰多、咽喉肿痛、肺痈等。植物类兽药的入药部位多样，有些品种能够全草入药，有些则仅限于根、茎、叶或花等部位入药。动物类兽药也有较多使用，如鸡内金为鸡的干燥砂囊内壁，具有健胃消食、化石通淋的功效，用于治疗动物的食积不消、呕吐、泻痢、砂石淋等。除了这些植物和动物来源的兽药以外，还有少部分矿物来源的兽药，如石膏，其为硫酸盐类矿物，具有清热泻火和生津止渴的功效，可用于治疗动物外感热病、肺热喘促、胃热贪饮、壮热神昏、狂躁不安等。

随着科学技术的不断发展及化学、物理学、解剖学和生理学等学科的建立，一些化学家开始了从药用植物中提取有效成分的尝试，之后一些生理学家（其中一些成为了药理学的先驱者）应用生理学的方法来观察和评价这些化学成分的药效和毒性，此时近代实验药理学逐渐拉开序幕。随着后续的化合物构效关系的确认及定量药理学概念的提出，现代药理学真正发展起来。而兽医药理学的发展是伴随着药理学的发展进程渐次进行的，在整个进程中，青霉素的发现、磺胺类药物及喹诺酮类药物的合成等具有重大意义。同时这也引出了兽药的另两个重要来源：化学合成及微生物发酵。

化学合成类兽药中磺胺类及（氟）喹诺酮类为典型代表。其中首次合成于 1962 年的萘啶酸为第一代喹诺酮类药物的代表；第二代该类兽药则为合成于 1974 年的氟甲喹；1979 年合成的诺氟沙星是首个第三代该类药物，由于它具有 6 -氟- 7 -哌嗪- 4 -诺酮环结构，故该类药物从此开始称为氟喹诺酮类药物。目前我国在兽医临床批准应用的氟喹诺酮类药物有恩诺沙星、环丙沙星、达氟沙星、二氟沙星、沙拉沙星等。而来源于微生物发酵的兽药则多为一些分子质量较大、结构复杂的兽药，如天然青霉素是从青霉菌的培养液中分离获得的，含有青霉素 F、青霉素 G、青霉素 X、青霉素 K 和双氢 F 五种组分。

除了前述的五种兽药来源之外，基于生物技术发展起来的兽药逐渐增多。这类药物是通过细胞工程、基因工程等分子生物学技术生产的药物，如重组溶葡萄球菌酶、干扰素、转移因子等。

二、兽药的应用形式

兽药原料药不能直接用于动物疾病的预防或治疗，必须进行加工，制成安全、有效、稳定和便于应用的形式，称为药物剂型。例如粉剂、片剂、注射剂等。药物剂型是一个集体名词，其中任何一个具体品种，如片剂中的土霉素片、注射剂中的盐酸多西环素注射液等，则称为制剂。药物的有效性首先是其本身固有的药理作用，但仅有药理作用而无合理的剂型，必然影响药物疗效的发挥，甚至出现意外。同一种药物可有不同的剂型，但作用和用途就有差别，如硫酸镁粉经口服，具有导泻的作用，而静脉注射硫酸镁注射液则是发挥其抗惊厥的作用。先进、合理的剂型有利于药物的储存、运输和使用，能够提高药物的生物利用度，降低不良反应，发挥最大疗效。

每类剂型的形态相同，其制法特点和效果亦相似，如液体制剂多需溶解，半固体制剂多需融化或研匀，固体制剂多需粉碎及混合。疗效速度以液体制剂为最快、固体较慢，半固体多作外用。按使用方便性，动物常用的药物剂型主要有：

1. 粉剂/散剂 是指粉碎较细的一种或一种以上的药物均匀混合制成的干燥粉末状制剂，如内服使用的白头翁散。随着集约化、规模化养殖业的出现，许多药物（如抗菌药物、抗寄生虫药物、维生素、矿物质、中草药等）通常是制成粉剂（散剂），混入动物饲料饲喂动物，用以防治疾病、促进生长、提高饲料转化率等。一些药物因为本身的溶解性较好，还可制成可溶性粉剂经动物饮水投药。为了使药物在饲料中均匀混合，药物添加剂必须先制成预混剂，然后拌入饲料中使用，预混剂就是一种或几种药物与适宜的基质（如碳酸钙、麸皮、玉米粉等）均匀混合制成的散剂。

2. 颗粒剂 是将药物与适宜辅料制成的颗粒状制剂，分为可溶性颗粒剂、混悬性颗粒剂和泡腾性颗粒剂。

3. 溶液剂 指一般可供内服或外用的澄明溶液，溶质为呈分子或离子状态的不挥发性化学药物，其溶媒多为水，如恩诺沙星溶液。还有以醇或油作为溶媒的溶液剂，如地克珠利溶液。内服溶液剂给药方便，生物利用度也较高，且不存在混合不均匀的问题。

4. 片剂 是指一种或一种以上的药物经加压制成的扁平或上下面稍有凸起的圆片状固体剂型，具有质量稳定、称量准确、服用方便等优点。缺点为某些片剂溶出速率及生物利用度差，如土霉素片。

5. 注射剂 也称针剂，是指由药物制成的供注入体内的灭菌水溶液、混悬液、乳状液或供临用前配成溶液的无菌粉末（粉针剂，用前现溶）或浓缩液，需使用注射器从静脉、肌内、皮下等部位注射给药的一种剂型，如盐酸林可霉素注射液、注射用青霉素钠等。注射剂的优点是药效迅速、剂量准确、作用可靠、吸收快。不宜内服的药物，如青霉素、链霉素等也常制成注射剂。缺点是注射给药不方便，且注射时往往引起应激反应，且生产过程要求一定的设备。

三、兽药的贮藏与保管

兽药的稳定性是反映兽药质量的主要指标，不易发生变化的稳定性强，反之亦然。而兽药的稳定性取决于兽药的成分、化学结构及剂型等内在因素，空气、温度、湿度、光线等外界因素同样也会引起兽药发生变化。因此，需认真对待兽药的贮藏和保管工作，定期检查以保证其安全性和可使用性。

（一）影响兽药变质的主要因素

1. 空气　空气中的氧或其他物质释放出的氧，易使药物氧化，引起药物变质，如维生素 C、氨基比林氧化变色，硫酸亚铁氧化成硫酸铁等；同时空气中的二氧化碳能与碱性药物反应，而使药物变质，如氨茶碱与空气中的二氧化碳反应后析出茶碱并分解变色。

2. 光照　日光直射或散射都能使某些药物分解，维生素 B_2 溶液在光线的作用下，可光解而失效。双氧水遇光分解生成氧和水。

3. 温度　温度过高，会使药物的降解速度加快，造成某些抗生素、维生素 D_3 等多种药物变质失效，或挥发性成分挥发而药效降低；温度过低，易使软膏剂变硬，液体制剂冻结、分层、析出结晶。

4. 湿度　一些药物可吸收潮湿空气中的水分发生潮解、液化、变性或分解而变质，如阿司匹林、青霉素类和硫酸新霉素等因吸潮而分解，但对于某些含结晶水药物（如氨苄西林三水化合物、茶碱水合物）的贮存环境，也并非是愈干燥愈好，空气过于干燥会发生风化，风化后在使用中较难掌握正确剂量。

5. 霉菌　空气中存在霉菌孢子和其他微生物，这些孢子若散落在药物表面，在适宜的条件下，就能形成霉菌引起药物变质。

6. 贮藏时间　理化性质不稳定的药品，易受外界因素的影响，即使贮藏条件适宜，保存合理，但贮存一定时间后，含量（效价）下降或毒性增强。因此，药物的贮藏和使用不要超过有效期。

（二）兽药的一般保管方法

1. 要根据兽药的性质、剂型进行分类保管。一般可按固、水、气、粉或片、液、针等剂型及普通药、剧药、毒药、危险药品等分类，采用不同方法进行保管。剧药与毒药应要专账、专柜、加锁，由专门双人双锁保管，每个兽药必须单独存放，要有明显标记。

2. 一般兽药都应按《中华人民共和国兽药典》（以下简称《兽药典》）或《兽药说明书》中该药所规定的贮藏条件进行贮藏和保存。也可根据其理化特性进行相应的贮藏和保存。

3. 为了避免兽药贮存过久，必须掌握"先进先出，易坏先出""近期（临近有效期）先出"的原则，要合理存放或堆放，定期检查和盘存。

4. 根据兽药特性，采用不同的贮藏方法。

（1）易光解的兽药。如喹诺酮类药物等，应避光保存，包装宜用棕色瓶，或在普通容器外面包上不透明的黑纸，并防止日光照射。

（2）易潮解引湿的兽药。如氢氧化钠等应密封于容器内，干燥保存，注意通风防潮。

（3）易风化兽药。如硫酸钠、咖啡因等，这类药物除密封外，还需置于适宜湿度处保存（一般以相对湿度50%～70%为宜）。

（4）易受温度影响的兽药。要防受热或防冻结，要求"阴凉处保存"的是指不超过20℃的温度下保存，如抗生素的保存。"冷放保存"或"冷藏保存"是指2～10℃的温度下保存，如生物制品的保存。

（5）易吸收二氧化碳的兽药。如氯化钙等，需严密包装，置阴凉处保存。

（6）中草药多易吸湿、长霉和被虫蛀，要注意贮存在阴凉、通风、干燥的地方，并注意防潮、防虫害。

（7）生物制品一般需要冷藏，要求 2～8℃贮存的灭活疫苗、诊断液和血清等，应在同样温度下运送，严冬季节要注意采取防冻措施。炎夏季节应采取降温措施。要求低温贮存的疫苗，应按照要求的温度贮存和运输。

兽药的稳定性往往同时受多种因素的影响，有的兽药既需避光，又需防热或防潮，保存时要满足兽药所需的理化条件。

5. 若发现兽药有氧化、分解、变色、沉淀、混浊、异物、发霉、分层、腐败、潮解、异味、生虫等影响兽药质量的现象时，一般均不可应用。

6. 兽药批号、有效期与失效期。批号是生产单位在兽药生产过程中，用来表示同一原料、同一生产工艺、同一批料、同一批次制造的产品，一般日期与批次用一短线相连来表示，如 20181001 - 01 表示 2018 年 10 月 1 日生产的第一批产品。

有效期是指兽药在规定的贮藏条件下能保证其质量的期限。失效期是指兽药超过安全有效范围的日期，兽药超过此日期，必须废弃，如需使用，需经药检部门检验合格，才能按规定延期使用。有效期一般是从兽药的生产日期（有的没有标明生产日期，则可由批号推算）起计数，如某兽药的有效期是两年，生产日期为 2018 年 1 月 1 日，则指其可使用到 2019 年 12 月 31 日。如某兽药失效期标明 2019 年 12 月，则指可使用到 2019 年 11 月 30 日止，到 12 月即失效。

四、兽医处方

兽医处方是兽医临床工作及药剂配置的一项重要书面文件。处方的类型可分为法定处方和诊疗处方，法定处方主要指《中华人民共和国兽药典》和《兽药质量标准》等所收载的处方。兽医诊疗处方指经注册的执业兽医在动物诊疗活动中为患病动物开具的，作为患病动物用药凭证的医疗文书。凭兽医处方可购买和使用的兽药即为兽医处方药，而由我国国务院兽医行政管理部门公布的、不需要凭兽医处方就可自行购买并按照说明书即可使用的兽药则称为兽医非处方药。处方开写的正确与否，直接影响治疗效果和患病动物的安全，执业兽医必须认真负责地按照用药的原则、准确的诊断，正确、清楚地开写处方。处方中应写明药物的名称、数量、制剂及用量用法等，以保证药品的规格和安全有效。处方还应保存一段时间，以备查考。

（一）处方笺内容

兽医处方笺内容包括前记、正文、后记三部分，要符合以下标准：

1. 前记　对个体动物进行诊疗的，至少包括动物主人姓名或者动物饲养单位名称、档案号、开具日期和动物的种类、性别、体重、年（日）龄。

对群体动物进行诊疗的，至少包括饲养单位名称、档案号、开具日期和动物的种类、数量、年（日）龄。

2. 正文　包括初步诊断情况和 Rp（拉丁文 Recipe 的缩写）。Rp 应当分列兽药名称、规格、数量、用法、用量等内容；对于食品动物还应当注明休药期。

3. 后记　至少包括执业兽医签名或盖章和注册号、发药人签名或盖章。

（二）处方书写要求

兽医处方书写应当符合下列要求。

1. 动物基本信息、临床诊断情况应当填写清晰、完整，并与病历记载一致。

2. 字迹清楚，原则上不得涂改；如需修改，应当在修改处签名或盖章，并注明修改日期。

3. 兽药名称应当以兽药国家标准载明的名称为准，简写或者缩写应当符合国内通用写法，不得自行编制兽药缩写名或者使用代号。

4. 书写兽药规格、数量、用法、用量及休药期要准确、规范。

5. 兽医处方中包含兽用化学药品、生物制品、中成药的，每种兽药应当另起一行。

6. 兽药剂量与数量用阿拉伯数字书写。剂量应当使用法定计量单位：质量以千克（kg）、克（g）、毫克（mg）、微克（μg）、纳克（ng）为单位；容量以升（L）、毫升（mL）为单位；有效量单位以国际单位（IU）、单位（U）为单位。

7. 片剂、丸剂、胶囊剂及单剂量包装的散剂、颗粒剂，分别以片、丸、粒、袋为单位；多剂量包装的散剂、颗粒剂以克或千克为单位；单剂量包装的溶液剂以支、瓶为单位，多剂量包装的溶液剂以毫升或升为单位；软膏及乳膏剂以支、盒为单位；单剂量包装的注射剂以支、瓶为单位，多剂量包装的注射剂以毫升或升、克或千克为单位，应当注明含量；兽用中药自拟方应当以剂为单位。

8. 开具处方后的空白处应当划一斜线，以示处方完毕。

9. 执业兽医师注册号可采用印刷或盖章方式填写。

（三）处方保存

兽医处方（图1-1）开具后，第一联由从事动物诊疗活动的单位留存，第二联由药房或者兽药经营企业留存，第三联由动物主人或者饲养单位留存。兽医处方由处方开具、兽药核发单位妥善保存两年以上。保存期满后，经所在单位主要负责人批准、登记备案，方可销毁。

XXXXXXX处方笺

动物主人/饲养单位______________________档案号__________

动物种类______________动物性别______________体重/数量__________

年（日）龄______________开具日期________________________

诊断：	Rp:	第一联 从事动物诊疗活动的单位留存

执业兽医师__________注册号__________发药人__________

图1-1 兽医处方笺样式

“××××××××处方笺”中，“××××××××”为从事动物诊疗活动的单位名称。

第二节 临床合理用药

一、影响药物作用的主要因素

药物的作用是机体与药物相互作用过程的综合表现，许多因素都可能影响或干扰这一过程，改变药物效应。这些因素包括药物、动物及环境三方面。

（一）药物因素

1. 药物剂型和给药途径 药物的剂型和给药途径对药物的吸收、分布、代谢和排泄产生较大影响，从而引起不同的药理效应。一般来讲，药效由高到低的给药途径是：静脉注射＞吸入＞肌内注射＞皮下注射＞口服＞皮肤给药。其中静脉注射由于没有吸收过程，因而产生的药理效应更加显著。口服给药的吸收速率按剂型排序为水溶液＞散剂＞片剂。有的药物给药途径不同产生不同的药理效应，如硫酸镁内服导泻，而静脉注射或肌内注射则有镇静、镇痉等效应。

2. 剂量 药物剂量决定药物和机体组织器官相互作用的浓度，在一定范围内，给药剂量越大，则血药浓度越高，作用越强。有的药物随剂量由小到大，其作用发生质的改变，如生存和致死等。例如，动物内服小剂量人工盐是健胃作用，大剂量则表现为下泻作用。兽医临床用药时，除根据《兽药典》决定用药剂量外，兽医师可以根据动物病情发展的需要适当调整剂量，更好地发挥药物的治疗作用。羊由于集约化饲养，数量较多，注射给药要消耗大量人力、物力，也容易引起应激反应，所以药物可用混饲或混饮的群体给药方法。这时必须注意保证每个个体都能获得充足的剂量，又要防止一些个体食入量过多而产生中毒，还要根据不同气候、疾病发生过程及动物食量或饮水量的不同，适当调整药物的浓度。

3. 联合用药 两种或两种以上的药物同时或先后应用时，药物在体内产生相互作用，影响药动学和药效学。

（1）药动学方面 包括妨碍药物的吸收、改变胃肠道 pH、形成络合物、影响胃排空和肠蠕动、竞争与血浆蛋白结合、影响药物的代谢和影响药物排泄等。

（2）药效学方面 包括：①协同作用，联合用药增强药理效应，如增强作用和相加作用，两药合用的效应大于单药效应的代数和，称增强作用；两药合用的效应等于它们分别作用的代数和，称相加作用，在同时使用多种药物时，治疗作用可出现协同作用，不良反应也可能出现这种情况，如第 1 代头孢菌素的肾毒性可由于合用庆大霉素而增强；②颉颃作用，两药合用的效应小于它们分别作用的总和。

（3）配伍禁忌 两种以上药物混合使用可能发生体外的相互作用，出现使药物中和、水解、破坏失效等理化反应，这时可能发生混浊、沉淀、产生气体及变色等外观异常的现象，称为配伍禁忌。例如，在葡萄糖注射液中加入磺胺嘧啶钠注射液，可见液体中有微细的结晶析出，这是磺胺嘧啶钠在 pH 降低时必然出现的结果。

（二）动物方面的因素

动物的种属、年龄、性别、体重、生理状态、病理因素、个体差异等均影响药物的作用。

1. 种属差异 动物品种和生理特点对药物的药动学和药效学往往有很大的差异。在大多数情况下表现为量的差异，即作用的强弱和维持时间的长短不同，如链霉素在不同的动物中消除半衰期表现出很大差异。有少数药物表现出质的差异，如吗啡对人、犬等表现出抑制作用，而对马、猫、虎等则表现为兴奋作用。此外，还有少数动物因缺乏某种药物的代谢酶，因而对某些药物特别敏感。

2. 生理因素 不同年龄、性别或生理状态动物对同一药物的反应往往有一定差异，这与机体器官组织的功能状态，尤其与肝脏药物代谢酶系统有着密切的关系，如幼龄动物因为肝脏微粒体酶代谢功能不足和/或肾排泄功能不足，其体内药物的消除半衰期往往要长于成年动物。同理，老龄动物亦有上述现象，一般对药物的反应较成年动物敏感，所以临床用药剂量应适当减少。

3. 病理因素 药物的药理效应一般都是在健康动物试验中观察得到的，动物在病理状态下对药物的反应性存在一定程度的差异。不少药物对疾病动物的作用较显著，甚至要在动物病理状态下才呈现药物的作用，如解热镇痛抗炎药能使发热动物降温，但对正常体温没有影响。大多数药物主要通过与靶细胞受体相结合而产生各种药理效应，在各种病理情况下，药物受体的类型、数目和活性可以发生变化而影响药物的作用。严重的肝、肾功能障碍，可影响药物的生物转化和排泄，对药物动力学产生显著的影响，引起药物蓄积，延长消除半衰期，从而增强药物的作用，严重者可能引发毒性反应。但也有少数药物在肝生物转化后才有作用，如可的松、泼尼松，在肝功能不全的患病动物中其作用减弱。炎症过程可使动物的生物膜通透性增加，影响药物的转运。严重的寄生虫病、失血性疾病或营养不良的动物，由于血浆蛋白质大大减少，可使高血浆蛋白结合率药物的血中游离药物浓度增加，一方面使药物作用增强，同时也使药物的生物转化和排泄增加，消除半衰期缩短。

4. 个体差异 产生个体差异的主要原因是动物对药物的吸收、分布、代谢和排泄的差异，其中代谢是最重要的因素。不同个体之间的酶活性可能存在很大的差异，从而造成药物代谢速率上的差异。因此，相同剂量的药物在不同个体中，有效血药浓度、作用强度和作用维持时间可产生很大差异。

个体差异除表现药物作用量的差异外，有的还出现质的差异，个别动物应用某些药物后容易产生变态反应。

(三) 饲养管理和环境因素

动物机体的健康状态对药物的效应可以产生直接或间接的影响。动物的健康主要取决于饲养和管理水平。饲养方面要注意饲料营养全面，根据动物不同生长时期的需要合理调配日粮成分，以免出现营养不良或营养过剩。管理方面应考虑动物群体的大小，防止密度过大，房舍的建设要注意通风、采光和动物活动的空间，要为动物的健康生长创造良好的条件。

二、合理用药原则

合理用药原则是指充分发挥药物的疗效和尽量避免或减少可能发生的不良反应。

1. 正确诊断 任何药物合理应用的先决条件是正确的诊断，没有对动物发病过程的认识，药物治疗便是无的放矢，不但没有好处，反而可能延误诊断，耽误疾病的治疗。在明确诊断的基础上，严格掌握药物的适应证，正确选择药物。

2. 用药要有明确的指征 每种疾病都有特定的发病过程和症状，要针对患病动物的具体病情，选用药效可靠、安全、方便给药、价廉易得的药物制剂。反对滥用药物，尤其不能滥用抗菌药物。将肾上腺皮质激素当成一般的解热镇痛或者消炎药使用都属于不合理使用。对不明原因的发热、病毒性感染等随意使用抗生素也属于不合理使用。

3. 熟悉药物在动物的药动学特征 根据药物在动物体的药动学特征，制订科学的给药方案。药物治疗的错误包括选错药物，但更多的是给药方案的错误。执业兽医在给食品动物用药时，要充分利用药动学知识制订给药方案，在取得最佳药效的同时尽量减少毒副作用、避免细菌产生耐药性和导致动物性食品中的兽药残留。良好的执业兽医必须掌握在药效、毒副作用和兽药残留几方面取得平衡的知识和技术。

4. 制订周密的用药计划 根据动物疾病的病理生理学过程和药物的药理作用特点以及它们之间的相互关系，药物的疗效是可以预期的。几乎所有的药物不仅有治疗作用，也存在不良反应，临床用药必须记住疾病的复杂性和治疗的复杂性，对治疗过程做好详细的用药计划，认真观察将出现的药效和不良反应，随时调整用药计划。

5. 合理的联合用药 在确定诊断以后，兽医师的任务就是选择有效、安全的药物进行治疗，一般情况下应避免同时使用多种药物（尤其抗菌药物），因为多种药物治疗极大地增加了药物相互作用的概率，也给患病动物增加了危险。除了具有确实的协同作用的联合用药外，要慎重使用固定剂量的联合用药，因为它使执业兽医失去了根据动物病情需要去调整药物剂量的机会。

明确联合用药的目的，即增强疗效、降低毒副作用、延缓耐药性的发生。①增强疗效，如磺胺类药物与甲氧苄啶、林可霉素与大观霉素联合使用提高抗菌能力、扩大抗菌谱，青霉素类和氨基糖苷类抗生素联合使用，促进氨基糖苷类药物进入细胞，增强杀菌作用；②降低毒性和减少副作用，如磺胺药与碳酸氢钠合用，可减少磺胺药的不良反应；③对付耐药菌，如阿莫西林与克拉维酸合用可治疗耐药金黄色葡萄球菌感染。

6. 正确处理对因治疗与对症治疗的关系 一般用药首先要考虑对因治疗，但也要重视对症治疗，两者巧妙地结合将能取得更好的疗效。中医理论对此有精辟的论述："治病必求其本，急则治其标，缓则治其本"。

7. 避免动物性产品中的兽药残留 食品动物用药后，药物的原形或其代谢产物和有关杂质可能蓄积、残存在动物的组织、器官或食用产品中，这样便造成了兽药在动物性食品中的残留（简称"兽药残留"）。使用兽药必须遵守《兽药典》的有关规定，严格执行休药期（停止给药后到允许食品动物屠宰上市的时间），以保证动物性产品兽药残留不超标。

8. 疫苗免疫注意事项 各养殖场应根据本场所养殖动物种类、品系、疫病流行特点和季节变化，制订相应的疫苗免疫程序。使用疫苗前应注意：凡包装不合格、批号不清楚、不符合运输要求的生物制品不能使用。严格按照说明书和标签上的各项规定使用生物制品，不得任意改变，并详细记录制品名称、批号、使用方法和剂量等内容。接种活疫苗前1周和接种后10d，不得以任何方式或途径给予任何抗菌药物。各种活疫苗应按照制品规定的稀释液稀释后使用。活疫苗作饮水免疫时，不得使用含消毒剂的水。

三、安全使用常识

兽药使用过程中应切记以下常识：

（1）兽药的合理选择是建立在对疾病的正确诊断基础之上的，动物在发病之后，一定要迅速及时地对疾病进行准确诊断，然后才能准确选择最合适的药物进行治疗。

（2）应严格遵守兽药的标签使用原则，根据兽药的适应证选择合适的兽药制剂，并严格按照国家规定的用量与用法使用兽药，严禁超量或超疗程使用。

（3）用药过程中应准确做好各项记录，包括选用的药物、给药间隔时间、给药剂量、给药途径和疗程等。对于饮水及混饲给药，还应仔细记录动物的饮水及采食饲料情况。

（4）食品动物用药过程中应严格遵守休药期的规定，严防兽药在动物可食性组织及产品中的残留。

（5）有条件的养殖场可适当开展本场常见致病菌的敏感性调查，筛选出有效的抗菌药物。

（6）平时做好疾病预防工作，及时做好疫苗接种，做好动物舍的清扫及消毒工作。

（7）严格遵循国家及农业农村部等制定的各项规章制度，如严禁使用违禁药物，严禁将人用药品用于动物，严格遵守兽用处方药的使用及管理制度等。

四、兽药质量快速识别

1. 选购兽药时注意事项　养殖场（户）在选购兽药时，需要注意以下几个方面。

（1）如从兽药生产厂采购，应选择持有兽药生产许可证和兽药GMP合格证的正规兽药厂生产的产品。

（2）如从兽药经营店选购，应选择持有兽医行政管理部门核发的兽药经营许可证和工商部门核发的营业执照的兽药经营单位购买。

（3）如从网络购买，应检查平台是否合法，是否持有兽医行政管理部门核发的兽药经营许可证和工商部门核发的营业执照。

（4）检查兽药产品是否有兽药产品批准文号或进口兽药登记许可证号。兽药产品批准文号有效期为 5 年，过期文号的产品属于假兽药。

（5）检查兽药包装上是否印制了兽药产品的电子身份证——二维码唯一性标识。

（6）选择农业农村部兽药产品质量通报中的合格产品，不选择农业农村部公布的非法兽药企业生产的产品及合法兽药企业确认非本企业生产的涉嫌假兽药产品。

（7）不购买农业农村部淘汰的兽药、规定禁用的药品或尚未批准给羊使用的兽药产品。

（8）注意兽药产品的生产日期和使用期限，不要购买和使用过期的兽药产品。

（9）不要购买和使用变质的兽药产品。

（10）选择产品包装、标签、说明书符合国家标准规范的产品。成件的兽药产品应有产品质量合格证，内包装上附有检验合格标识，包装箱内有检验合格证。

（11）参照广告选择兽药时，必须选择有省部级审核的广告批准文号的产品。

2. 选购兽药时应检查的内容　采购兽药时，首先要查看外包装，最为明显的就是二维码。在兽药包装上印制二维码唯一性标识，解决了兽药产品"是谁（的）＋从哪里来＋到哪里去了"的问题，通过网络、手机、识读设备等多种途径查询相关内容，以达到对兽药产品进行标识和追踪溯源，实现全国兽药产品生产出入库可记录、信息可查询、流向可追踪和责任可追查的目的。目前，正规企业生产的每一个兽药产品（瓶/袋）都有二维码，就是兽药产品的电子身份证。采购员、仓库管理员、兽医都可以使用手机、识读设备等扫描，通过网络实现与中央数据库的连接，查询兽药产品相关信息，实现兽药产品可追溯。扫描兽药二维码标识可呈现的信息包括：兽药追溯码、产品名称、批准文号、企业简称、联系电话。

外包装上除了二维码之外，还可以看到商品名称，此外要看是否标有生产许可证和兽药 GMP 证书编号、兽药的通用名称、产品批准文号、产品批号、有效期、生产厂名、详细地址和联系电话，是否有产品使用说明书，说明书上标注的项目是否齐全。兽药的包装、标签及说明书上必须注明以下信息：产品批准文号、注册商标、生产厂家、厂址、生产日期（或批号）、药品名称、有效成分、含量、规格、作用、用途、用法用量、注意事项、有效期等。

再就是观察兽药的外包装是否有破损、变潮、霉变、污染等现象，用瓶包装的兽药产品应检查瓶盖是否密封，封口是否严密，有无松动，有无裂缝甚至药液漏出等现象。同时应检查兽药产品的外观、性状是否有异常，如标准规定的颜色发生变化，粉剂出现不应有的结块，注射液出现絮状物沉淀等。

3. 假劣兽药的快速鉴别 根据《兽药管理条例》的规定，假、劣兽药有以下几种情形。

（1）**假兽药** 有以下情形之一的，为假兽药：①以非兽药冒充兽药或者以他种兽药冒充此种兽药的；②兽药所含成分的种类、名称与兽药国家标准不符合的。

有以下情形之一的，按假兽药处理：①国务院兽医行政管理部门规定禁止使用的；②依照《兽药管理条例》规定应当经审查批准而未经审查批准即生产、进口的，或者依照《兽药管理条例》规定应当经抽查检验、审查核对而未经抽查检验、审查核对即销售、进口的；③变质的；④被污染的；⑤所标明的适应证或者功能主治超出规定范围的。

（2）**劣兽药** 有以下情形之一的，为劣兽药：①成分含量不符合兽药国家标准或者不标明有效成分的；②不标明或者更改有效期或超过有效期的；③不标明或者更改产品批号的；④其他不符合兽药国家标准，但不属于假兽药的。

（3）检查鉴别假劣兽药时的注意事项　①查产品批准文号：一是兽药生产企业没有获得批准，其生产的兽药产品必然没有产品批准文号，二是合法兽药生产企业没有取得批准文号或挪用其他产品批准文号，这些均作假兽药处理；②查兽药名称：兽药名称包括法定通用名称（兽药典和国家标准中载明的兽药名称）和商品名，兽药产品标签、说明书、外包装必须印制法定通用名称，有商品名的应同时印制，但商品名与通用名称的大小比例不得超过 2：1；③查是否属于淘汰的兽药、规定禁用的药品或尚未批准在羊使用的兽药产品，生产、销售淘汰的兽药、规定禁用的药品或尚未批准在羊使用的兽药产品应做假兽药处理；④查兽药的有效期：超过有效期的兽药即可认定为劣兽药；⑤查产品批号：兽药产品的批号一般由年、月、日、批次组成，并一次性激光打印或印刷，字迹清晰，无涂污修改，任何修改即可认定为劣兽药；⑥查产品规格：核查标签上标示的规格与兽药的实际是否相符，标示装量与实际装量是否相符；⑦查产品质量合格证：兽药包装内应附有产品质量合格证，无合格证的产品不得出厂，经营单位不得销售。

4. 发现假劣兽药后的投诉　为进一步加大兽药违法案件查处工作力度，2006 年 11 月 7 日，农业部通过中国农业信息网、中国兽药信息网和《农民日报》，将各省（自治区、直辖市）兽医行政管理部门兽药违法案件举报电话（表 1 - 1）统一向社会公布（农办医〔2006〕58 号），并要求各省（自治区、直辖市）兽医行政管理部门采取多种形式，加强宣传，主动接受社会监督，做好举报电话值守，认真受理举报案件，依法查处违法行为，以净化市场，维护合法兽药企业和广大农牧民的权益。

表 1 - 1　全国兽药违法案件举报电话名录

序号	单位名称	举报电话
1	农业农村部畜牧兽医局	010 - 59192829 010 - 59191652（传真）
2	北京市农业局 北京市动物卫生监督所	010 - 82078457 010 - 62268093 - 801
3	天津市畜牧局	022 - 28301728
4	河北省畜牧兽医局	0311 - 85888183
5	山西省兽药监察所	0351 - 6264649（传真）
6	内蒙古自治区农牧业厅	0471 - 6262583；6262652
7	辽宁省动物卫生监督管理局	024 - 23448298；23448299
8	吉林省牧业管理局	0431 - 2711103；8906641
9	黑龙江省畜牧兽医局	0451 - 82623708
10	河南省畜牧局	0371 - 65778775
11	湖北省畜牧局	027 - 87272217
12	江西省畜牧兽医局	0791 - 85000985
13	湖南省畜牧水产局	0731 - 8881744
14	福建省农业厅畜牧兽医局	0591 - 87816848
15	安徽省农业委员会畜牧局	0551 - 2650644
16	上海市兽药饲料监督管理所	021 - 52164600
17	山东省畜牧办公室	0531 - 87198085
18	江苏省兽药监察所	025 - 86263243；86263659
19	浙江省畜牧兽医局	12316
20	广东省农业厅畜牧兽医办公室	020 - 37288285
21	广西壮族自治区水产畜牧局	0711 - 2814577
22	海南省畜牧兽医局	0898 - 65338096
23	重庆市农业局	023 - 89016190；89183743
24	云南省畜牧兽医局	0871 - 5749513
25	贵州省畜牧局	0851 - 5287855；5286424
26	四川省畜牧食品局	028 - 85561023
27	陕西省畜牧兽医局	029 - 87335754

（续）

序号	单位名称	举报电话
28	甘肃省农牧厅	0931 - 8834403
29	青海省农牧厅畜牧兽医局	0971 - 6125442
30	宁夏回族自治区兽药饲料监察所	0951 - 5045719
31	新疆维吾尔自治区畜牧兽医局	0991 - 8565454
32	西藏自治区农牧厅办公室	0891 - 6322297

发现假劣兽药后，可以拨打上述电话或亲自到上述部门举报，也可向所在地市、县兽医行政管理部门举报。

第三节　羊临床用药选择

一、羊的生物学特性

目前，随着社会经济发展和人民物质生活水平的提高，羊的饲养量日益增多，并逐步发展为集约化舍饲或半舍饲养殖。搞好羊的保健和防病治病工作，切实保障养羊业健康发展，应首先对羊的生物学特点有所了解。

（一）采食能力强

由于羊有长而灵活的薄唇，下切齿稍向外弓而锐利，上颚平整而坚硬，可采食包括各种牧草、灌木、农副产品及禾谷类子实等广泛饲草料。因羊的采食能力强，对粗糙饲草料的接受能力强，甚至会食入异物，因此很容易发生瘤胃积食、创伤性网胃炎（常继发创伤性网胃心包炎和创伤性网胃腹膜炎）、瓣胃阻塞（百叶干）以及胃肠梗阻（食入塑料袋或薄膜等）等疾病。

（二）消化机能强

羊属反刍动物，其瘤胃中有大量的微生物，饲料中的碳水化合物经瘤胃微生物作用而被分解、吸收，粗纤维的 50%～80% 转化成碳水化合物和低级脂肪酸。另外，也可通过瘤胃中的微生物制造氨基酸，合成高品质的菌体蛋白质。食物中的蛋白质大部分被细菌分解，少量到达皱胃和小肠。

瘤胃微生物的种类和数量会随着饲料成分的不同而发生变化。不同饲料中营养成分不同，需要不同种类的微生物进行分解消化，当日粮改变时，易导致消化系统疾病的发生，如瘤胃臌气、瘤胃酸中毒、瘤胃积食和皱胃变位等。如羊大量采食豆科植物（如苜蓿、红豆草等）会造成急性瘤胃臌气，可造成羊的大批死亡；瘤胃是一个高效的发酵罐，当一次性超量采食碳水化合物（如玉米面或其他粉状谷物等）时，可因瘤胃内迅速产生大量乳酸而引起瘤胃酸中毒，导致羊的大批急性死亡；如果瘤胃酸中毒发生不甚剧烈，持续时间长（如饲喂青储饲料），则往往会发生蹄叶炎，出现靴状蹄，给羊场造成严重损失；若贪食大量富含粗纤维或黏性大的饲料，致使瘤胃壁扩张，瘤胃容积急性增大，从而导致瘤胃积食，如果病程较长，造成瘤胃兴奋性降低，可发生前胃迟缓。

（三）嗅觉和听觉灵敏

羊嗅觉和听觉都很灵敏。例如，母羊主要凭嗅觉鉴别自己的羔羊，羔羊吮乳时母羊总要先嗅羔羊后躯部，以气味识别是不是自己的羔羊，否则，拒绝哺乳。

在畜牧业生产中，由于羊的嗅觉、听觉敏感，一旦环境突变、饥饿脱水、车辆噪音、过度拥挤、天气炎热或骤冷、运输前的驱赶、保定等应激因素出现，都可能引发羊的应激反应，从而导致机体抵抗力降低，易发生诸如呼吸道感染、肺炎、腹泻和条件致病菌感染（如发生巴氏杆菌病、大肠杆菌病或链球菌病等）等疾病，严重的可造成大量死亡；对于妊娠后期的母羊，还可造成母羊流产或妊娠毒血症。

（四）喜清洁、干燥和凉爽的环境

羊具有爱清洁的习性，喜食干净的饲料，喜饮清洁卫生的水，草料、饮水一经污染或有异味，羊就不愿采食和饮用。另外，羊喜干厌湿，忌湿热湿寒，因此，应将羊舍尽可能建在地势高燥、通风良好、排水通畅的坡地上，还可在羊圈内修建带漏缝地面高床。而一旦羊圈卫生条件差、潮湿、拥挤，羊群极易患病，如梭菌病、寄生虫病（主要是疥癣等外寄生虫病）、坏死杆菌病等；饲料腐败变质，饮用不清洁的冰冻水，易导致消化不良、胃肠炎、梭菌病（羊快疫、羊肠毒血症等）、霉菌毒素中毒病（黄曲霉毒素中毒、杂色曲霉毒素中毒等）、肉毒梭菌毒素中毒等疾病的发生，有的还会发生肾炎。

（五）合群性强

与其他家畜相比，羊有较强的合群性，喜欢群居。当受到侵扰时，羊群会互相依靠和拥挤在一起。在兽医临床上，一旦发现某些羊离群独居，则提示兽医人员要及时检查，在排除老弱因素所致离群外，常可对某些疾病做出早期诊断。羊喜欢挤堆，为外寄生虫病（如螨病、虱病等）在群内的迅速传播提供了条件，因此，在发现群内个别羊只发生体外寄生虫病时，宜全群用药治疗。

（六）适应能力强

羊对环境有较强的适应能力，对不良环境有较强的忍耐力，在耐粗饲、耐渴性、耐热性及耐寒性等方面都有很好的表现。极强的适应性，造成了羊的抗病力较强，很少发病，一旦发病，初期很难察觉。因此，在日常饲养管理过程中，要细心观察，发现羊有采食或行为异常时，及时处理并进行相应的治疗。

羊可以在长期的环境适应过程中形成固有的生理生化特性，但在外部环境突然改变时，也会因为生理生化机能不能迅速做出改变而出现异常。如对于某些外地引进的羊品种，由于不能适应当地干燥、风沙天气，易患肺线虫病、支原体肺炎或异物性肺炎等呼吸道疾病以及双腔吸虫病；不能适应潮湿多雨的气候时，易患梭菌病、坏死杆菌病（腐蹄病）和寄生虫病（肝片吸虫病等）等；从自然环境优越的原产地引进的羊品种，尤其是多胎羊，对于自然环境差的适应性是需要逐渐建立的，这些刚引入的多胎羊发生代谢病的概率明显增加，如微量元素缺乏症（尤其是白肌病、摆腰病、白肝病等）以及妊娠毒血症等。这种现象在近几年大力发展养羊业和引进多胎羊新品种的地区已经得到了证明。

二、羊临床给药方法及免疫方法

（一）临床给药方法

1. 群体给药方法　群体性给药多采用自由采食的方法，将药量少且无刺激性或特殊性气味的药物混入饲料或饮水中，任动物自由采食或饮用。此法是规模化羊场一种重要的给药方法，起到"群防群治"的作用，对减少刺激性因素、降低应激性疾病的发生起着重要作用。多用于大群羊的预防性治疗或驱虫给药。在大群给药前最好先做小群给药试验，确保用药安全和效果后，方可大群给药。主要包括以下两种给药方法。

（1）拌料给药　混饲的药物不影响动物食欲，一般为粉剂或散剂，无异味或刺激性。如为片剂药物，则将其研成细粉再用。混入药物的饲料也应为粉末状，利于药物混匀。

首先，根据羊的数量、采食量、用药剂量算出药物和饲料的用量。准确称取后，将所用药物先混入少量饲料中，反复拌匀；然后，再加入部分饲料拌匀，这样多次逐步递增饲料，直至饲料全部混合，充分混匀后，将混药饲料喂给动物，让其自由采食。对于一些发病动物，也可以将个体剂量的药片、散剂或丸剂药物让其单个自由吞食，但应注意药物是否被全部食入。

(2) 饮水给药　易溶于水的药物可进行饮水给药。根据羊的数量、饮水量及药物特性和剂量等准确计算出药物和水的用量。一般在水中不易破坏的药物，可以在一天内饮完。在水中一定时间易降解的药物，宜在规定的时间内饮完，以保证药效。饮水应清洁，不含有害物质和其他异物，不宜采用含漂白粉的自来水溶解药物。给药前可停止供水 1～2h，然后再饮用药水。药物充分溶解于水中，并搅拌均匀。冬季应将水加温到 25℃左右，再将药物溶解其中给动物饮用。

2. 个体给药方法　个体给药多采用注射、灌服、冲洗等方法，将药物送入动物体内，以达到预防和治疗的目的。个体给药是一种重要且常用的给药方法，对疾病的防治起着至关重要的作用。主要包括以下几种给药方法。

(1) 注射给药　注射给药是使用注射器械将药物直接注入动物体内，是防治动物疾病常用的给药方法，具有用量小而准确、起效快、避免经口给药的麻烦和防止降低药效等优点。注射给药包括静脉注射、肌内注射、皮下注射、皮内注射、气管注射、腹腔注射、瓣胃穿刺和乳房注射。

静脉注射是将药液直接注入静脉血管中的一种给药方法，药液随血液分布全身，可迅速发生药效。主要应用在需要大量输液或输血、急救、强心时，以及皮肤或肌肉不能注射的刺激性较强烈的药物，如钙剂、水合氯醛等。有时也可用于静脉采血。

肌内注射是将药液注入肌肉组织内，通过肌肉吸收至全身达到治疗目的的一种给药方法。对于油剂、乳剂、有刺激性的以及吸收较慢的药物均可选择肌内注射。

皮下注射是将药液注射于皮下和肌肉之间，经毛细血管和淋巴管吸收而达到治疗目的的一种给药方法。常用于易溶解又无刺激性的药品及疫苗等的注射。

皮内注射是指将药液注入真皮层的一种方法。主要用于某些疾病的变态反应诊断、疫苗注射以及药物过敏试验等，如结核病、马鼻疽等的诊断，以及炭疽Ⅱ号、羊痘疫苗等的预防接种。注射器和短针头需选用特制的，如常用结核菌素注射器、连续注射器、小注射器（1mL或2mL）等。

气管注射是指将药液直接注入气管的一种给药方法。主要用于肺部驱虫及气管和肺部感染的治疗。

腹腔注射是将药物注入腹膜以内、胃肠道浆膜以外，用于治疗腹膜炎等腹腔疾病的一种给药方法。对于某些垂危病例，常在血液循环障碍，不易进行静脉注射时，采用腹腔注射进行补液。

瓣胃穿刺术用于瓣胃秘结（百叶干）时的注药治疗。注药完毕，用注射器将针筒内液体全部打入瓣胃后迅速拔针，注射部位碘酊消毒。

乳房注射法是通过乳管将药液注入乳池内的给药方法，主要用于治疗生产母羊的乳房炎。有时亦可通过导乳管注入空气即乳房送风，用于治疗奶羊的生产瘫痪。

（2）口服给药　口服给药是将药物通过口投服到动物胃内达到治疗疾病的一种给药方法。此种方法简便，适合多数药物。若动物饮食废绝或不愿采食，尤其是危重病畜，应采用合适的方法投药。根据药物的剂型、剂量、有无刺激性及病情的不同而选择适宜的投药方法。包括灌服给药法和胃管给药法。其中灌服给药法主要用于粉剂、研碎的片剂加适量水制成的溶液或混悬液，或糊剂中药及其煎剂，以及片剂、丸剂、舔剂等经口灌给病羊；胃管给药法是将大量的水剂药液，可溶于水的流质药液或有恶臭的刺激性药物利用胃管经鼻腔或口腔插入食管，而后投到病羊胃内的一种给药方法。也可用于食管的通透性探诊、抽取胃液、排除胃内气体、排出胃内容物及洗胃，有时还可用于人工饲喂流食。

（3）**灌肠给药** 将大量的药液、营养物质或温水注入直肠内，直接作用于直肠黏膜，使药物、营养物质得以吸收，促进直肠内粪便及炎性物质排出，从而达到治疗疾病目的的一种给药方法。

（4）**阴道与子宫清洗** 为了排出阴道或子宫内的炎性分泌物，促进子宫黏膜修复，恢复子宫生殖机能，将药液注入阴道和子宫进行治疗。注意：导管插入子宫时，动作要轻缓，以防穿破子宫壁；操作时严格遵守消毒规则，当子宫积脓或积水时，应先排出积液再进行子宫冲洗；注入子宫内的冲洗药液，应充分排出，必要时可通过直肠按摩子宫促使其排出。

（二）免疫方法

1. 肌内注射 适用于接种弱毒疫苗或灭活疫苗，选择臀部或两侧颈部为注射位置。具体操作注意事项同前面肌内注射。

2. 皮下注射 适用于接种弱毒疫苗或灭活疫苗，选择股内侧或肘后为注射位置。具体操作注意事项同前面皮下注射。

3. 皮内注射 多选择在颈部外侧和尾根皮肤皱襞作为注射部位。具体操作注意事项同前面皮内注射。

4. 口服 数量少的羊可逐头进行口服免疫接种，数量多时费时费力，可参照群体给药法进行口服接种。

三、羊临床用药注意事项

羊采食的草料除了要靠消化液作用外，还要靠胃肠道微生物作用才能被完全消化吸收，断奶一段时间后，一般会建立一套功能完整的消化道生物发酵系统。

动物的胃肠道中存在非致病性细菌与致病性细菌，正常情况下两者互相制约，保持着平衡。但成年羊口服抗菌药物后，其胃肠道内药物敏感菌群受到抑制，耐药菌群则乘机大量繁殖，从而引起消化不良、肠炎、肺炎和败血症等疾病。所以，成年羊在防病治病过程中应尽量避免口服抗菌药物。

羊的消化过程分两个阶段：首先咀嚼原料吞入胃中，经过一段时间后将半消化的食物反刍再次咀嚼。羊的瘤胃没有消化腺，不能分泌消化液，食入瘤胃的草料主要靠瘤胃内微生物消化。

给羊口服抗菌药物（如四环素类、酰胺醇类、大环内酯类、林可胺类、喹诺酮类或磺胺类）后，常会引发消化不良、反刍停止、瘤胃臌胀、贫血等毒副作用，与瘤胃酸中毒的症状完全相同，严重的会引起死亡。这类问题的发生是由于抗菌药物进入瘤胃中，将大部分瘤胃微生物杀死，剩下的耐药乳酸菌大量产酸，与大量摄入精料引起酸中毒的机理类同。此外，由于抗菌药物对消化道正常菌群有干扰作用，会造成 B 族维生素或维生素 K 缺乏症，诱发二重感染（若在用药期间出现腹泻、肺炎、肾盂肾炎或原因不明的发热时，则应考虑有发生二重感染的可能），造成肝脏毒性等不良反应，因此，羊使用抗菌药物时应注意：

（1）断奶后的羊使用抗菌药物时尽量不用口服给药方式，而应采取注射方式给药，同时可配合口服中草药。

（2）未断奶的幼畜可通过口服给予抗菌药物。

（3）确需口服的，可待病愈后立即给予益生菌类制剂或接种健康羊瘤胃胃液，使瘤胃微生物群尽早恢复正常。

（4）严格遵守国家关于休药期的规定时间，未规定休药期的药物品种，应遵循肉类休药期不少于28d，弃奶期不少于7d的标准。

（5）抗寄生虫药外用时注意避免污染鲜奶。

（6）长期大量使用抗菌药物可破坏瘤胃微生物，使前胃内合成B族维生素和维生素K减少，导致维生素缺乏。因此，羊在使用抗菌药物期间应注意维生素的补充。

（7）成年羊慎用（注射或口服）林可胺类、硝基咪唑类、四环素类、酰胺醇类等抗菌药物，因可能引起严重的胃肠反应，甚至死亡。

常用抗感染药物的相互作用见表1-2。

表1-2 常用抗感染药物的相互作用

抗感染药物	联合用药	药物相互作用结果
氨基糖苷类	黏菌素B	增加肾毒性和神经肌肉阻断作用
	头孢菌素类	增加肾毒性
	利尿酸*	增加耳毒性
	速尿*	增加耳和肾毒性
	硫酸镁	增强神经肌肉阻断作用
头孢菌素类	氨基糖苷类	可能增加肾毒性
	利尿酸	增加肾毒性
	速尿	增加肾毒性
	丙磺舒	可减少大多数头孢菌素排泄，提高血浓度
	大环内酯类	颉颃降效
大环内酯类	卡马西平	增加卡马西平毒性
	糖皮质激素	增强甲基氢化泼尼松的作用
	地高辛	增加地高辛毒性
	林可胺类	颉颃降效
	牛奶	提高罗红霉素口服生物利用度
	麦角生物碱	增加麦角生物碱毒性
	茶碱	增强茶碱的作用

（续）

抗感染药物	联合用药	药物相互作用结果
氟喹诺酮类	抗酸剂	含 Mg^{2+}、Ca^{2+}、Al^{3+} 抗酸剂可减少氟喹诺酮类吸收，应在服用氟喹诺酮类 24h 后再给抗酸剂
	咖啡因	增加咖啡因作用，氧氟沙星无此作用
	铁剂	减少环丙沙星吸收
	非甾体类抗炎药	可能引发癫痫；增强茶碱、阿片、三环类抗抑郁药和抗精神病药致癫痫作用
	丙磺舒	减少氟喹诺酮类消除，增加浓度
	茶碱	增强茶碱毒性：以环丙沙星和依诺沙星为甚（癫痫、心动停止和呼吸衰竭）
	锌剂*	减少环丙沙星吸收
	糖皮质激素	降低甲硝唑作用
青霉素类	别嘌呤醇	增加氨苄西林皮疹的发生率
	头孢菌素类	磺唑氨苄青霉素在肾衰病例中可增加头孢噻吩毒性
	钠盐	替卡西林可引起高钠血症
	丙磺舒	增加青霉素浓度
磺胺类	巴比妥类	增加硫喷妥钠作用
	地高辛	柳氮磺胺吡啶降低地高辛作用
四环素类	抗酸剂*	含 Ca^{2+}、Al^{3+}、Mg^{2+} 和 $NaHCO_3$ 抗酸剂降低了四环素类作用（间隔 3h 给药可预防）
	地诺丹新	减少四环素类吸收，相隔 2h 给药可预防
	抗腹泻药	含白陶土、果胶和碱式水杨酸铋制剂降低四环素类作用
	地高辛	增强地高辛作用
	口服铁剂	降低四环素类疗效（多西环素除外），同时降低铁剂作用，间隔 3h 给药可预防
	轻泻药	含 Mg^{2+} 制剂降低四环素类作用
	牛奶*	降低四环素吸收，多西环素和米诺环素除外
	茶碱	可能增强茶碱毒性
	锌*	降低四环素类作用
复方 SMZ	巴龙霉素	增加肾毒性
	普鲁卡因胺	增加普鲁卡因胺浓度

注：* 表示尽量避免合用。

近年来，国内一些兽药生产企业推出了一些新技术产品，如微囊制剂技术，是一种利用天然或合成的高分子成膜材料包嵌液体或固体药物形成微小胶囊的技术。通过微囊制剂技术使抗感染药物不在胃中溶解释放，完全不刺激胃黏膜，不影响胃内有益的微生物群，不会因药物刺激引起伤胃、少食、不吃、母羊泌乳量减少等现象。而在微囊制剂进入小肠后，在小肠 pH 较高的环境中，制剂中的树脂囊材类被逐渐溶解，药物逐渐释放，被小肠吸收，且可维持较长的有效血药浓度时间。微囊制剂有望解决断奶后的反刍动物不宜口服抗菌药物的问题，大大减少反刍动物群预防或治疗用药中给药的工作量，取得较好的抗感染用药依从性，故值得广大临床兽医、兽药生产企业和羊养殖企业关注。

四、免疫程序制订原则

疫苗接种是预防动物疫病的重要手段，而免疫程序是否合理直接关系到免疫成败。建立合理的免疫程序应以国家动物疫苗免疫政策为依据，结合当地流行的主要疫病、疫病的危害程度、发病季节、生产模式及周边地区疫病流行情况等因素，因地制宜地制订出符合本场/地区的免疫程序。

（一）强制性原则

国家强制免疫的羊病有口蹄疫、小反刍兽疫、布鲁氏菌病和包虫病。这些疫苗的群体免疫密度应保持在 90% 以上，应免羊免疫密度应达到 100%，其中口蹄疫和小反刍兽疫免疫抗体合格率应保持在 70% 以上。对国家强制免疫的羊病必须按要求进行免疫。一旦发病，将造成重大的经济损失并对公共卫生安全带来极大的影响。

（二）地域性和个性相结合的原则

通过了解本地区及周边地区历年和近年来流行病发生的种类、范围和特点（季节、日龄、发病率、死亡率），以及本场羊群的发病情况，有的放矢选择疫苗种类、免疫接种的疫苗种类、接种时间等。免疫接种的种类主要选择有可能在本地区暴发与流行的疫病、刚流行过的疫病和正在临近本场的流行疫病等；免疫接种的时间要依据免疫预防病种的发病特点，如羔羊痢疾常发生在羔羊出生后的 1 周内，此种情况适宜对妊娠母羊免疫，羔羊通过母乳获得被动免疫，才能起到良好的免疫保护。而对当地还没有发生或危害较轻传染病的免疫，可视具体情况斟酌而定。

（三）变化和调整的原则

疫病的发生是发展变化的，免疫程序的制订也不可生搬硬套、一成不变。对周边地区、本地区及本场传染病流行情况及趋势做出客观的判断及预测，并依据抗体监测、疫病防控效果等筛选适宜疫苗、调整免疫程序及免疫病种，推荐多种疫苗在试验验证无颉颃情况下联合免疫，使疫苗免疫既有针对性、实用性又有前瞻性。

第四节　兽药管理法规与制度

一、兽药管理法规和标准

1. 兽药管理法规　我国第一个《兽药管理条例》（以下简称《条例》）是 1987 年 5 月 21 日由国务院发布的，它标志着我国兽药法制化管理的开始。《条例》自 1987 年发布以来，在 2001 年进行了第一次修订，为适应我国加入 WTO 的形势，2004 年进行了全面修改，并于 2004 年 3 月 24 日经国务院令第 404 号发布并于 2004 年 11 月 1日起实施。根据《国务院关于修改部分行政法规的决定》，现行《条例》于 2014 年 7 月 29 日再次修订，2016 年 2 月 6 日进行了第三次修订。

为保障《条例》的实施，农业部发布的配套规章有：《兽药注册办法》《处方药和非处方药管理办法》《生物制品管理办法》《兽药进口管理办法》《兽药生产管理规范》《兽药经营质量管理规范》《兽药非临床研究质量管理规范》《兽药临床试验质量管理规范》等。

2. 兽药标准《兽药典》 《条例》第四十五条规定："国家兽药典委员会拟定的、国务院兽医行政管理部门发布的《兽药典》和国务院兽医行政管理部门发布的其他兽药标准为兽药国家标准"。

根据《中华人民共和国标准化法实施条例》，兽药标准属强制性标准。《兽药典》是国家为保证兽药产品质量而制定的具有强制约束力的技术法规，是兽药生产、经营、进出口、使用、检验和监督管理部门共同遵守的法定依据。它不仅对我国的兽药生产具有指导作用，而且是兽药监督管理和兽药使用的技术依据，也是保障动物源性食品安全的基础。《兽药典》先后有 1990 年、2000 年、2005 年、2010 年、2015 年共五版。

根据农业部第 2513 号公告，发布实施了《兽药质量标准》（2017 年版），并制定了配套的说明书范本。其中，化学药品卷收载品种共404 个；中药卷收载药材、制剂与提取物品种共 384 个；生物制品卷收载制剂、疫苗、试剂盒、诊断试剂等品种共 228 个。本标准收载的品种主要来自于历版《兽药典》《兽药质量标准》《兽药国家标准》《兽用生物制品质量标准》等。

二、兽药管理制度

1. 兽药监督管理机构 兽药监督管理主要包括兽药国家标准的发布、兽药监督检查权的行使、假劣兽药的查处、原料药和处方药的管理、上市后兽药不良反应的报告、生产许可证和经营许可证的管理、兽药评审程序及兽医行政管理部门、兽药检验机构及其工作人员的监督等。根据新《条例》的规定，国务院兽医行政管理部门负责全国的兽药监督管理工作。县级以上地方人民政府兽医行政管理部门负责本行政区域内的兽药监督管理工作。

水产养殖动物的兽药使用、兽药残留检测和监督管理以及水产养殖过程中违法用药的行政处罚，由县级以上人民政府渔业行政主管部门及其所属的渔政监督管理机构负责。但水产养殖业的兽药研制、生产、经营、进出口仍然由兽医行政管理部门管理。

2. 兽药注册制度　兽药注册制度，指依照法定程序，对拟上市销售的兽药的安全性、有效性、质量可控性等进行系统评价，并做出是否同意进行兽药临床或残留研究、生产兽药或者进口兽药决定的审批过程，包括对申请变更兽药批准证明文件及其附件中载明内容的审批制度。

兽药注册包括新兽药注册、进口兽药注册、变更注册和进口兽药再注册。境内申请人按照新兽药注册申请办理，境外申请人按照进口兽药注册和再注册申请办理。新兽药注册申请，指未曾在中国境内上市销售的兽药的注册申请。进口兽药注册申请，指在境外生产的兽药在中国上市销售的注册申请。变更注册申请，指新兽药注册、进口兽药注册经批准后，改变、增加或取消原批准事项或内容的注册申请。

3. 标签和说明书要求　对兽药使用者而言，除了《兽药典》规定内容以外，产品的标签和说明书也是正确使用兽药必须遵循的有法定意义的文件。《条例》规定了一般兽药和特殊兽药在包装标签和说明书上的内容。兽药包装必须按照规定印有或者贴有标签并附有说明书，并必须在显著位置注明"兽用"字样，以避免与人用药品混淆。凡在中国境内销售、使用的兽药，其包装标签及所附说明书的文字必须以中文为主，提供兽药信息的标志及文字说明应当字迹清晰易辨，标示清楚醒目，不得有印字脱落或粘贴不牢等现象。

兽药标签和说明书必须经国务院兽医行政管理部门批准才能使用。兽药标签或者说明书必须载明：①兽药的通用名称：即兽药国家标准中收载的兽药名称，通用名称是药品国际非专利名称（INN）的简称，通用名称不能作为商标注册，标签和说明书不得只标注兽药的商品名，按照国务院兽医行政管理部门的有关规定，兽药的通用名称必须用中文显著标示；②兽药的成分及其含量：兽药标签和说明书上应标明兽药的成分和含量，以满足兽医和使用者的知情权；③兽药规格，便于兽医和使用者计算使用剂量；④兽药的生产企业；⑤兽药批准文号（进口兽药注册证号）；⑥产品批号，以便对出现问题的兽药溯源检查；⑦生产日期和有效期：兽药有效期是涉及兽药效能和使用安全的标识，必须按规定在兽药标签和说明书上予以标注；⑧适应证或功能主治、用法、用量、禁忌、不良反应和注意事项等涉及兽药使用须知、保证用药安全有效的事项。

特殊兽药的标签必须印有规定的警示标志。为了便于识别，保证用药安全，对麻醉药品、精神药品、毒性药品、放射性药品、外用药品、非处方兽药，必须在包装、标签的醒目位置和说明书中注明，并印有符合规定的标志。

4. 兽药广告管理 《条例》规定，在全国重点媒体发布兽药广告的，须经国务院兽医行政管理部门审查批准，取得兽药广告审查批准文号。在地方媒体发布兽药广告的，应当经当地省（自治区、直辖市）人民政府兽医行政管理部门审查批准，取得兽药广告审查批准文号。未取得兽药广告审查批准文号的，属于非法兽药广告，不得发布或刊登。

《条例》还规定，兽药广告的内容应当与兽药说明书的内容相一致。兽药的说明书包含有关兽药的安全性、有效性等基本科学信息。主要包括：兽药名称、性状、药理毒理、药物动力学、适应证、用法与用量、不良反应、禁忌证、注意事项、有效期限、批准文号、生产企业等方面的内容。

兽药广告的内容是否真实，对正确地指导养殖者合理用药、安全用药十分重要，直接关系到动物的生命安全和人体健康。因此，兽药广告的内容必须真实、准确、对公众负责，不允许有欺骗、夸大情况。夸大的广告宣传不但会误导经营者和养殖户，而且延误动物疾病的治疗。

三、兽用处方药与非处方药管理制度

兽药是用于预防、治疗、诊断动物疾病或者有目的地调节动物生理机能的特殊商品。合理使用兽药，可以有效防治动物疾病，促进养殖业的健康发展；使用不当、使用过量或违规使用，将会造成动物或动物源性产品质量安全风险。因此，加强兽药监管，实施兽用处方药和非处方药分类管理制度十分必要。同时，将兽药按处方药和非处方药分类管理，有利于促进我国兽药管理模式与国际通行做法接轨。此外，《条例》第四条规定："国家实行兽用处方药和非处方药分类管理制度"，从法律上明确了该管理制度的合法性和必要性。

根据兽药的安全性和使用风险程度，将兽药分为兽用处方药和非处方药。兽用处方药是指凭兽医处方笺才可购买和使用的兽药。兽用非处方药是指不需要兽医处方笺即可自行购买并按照说明书使用的兽药。对安全性和使用风险程度较大的品种，实行处方管理，在执业兽医指导下使用，减少兽药的滥用，促进合理用药，提高动物源性产品质量安全。

根据农业部令 2013 年第 2 号，《兽用处方药和非处方药管理办法》（以下简称《办法》）于 2014 年 3 月 1 日起施行。《办法》涉及目的、分类、管理部门、标识、生产、经营、买卖、处方、使用和罚则 10 个方面的条款共 18 条。《办法》主要确立了以下 5 种制度：

一是兽药分类管理制度。将兽药分为处方药和非处方药，兽用处方药目录的制定及公布，由农业部（现称农业农村部）负责。

二是兽用处方药和非处方药标识制度。按照《办法》的规定，兽用处方药、非处方药须在标签和说明书上分别标注"兽用处方药""兽用非处方药"字样。

三是兽用处方药经营制度。兽药经营者应当在经营场所显著位置悬挂或者张贴"兽用处方药必须凭兽医处方购买"的提示语，并对兽用处方药、兽用非处方药分区或分柜摆放。兽用处方药不得采用开架自选方式销售。

四是兽医处方权制度。兽用处方药应当凭兽医处方笺方可买卖，兽医处方笺由依法注册的执业兽医按照其注册的执业范围开具。但进出口兽用处方药或者向动物诊疗机构、科研单位、动物疫病预防控制机构等特殊单位销售兽用处方药的，则无需凭处方买卖。同时，《办法》还对执业兽医处方笺的内容和保存作了明确规定。

五是兽用处方药违法行为处罚制度。对违反《办法》有关规定的，明确了适用《兽药管理条例》予以行政处罚的具体条款。

四、不良反应报告制度

不良反应是指在按规定用法与用量正常应用兽药的过程中产生的与用药目的无关或意外的有害反应。不良反应与兽药的应用有因果关系，一般停止使用兽药后即会消失，有的则需要采取一定的处理措施才会消失。

《条例》规定，"国家实行兽药不良反应报告制度。兽药生产企业、经营企业、兽药使用单位和开具处方的兽医人员发现可能与兽药使用有关的严重不良反应，应当立即向所在地人民政府兽医行政管理部门报告"。首次以法律的形式规定了不良反应的报告制度。

有些兽药在申请注册或者进口注册时，由于科学技术发展的限制或者人们认识水平的限制，当时没有发现对环境或者人类有不良影响，在使用一段时间后，该兽药的不良反应才被发现，这时，就应当立即采取有效措施，防止这种不良反应的扩大或者造成更严重的后果。为了保证兽药的安全、可靠，最终保障人体健康，在使用兽药过程中，发现某种兽药有严重的不良反应，兽药生产企业、经营企业、兽药使用单位和开具处方的兽医师有义务向所在地兽医行政主管部门及时报告。

目前，我国尚未建立切实可行的不良反应报告制度，这不利于兽药的安全使用。

第二章

羊常用药物

抗微生物药是指对细菌、真菌、支原体、立克次体、衣原体、螺旋体和病毒等病原微生物具有抑制或杀灭作用的一类化学物质，包括抗生素、人工合成抗菌药、抗真菌药和抗病毒药等。这类药物对病原微生物具有明显的选择性作用，对动物机体没有或仅有轻度的毒性作用，称为化学治疗药（还包括抗寄生虫药、抗肿瘤药等）。为了方便，也把抗生素和合成抗菌药简称为抗生素或抗菌药。

第一节　抗　菌　药

一、抗生素

抗生素曾称抗菌素，是细菌、真菌、放线菌等微生物在生长繁殖过程中产生的代谢产物，在很低的浓度下即能抑制或杀灭其他微生物的化学物质。抗生素主要采用微生物发酵的方法进行生产，如青霉素、四环素等；也有少数抗生素（如甲砜霉素和氟苯尼考等）可用化学方法合成。另外，把天然抗生素进行结构改造或以微生物发酵产物为前体生产了大量半合成抗生素，如氨苄西林、阿莫西林、头孢菌素类等。除了具有抗微生物作用外，有的抗生素主要具有抗寄生虫作用，如阿维菌素类、离子载体类抗生素等。

（一）β-内酰胺类

β-内酰胺类抗生素系指其化学结构含有β-内酰胺环的一类抗生素。兽医临床常用的药物主要包括青霉素类和头孢菌素类。

·青霉素钠（钾）/普鲁卡因青霉素/苄星青霉素·

青霉素属杀菌性抗生素，抗菌活性强，其抗菌作用机理主要是能抑制细菌细胞壁黏肽的合成。生长期的敏感菌分裂旺盛，细胞壁处于生物合成期，在青霉素的作用下，黏肽的合成受阻不能形成细胞壁，在渗透压作用下导致细胞膜破裂而死亡，故对生长繁殖期细菌杀菌活性强。非生长繁殖期的细菌，此时生长不需合成细胞壁，则青霉素不起杀菌作用，故临床上应避免将青霉素这类"繁殖期杀菌剂"与抑制细菌生长繁殖的"快效抑菌剂"（如氟苯尼考、四环素类、红霉素等）合用。后者使细菌处于生长抑制状态，导致青霉素不能发挥作用。青霉素为窄谱抗生素，主要对多种革兰氏阳性和少数革兰氏阴性细菌有作用。主要敏感菌有葡萄球菌、链球菌、棒状杆菌、破伤风梭菌、放线菌、炭疽芽孢杆菌、螺旋体等。对分支杆菌、支原体、衣原体、立克次体、诺卡菌、真菌和病毒均不敏感。

【药物相互作用】①与氨基糖苷类呈现协同作用；②大环内酯类、四环素类和酰胺醇类等快效抑菌剂对青霉素的杀菌活性有干扰作用，不宜合用；③重金属（离子尤其是铜、锌、汞）、醇类、酸、碘、氧化剂、还原剂、羟基化合物，呈酸性的葡萄糖注射液或盐酸四环素注射液等可破坏青霉素的活性，禁止配伍；④胺类与青霉素可形成不溶性盐，可以延缓青霉素的吸收，如普鲁卡因青霉素；⑤与一些药物溶液（如盐酸氯丙嗪、盐酸林可霉素、酒石酸去甲肾上腺素、盐酸土霉素、盐酸四环素、B族维生素及维生素C）不宜混合，否则可产生混浊、絮状物或沉淀。

注射用青霉素钠 本品为青霉素钠的无菌粉末。

【作用与用途】 β-内酰胺类抗生素。主要用于革兰氏阳性菌感染，亦用于放线菌及钩端螺旋体等的感染。

【用法与用量】 以青霉素钠计。肌内注射：一次量，每千克体重2万～3万U。每日2～3次，连用2～3d。临用前，加灭菌注射用水适量溶解。

【不良反应】 ①主要是过敏反应，但发生率较低，局部反应表现为注射部位水肿、疼痛，全身反应为荨麻疹、皮疹，严重者可引起休克或死亡；②对某些动物，可诱导胃肠道的二重感染。

【注意事项】 ①青霉素钠易溶于水，水溶液不稳定，很易水解，水解率随温度升高而加速，因此注射液应在临用前配制，必须保存时，应置2～8℃保存，可保存7d，室温仅能保存24h；②应了解与其他药物的相互作用和配伍禁忌，以免影响青霉素的药效；③大剂量注射可能出现高钠血症，对肾功能减退或心功能不全患病羊会产生不良后果；④治疗破伤风时宜与破伤风抗毒素合用。

【休药期】 0d；弃奶期72h。

注射用青霉素钾 本品为青霉素钾的结晶性无菌粉末。

【作用与用途】【用法与用量】【不良反应】【注意事项】 与**【休药期】** 同注射用青霉素钠。

注射用普鲁卡因青霉素 本品为普鲁卡因青霉素与青霉素钠（钾）适宜的悬浮剂与缓冲液制成的无菌粉末。

【作用与用途】 β-内酰胺类抗生素。主要用于治疗革兰氏阳性菌感染，亦用于治疗放线菌和钩端螺旋体等感染。

【用法与用量】 肌内注射：一次量，每千克体重2万～3万U。每日1次，连用2～3d。

【不良反应】 ①主要是过敏反应，但发生率较低，局部反应表现为注射部位水肿、疼痛，全身反应为荨麻疹、皮疹，严重者可引起休克或死亡；②可诱导胃肠道的二重感染。

【注意事项】①大环内酯类、四环素类和酰胺醇类等快效抑菌剂对青霉素的杀菌活性有干扰作用，不宜合用；②重金属（离子尤其是铜、锌、汞）、醇类、酸、碘、氧化剂、还原剂、羟基化合物，呈酸性的葡萄糖注射液或盐酸四环素注射液等可破坏青霉素的活性；③本品与盐酸氯丙嗪、盐酸林可霉素、酒石酸去甲肾上腺素、盐酸土霉素、盐酸四环素、B族维生素或维生素C不宜混合，否则可产生混浊、絮状物或沉淀。

【休药期】4d；弃奶期72h。

普鲁卡因青霉素注射液　本品为普鲁卡因青霉素的无菌油混悬液，为细微颗粒的混悬油溶液。静置后，细微颗粒下沉，振摇后成均匀的淡黄色混悬液。

【作用与用途】【用法与用量】【不良反应】与【注意事项】同注射用普鲁卡因青霉素。

【休药期】9d；弃奶期48h。

注射用苄星青霉素　本品为青霉素的二苄基乙二胺盐加适量的缓冲剂及助悬剂制成的无菌粉末，为白色结晶性粉末。

【作用与用途】β-内酰胺类抗生素。为长效青霉素，用于治疗革兰氏阳性细菌感染。

【用法与用量】肌内注射：一次量，每千克体重3万～4万U。必要时3～4d重复一次。

【不良反应】主要是过敏反应，但发生率较低。局部反应表现为注射部位水肿、疼痛，全身反应为荨麻疹、皮疹，严重者可引起休克或死亡。

【注意事项】①本品血药浓度较低，急性感染时应与青霉素钠合用；②注射液应在临用前配制；③应注意与其他药物的相互作用和配伍禁忌。

【休药期】4d；弃奶期3d。

·氨苄西林（钠）·

氨苄西林属β-内酰胺类抗生素，具有广谱抗菌作用。对青霉素酶敏感，故对耐青霉素的金黄色葡萄球菌无效。对大肠杆菌、变形杆菌、沙门氏菌、嗜血杆菌、布鲁氏菌和巴氏杆菌等有较强的作用，但这些细菌易产生耐药性；铜绿假单胞菌对其不敏感。

【药物相互作用】①氨苄西林钠与下列药物有配伍禁忌：琥乙红霉素、乳糖酸红霉素、盐酸土霉素、盐酸四环素、盐酸金霉素、硫酸卡那霉素、硫酸庆大霉素、硫酸链霉素、盐酸林可霉素、硫酸黏菌素B、氯化钙、葡萄糖酸钙、B族维生素、维生素C等；②本品与氨基糖苷类合用，可提高后者在菌体内的浓度，呈现协同作用；③大环内酯类、四环素类和酰胺醇类等快效抑菌剂对本品的杀菌作用有干扰，不宜合用。

注射用氨苄西林钠 本品为氨苄西林的无菌粉末，为白色或类白色的粉末或结晶性粉末。

【作用与用途】β-内酰胺类抗生素。用于治疗对氨苄西林敏感菌的感染。

【用法与用量】以氨苄西林计。肌内、静脉注射：一次量，每千克体重10~20mg。每日2~3次，连用2~3d。

【不良反应】本类药物可出现与剂量无关的过敏反应，表现为皮疹、发烧、嗜酸性粒细胞增多、白细胞和血小板减少、贫血、淋巴结病或全身性过敏反应。

【注意事项】对青霉素酶敏感，不宜用于治疗金黄色葡萄球菌的感染。

【休药期】弃奶期48h。

注射用氨苄西林钠氯唑西林钠 本品为氨苄西林钠和氯唑西林钠

的无菌粉末，为白色或类白色粉末或结晶性粉末。

【作用与用途】β-内酰胺类抗生素。用于治疗敏感菌所致的呼吸道、胃肠道、泌尿道和软组织感染。也可用于治疗化脓性链球菌、肺炎球菌与耐酶金黄色葡萄球菌引起的混合感染。

【用法与用量】以本品计。临用前加适量灭菌注射用水或氯化钠注射液溶解。肌内注射或静脉滴注：一次量，每千克体重 20mg。每日 2～3 次，连用 3d。

【不良反应】个别羊偶可出现过敏反应，如皮疹、水肿等。

【注意事项】①对青霉素过敏的羊禁用；②本品溶解后应立即使用。

【休药期】28d；弃奶期 7d。

·阿莫西林（钠）·

阿莫西林属 β-内酰胺类抗生素。阿莫西林为半合成广谱青霉素，通过抑制细菌胞壁黏肽合成而发挥杀菌作用。对肺炎链球菌、溶血性链球菌、金黄色葡萄球菌、大肠杆菌、巴氏杆菌、沙门氏菌属、流感嗜血杆菌等具有良好的抗菌活性，可用于治疗对阿莫西林敏感的革兰氏阳性菌和革兰氏阴性菌感染。

【药物相互作用】大环内酯类、磺胺类和四环素类抗生素抑制细菌蛋白质合成，与该类抗生素同时使用可降低阿莫西林的杀菌作用。

注射用阿莫西林钠 本品为阿莫西林钠的无菌粉末，为白色或类白色结晶或粉末。

【作用与用途】β-内酰胺类抗生素。主要用于治疗对阿莫西林敏感的革兰氏阳性菌和革兰氏阴性菌感染。

【用法与用量】以阿莫西林计。皮下或肌内注射：一次量，每千克体重 5～10mg。每日 2 次，连用 3～5d。

【不良反应】偶见过敏反应，注射部位有刺激性。

【注意事项】 ①对青霉素耐药的细菌感染不宜应用；②对青霉素过敏的羊禁用。

【休药期】 14d。

· 苯唑西林（钠）·

苯唑西林属 β-内酰胺类抗菌药，其抗菌谱比青霉素窄，但不易被青霉素酶水解，对耐青霉素的产酶金黄色葡萄球菌有效，对不产酶菌株和其他对青霉素敏感的革兰氏阳性菌的杀菌作用不如青霉素。肠球菌对本品耐药。

【药物相互作用】 ①与氨苄西林或庆大霉素合用可增强对细菌的抗菌活性；②大环内酯类、四环素类和酰胺醇类等快效抑菌剂对青霉素类的杀菌活性有干扰作用，不宜合用；③重金属（离子尤其是铜、锌、汞）、醇类、酸、碘、氧化剂、还原剂、羟基化合物，呈酸性的葡萄糖注射液或盐酸四环素注射液等可破坏青霉素的活性，属配伍禁忌。

注射用苯唑西林钠 本品为苯唑西林的无菌粉末，为白色粉末或结晶性粉末。

【作用与用途】 β-内酰胺类抗生素。主要用于治疗败血症、肺炎、乳腺炎、烧伤创面感染等。

【用法与用量】 以苯唑西林计。肌内注射：一次量，每千克体重 $10 \sim 15$mg。每日 $2 \sim 3$ 次，连用 $2 \sim 3$d。

【不良反应】 主要是过敏反应，但发生率较低。局部反应表现为注射部位水肿、疼痛，全身反应为荨麻疹、皮疹，严重者可引起休克或死亡。

【注意事项】 ①苯唑西林钠水溶液不稳定，易水解，水解率随温度升高而加速，因此注射液应在临用前配制；必须保存时，应置冰箱（$2 \sim 8$℃）中，可保存 7d，室温仅能保存 24h；②大剂量注射可能出现高钠血症。对肾功能减退或心功能不全患畜会产生不良后果。

【休药期】14d；弃奶期72h。

（二）氨基糖苷类

氨基糖苷类是由链霉菌或小单孢菌产生或经半合成制得的水溶性碱性抗生素，属杀菌性抗生素，对需氧革兰氏阴性杆菌作用强，对厌氧菌无效，对革兰氏阳性菌作用较弱，但对金黄色葡萄球菌（包括耐药菌株）较敏感。对革兰氏阴性杆菌和阳性球菌存在明显的抗生素后效应。

·硫酸链霉素·

链霉素属于氨基糖苷类抗生素，通过干扰细菌蛋白质合成过程，致使合成异常蛋白质、阻碍已合成蛋白质的释放。另外还可使细菌细胞膜通透性增加，导致一些重要的生理物质外漏，最终引起细菌死亡。链霉素对结核分支杆菌和多种革兰氏阴性杆菌，如大肠杆菌、沙门氏菌、布鲁氏菌、巴氏杆菌、志贺氏痢疾杆菌、鼻疽杆菌等有抗菌作用。对金黄色葡萄球菌等多数革兰氏阳性球菌的作用差。链球菌、铜绿假单胞菌和厌氧菌对本品固有耐药。

【药物相互作用】①与其他具有肾毒性、耳毒性和神经毒性的药物，如两性霉素、其他氨基糖苷类药物、多黏菌素B等联合应用时应慎重；②与作用于髓袢的利尿药（呋塞米）或渗透性利尿药（甘露醇）合用，可使氨基糖苷类药物的耳毒性和肾毒性增强；③与全身麻醉药或神经肌肉阻断剂联合应用，可加强神经肌肉传导阻滞；④与青霉素类或头孢菌素类合用对铜绿假单胞菌和肠球菌有协同作用，对其他细菌可能有相加作用。

注射用硫酸链霉素 本品为硫酸链霉素的无菌粉末，为白色或类白色的粉末。

【作用与用途】氨基糖苷类抗生素。主要用于治疗敏感的革兰氏阴性菌和结核分支杆菌感染。

【用法与用量】以链霉素计。肌内注射：一次量，每千克体重10~15mg。每日2次，连用2~3d。

【不良反应】①产生耳毒性反应，链霉素最常引起前庭损害，这种损害可随连续给药的药物积累而加重，并呈剂量依赖性；②剂量过大导致神经肌肉阻断作用；③长期应用可引起肾脏损害。

【注意事项】①链霉素与其他氨基糖苷类有交叉过敏现象，对氨基糖苷类过敏的患畜禁用；②患病羊出现脱水（可致血药浓度增高）或肾功能损害时慎用；③用本品治疗泌尿道感染时，肉食动物和杂食动物可同时内服碳酸氢钠，以增强药效；④ Ca^{2+}、Mg^{2+}、Na^+、NH_4^+ 和 K^+ 等阳离子可抑制本类药物的抗菌活性；⑤与头孢菌素、右旋糖酐、强效利尿药（如呋塞米等）、红霉素等合用，可增强本类药物的耳毒性；⑥骨骼肌松弛药（如氯化琥珀胆碱等）或具有此种作用的药物可加强本类药物的神经肌肉阻滞作用。

【休药期】18d；弃奶期72h。

· 硫酸双氢链霉素 ·

硫酸双氢链霉素属于氨基糖苷类抗生素，通过干扰细菌蛋白质合成过程，致使合成异常蛋白质、阻碍已合成蛋白质的释放，另外还可使细菌细胞膜通透性增加，导致一些重要的生理物质外漏，最终引起细菌死亡。双氢链霉素对结核分支杆菌和多种革兰氏阴性杆菌，如大肠杆菌、沙门氏菌、布鲁氏菌、巴氏杆菌、志贺氏痢疾杆菌、鼻疽杆菌等有抗菌作用。对金黄色葡萄球菌等多数革兰氏阳性球菌的作用差。链球菌、铜绿假单胞菌和厌氧菌对本品固有耐药。

【药物相互作用】①与青霉素类或头孢菌素类合用有协同作用；②本类药物在碱性环境中抗菌作用增强，与碱性药物（如碳酸氢钠、氨茶碱等）合用可增强抗菌效力，但毒性也相应增强，当 pH 超过 8.4 时，抗菌作用反而减弱；③Ca^{2+}、Mg^{2+}、Na^+、NH_4^+ 和 K^+ 等阳离子可抑制本类药物的抗菌活性；④与头孢菌素、右旋糖酐、强效利尿药（如呋塞米等）、红霉素等合用，可增强本类药物的耳毒性；⑤骨骼肌松弛药（如氯化琥珀胆碱等）或具有此种作用的药物可加强本类药物的神经肌肉阻滞作用。

硫酸双氢链霉素注射液 本品为硫酸双氢链霉素的灭菌水溶液，为无色或微带黄色的澄明液体。

【作用与用途】抗生素类药。用于革兰氏阴性菌和结核分支杆菌的感染。

【用法与用量】以双氢链霉素计。肌内注射：一次量，每千克体重 10mg。每日 2 次。

【不良反应】①双氢链霉素的耳毒性比较强，最常引起前庭损害，这种损害可随连续给药的药物积累而加重，并呈剂量依赖性；②神经肌肉阻断作用常由本品剂量过大导致；③长期应用可引起肾脏损害。

【注意事项】①双氢链霉素与其他氨基糖苷类有交叉过敏现象，对氨基糖苷类过敏的患病羊禁用；②患病羊出现脱水（可致血药浓度增高）或肾功能损害时慎用；③用本品治疗泌尿道感染时，肉食动物和杂食动物可同时内服碳酸氢钠，以增强药效。

【休药期】18d；弃奶期 72h。

注射用硫酸双氢链霉素 本品为硫酸双氢链霉素的无菌粉末，为白色或类白色粉末。

【作用与用途】【用法与用量】【不良反应】【注意事项】与【休药期】同硫酸双氢链霉素注射液。

· （硫酸）卡那霉素 ·

卡那霉素属氨基糖苷类抗生素，其作用机制是干扰细菌蛋白质的合成过程，致使合成异常蛋白质、已合成的蛋白质释放阻碍。另外还可使细菌细胞膜通透性增加，导致一些重要的生理物质外漏，最终引起细菌死亡。抗菌谱与链霉素相似，但作用稍强。对大多数革兰氏阴性杆菌（如大肠杆菌、变形杆菌、沙门氏菌和多杀性巴氏杆菌等）有强大抗菌作用，对金黄色葡萄球菌和结核分支杆菌也较敏感。铜绿假单胞菌、革兰氏阳性菌（金黄色葡萄球菌除外）、立克次体、厌氧菌和真菌等对本品耐药。与链霉素相似，敏感菌对卡那霉素易产生耐药。与新霉素存在交叉耐药性，与链霉素存在单向交叉耐药性。大肠杆菌及其他革兰氏阴性菌常出现获得性耐药。

【药物相互作用】①与青霉素类或头孢菌素类合用有协同作用；②在碱性环境中抗菌作用增强，与碱性药物（如碳酸氢钠、氨茶碱等）合用可增强抗菌效力，但毒性也相应增强，当 pH 超过 8.4 时，抗菌作用反而减弱；③Ca^{2+}、Mg^{2+}、Na^+、NH_4^+ 和 K^+ 等阳离子可抑制本品的抗菌活性；④与头孢菌素、右旋糖酐、强效利尿药（如呋塞米等）、红霉素等合用，可增强本品的耳毒性；⑤骨骼肌松弛药（如氯化琥珀胆碱等）或具有此种作用的药物可加强本类药物的神经肌肉阻滞作用。

硫酸卡那霉素注射液 本品为硫酸卡那霉素的灭菌水溶液，为无色至微黄色或淡黄绿色的澄明液体。

【作用与用途】氨基糖苷类抗生素。用于治疗败血症及泌尿道、呼吸道感染。

【用法与用量】以硫酸卡那霉素计。肌内注射：一次量，每千克体重 10～15mg。每日 2 次，连用 3～5d。

【不良反应】①卡那霉素与链霉素一样有耳毒性、肾毒性，而且其耳毒性比链霉素、庆大霉素更强；②神经肌肉阻断作用常由剂量过大导致。

【注意事项】①与其他氨基糖苷类有交叉过敏现象，对氨基糖苷类过敏的患病羊禁用；②患病羊出现脱水或者肾功能损害时慎用；③治疗泌尿道感染时，同时内服碳酸氢钠可增强药效；④Ca^{2+}、Mg^{2+}、Na^+、NH_4^+、K^+等阳离子可抑制本品抗菌活性；⑤与头孢菌素、右旋糖酐、强效利尿药、红霉素等合用，可增强本品的耳毒性。

【休药期】28d；弃奶期 7d。

注射用硫酸卡那霉素 本品为硫酸卡那霉素的无菌粉末，为白色或类白色的粉末。

【作用与用途】【用法与用量】与【休药期】同硫酸卡那霉素注射液。

【不良反应】氨基糖苷类抗生素能引起肾毒性和不可逆的耳毒性。

【注意事项】①与其他氨基糖苷类有交叉过敏现象，对氨基糖苷类过敏患病羊慎用；②患病羊出现脱水或者肾功能损害时慎用；③治疗泌尿道感染时，同时内服碳酸氢钠可增强药效；④Ca^{2+}、Mg^{2+}、Na^+、NH_4^+、K^+等阳离子可抑制本品抗菌活性；⑤与头孢菌素、右旋糖酐、强效利尿药、红霉素等合用，可增强本品的耳毒性；⑥急性中毒时可用新斯的明等抗胆碱酯酶药、钙制剂（葡萄糖酸钙）颉颃其肌肉传导阻滞作用。

· 硫酸庆大霉素 ·

庆大霉素属氨基糖苷类抗生素，对多种革兰氏阴性菌（如大肠杆菌、克雷伯氏菌、变形杆菌、铜绿假单胞菌、巴氏杆菌、沙门氏菌等）和金黄色葡萄球菌（包括产 β-内酰胺酶菌株）均有抗菌作用。多数球菌（化脓链球菌、肺炎球菌、粪链球菌等）、厌氧菌（类杆菌属或梭状芽孢杆菌属）、结核分支杆菌、立克次体和真菌对本品耐药。

【药物相互作用】①庆大霉素与四环素、红霉素等合用可能出现颉颃作用；②与头孢菌素、右旋糖酐、强效利尿药（如呋塞米等）、红霉素等合用，可增强本品的耳毒性；③骨骼肌松弛药（如氯化琥珀胆碱等）或具有此种作用的药物可加强本品的神经肌肉阻滞作用。

硫酸庆大霉素注射液 本品为硫酸庆大霉素的灭菌水溶液，为无色至微黄色或微黄绿色的澄明液体。

【作用与用途】氨基糖苷类抗生素。用于治疗革兰氏阴性和阳性细菌感染。

【用法与用量】以硫酸庆大霉素计。肌内注射：一次量，每千克体重 2～4mg。每日 2 次，连用 2～3d。

【不良反应】①产生耳毒性反应，常引起前庭损害，这种损害可随连续给药的药物积累而加重，并呈剂量依赖性；②偶见过敏反应；③大剂量可引起神经肌肉传导阻断；④可导致可逆性肾毒性。

【注意事项】①庆大霉素可与 β-内酰胺类抗生素联合治疗严重感染，但在体外混合存在配伍禁忌；②本品与青霉素联合，对链球菌具协同作用；③有呼吸抑制作用，不宜静脉推注；④与四环素、红霉素等合用可能出现颉颃作用；⑤与头孢菌素合用可能使肾毒性增强。

【休药期】40d。

（三）四环素类

四环素类是由链霉菌产生或经半合成制得的一类碱性广谱抗生素。金霉素、土霉素和四环素最早使用。后经结构改造，获得了多西环素（强力霉素）等半合成品。兽医临床上常用的有四环素、土霉素、金霉素和多西环素等。本类药物的抗菌活性强弱依次为多西环素、金霉素、四环素、土霉素。

· （盐酸）土霉素（钙）·

土霉素属于四环素类广谱抗生素，对葡萄球菌、溶血性链球菌、炭疽芽孢杆菌、破伤风梭菌和梭状芽孢杆菌等革兰氏阳性菌作用较强，但不如 β-内酰胺类。对大肠杆菌、沙门氏菌、布鲁氏菌和巴氏杆菌等革兰氏阴性菌较敏感，但不如氨基糖苷类和酰胺醇类抗生素。本品对立克次体、衣原体、支原体、螺旋体、放线菌和某些原虫也有抑制作用。

【药物相互作用】①与强利尿药（如呋塞米等）同用可使肾功能损害加重；②可干扰青霉素类对细菌繁殖期的杀菌作用，避免同用；③与钙盐、铁盐或含金属离子钙、镁、铝、铋、铁等的药物（包括中草药）同用时可形成不溶性络合物，减少药物的吸收。

土霉素注射液 本品为土霉素与 α-吡咯烷酮等制成的灭菌水溶液，为黄色至浅棕黄色澄明液体。

【作用与用途】四环素类抗生素。用于治疗某些革兰氏阳性和阴性细菌、立克次体、支原体等感染。

【用法与用量】以土霉素计。肌内注射：一次量，每千克体重 $10\sim20$mg。

【不良反应】①局部刺激作用：本类药物的盐酸盐水溶液有较强的刺激性，肌内注射可引起注射部位疼痛、炎症和坏死；②肠道菌群紊乱；③影响牙齿和骨发育，四环素进入机体后与钙结合，随钙沉积于牙齿和骨骼中；④损害肝、肾：本类药物对肝、肾细胞有毒效应，四环素类抗生素可引起多种动物的剂量依赖性肾脏机能改变；⑤抗代谢作用：四环素类药物可引起氮血症，而且可因类固醇类药物的存在而加剧，本类药物还可引起代谢性酸中毒及电解质失衡。

【注意事项】①本品应避光密闭，在凉暗、干燥处保存，忌日光照射，不用金属容器盛药；②患病羊肝、肾功能严重损害时忌用。

【休药期】28d；弃奶期7d。

长效土霉素注射液 本品为琥珀色澄明液体；有特殊臭味。

【作用与用途】四环素类抗生素。用于治疗敏感革兰氏阳性菌和阴性菌、立克次体、支原体等引起的感染。

【用法与用量】以土霉素计。肌内注射：一次量，每千克体重 10～20mg。

【不良反应】在牙齿发育期间及怀孕后期使用四环素类药物可能会引起牙齿变色。

【注意事项】肝、肾功能严重不良的患病羊忌用本品。

【休药期】28d；弃奶期 7d。

土霉素片 本品为淡黄色片。

【作用与用途】四环素类抗生素。用于治疗敏感革兰氏阳性菌、革兰氏阴性菌和支原体等引起的感染。

【用法与用量】以土霉素计。内服：一次量，每千克体重 10～25mg。每日 2～3 次，连用 3～5d。

【不良反应】①局部刺激性，特别是空腹给药对消化道有一定刺激性；②肠道菌群紊乱；③影响牙齿和骨发育，四环素进入机体后与钙结合，随钙沉积于牙齿和骨骼中，本类药物还易透过胎盘和进入乳汁，因此，孕羊、哺乳羊和羔羊禁用；④对肝、肾有一定的损害作用，偶尔可见致死性肾中毒。

【注意事项】①肝、肾功能严重不良的患病羊禁用本品；②孕羊、哺乳羊和羔羊禁用；③成年羊不易内服，长期服用可诱发二重感染；④避免与乳制品和含钙量较高的饲料同服。

【休药期】7d；弃奶期 72h。

注射用盐酸土霉素 本品为盐酸土霉素的无菌粉末，为黄色结晶性粉末。

【作用与用途】四环素类抗生素。用于治疗某些革兰氏阳性菌和革兰氏阴性菌、立克次体、支原体等引起的感染性疾病。

【用法与用量】以盐酸土霉素计。静脉注射：一次量，每千克体重 5～10mg。每日 2 次，连用 2～3d。

【不良反应】①局部刺激作用：盐酸盐水溶液有较强的刺激性，

静脉注射可引起静脉炎和血栓，静脉注射宜用稀溶液，缓慢滴注，以减轻局部反应；②肠道菌群紊乱；③损害肝、肾：对肝、肾细胞有毒效应，可引起剂量依赖性肾脏机能改变；④可引起氮血症，而且可因类固醇类药物的存在而加剧，还可引起代谢性酸中毒及电解质失衡。

【注意事项】①泌乳羊禁用；②肝、肾功能严重不良的患病羊禁用；③静脉注射宜缓注；不宜肌内注射。

【休药期】8d；弃奶期48h。

· （盐酸）四环素 ·

四环素属于广谱抗生素，对葡萄球菌、溶血性链球菌、炭疽芽孢杆菌、破伤风梭菌和梭状芽孢杆菌等革兰氏阳性菌作用较强。对大肠杆菌、沙门氏菌、布鲁氏菌和巴氏杆菌等革兰氏阴性菌较敏感，但不如氨基糖苷类和酰胺醇类抗生素。本品对立克次体、衣原体、支原体、螺旋体、放线菌和某些原虫也有抑制作用。

【药物相互作用】①四环素类与泰乐菌素等大环内酯类合用呈协同作用；②与黏菌素合用，由于增强细菌对本类药物的吸收而呈协同作用；③本类药物均能与二、三价阳离子等形成复合物，因而当它们与钙、镁、铝等抗酸药、含铁的药物或牛奶等食物同服时会减少其吸收，造成血药浓度降低；④与碳酸氢钠同服时，碳酸氢钠可使胃液pH升高，溶解度降低，吸收率下降，肾小管重吸收减少，排泄加快；⑤与利尿药合用可使血尿素氮升高。

四环素片　本品为淡黄色片。

【作用与用途】四环素类抗生素。用于治疗革兰氏阳性和阴性细菌、立克次体、支原体等引起的感染。

【用法与用量】以四环素计。内服：一次量，每千克体重10～20mg。每日2～3次。

【不良反应】①有局部刺激作用，内服后可引起呕吐；②引起肠道菌群扰乱，轻者出现维生素缺乏症，重者造成二重感染；③对牙齿和骨发育影响，四环素进入机体后与钙结合，随钙沉积于牙齿和骨骼中；④损害肝、肾：本类药物对肝、肾细胞有毒效应，过量四环素可致严重的肝损害，尤其患有肾衰竭的动物；⑤抗代谢作用：四环素类药物可引起氮血症；还可引起代谢性酸中毒及电解质失衡。

【注意事项】①成年羊不宜内服；②泌乳期禁用。

【休药期】12d。

注射用盐酸四环素 本品为盐酸四环素加适量的维生素 C 或枸橼酸作为稳定剂的无菌粉末，为黄色混有白色的结晶性粉末。

【作用与用途】四环素类抗生素。主要用于治疗革兰氏阳性菌、阴性菌和支原体引起的感染。

【用法与用量】以盐酸四环素计。静脉注射：一次量，每千克体重 5～10mg，每日 2 次，连用 2～3d。

【不良反应】①本品的水溶液有较强的刺激性，静脉注射可引起静脉炎和血栓；②肠道菌群紊乱，长期应用可出现维生素缺乏症，重者造成二重感染；③影响牙齿和骨发育，四环素进入机体后与钙结合，随钙沉积于牙齿和骨骼中；④损害肝、肾：过量四环素可致严重的肝损害和剂量依赖性肾脏机能改变；⑤心血管效应。

【注意事项】孕羊、哺乳羊禁用，泌乳羊禁用。肝、肾功能严重不良者忌用。

【休药期】8d；弃奶期 48h。

· （盐酸）多西环素 ·

多西环素属四环素类广谱抗生素，具有广谱抑菌作用，敏感菌包括肺炎球菌、链球菌、部分葡萄球菌、炭疽芽孢杆菌、破伤风梭菌、棒状杆菌等革兰氏阳性菌以及大肠杆菌、巴氏杆菌、沙门氏菌、布鲁氏菌和嗜血杆菌、克雷伯氏菌和鼻疽杆菌等革兰氏阴性菌。对立克次体、支原体（如猪肺炎支原体）、螺旋体等也有一定程度的抑制作用。

【药物相互作用】①与碳酸氢钠同服，可升高胃内 pH，使本品的吸收减少及活性降低；②能与二、三价阳离子等形成复合物，因而当它们与钙、镁、铝等抗酸药、含铁的药物或牛奶等食物同服时会减少其吸收，造成血药浓度降低；③与强利尿药（如呋塞米等）同用可使肾功能损害加重；④可干扰青霉素类对细菌繁殖期的杀菌作用，避免同用。

盐酸多西环素片 本品为淡黄色片。

【作用与用途】四环素类抗生素。用于治疗革兰氏阳性菌、阴性菌和支原体等的感染。

【用法与用量】以多西环素计。内服：一次量，每千克体重3～5mg。每日 1 次，连用 3～5d。

【不良反应】①本品内服后可引起呕吐；②肠道菌群紊乱，长期应用可出现维生素缺乏症，重者造成二重感染；③过量应用会导致胃肠功能紊乱，如厌食、呕吐或腹泻等。

【注意事项】①孕羊、哺乳羊禁用；②肝、肾功能严重不良的患病羊禁用本品；③成年羊不宜内服；④避免与乳制品和含钙量较高的饲料同服。

【休药期】28d。

（四）大环内酯类

大环内酯类是由链霉菌产生或半合成的一类弱碱性抗生素，具有14～16 元环内酯结构。动物专用品种有泰乐菌素、替米考星、泰拉霉素等。大环内酯类抗生素的抗菌谱和抗菌活性基本相似，主要对多数革兰氏阳性菌、革兰氏阴性球菌、厌氧菌及军团菌、支原体、衣原体有良好作用。

· (乳糖酸) 红霉素 ·

红霉素属大环内酯类抗菌药, 对革兰氏阳性菌的作用与青霉素相似, 但其抗菌谱较青霉素广, 敏感的革兰氏阳性菌有金黄色葡萄球菌 (包括耐青霉素金黄色葡萄球菌)、肺炎球菌、链球菌、炭疽芽孢杆菌、猪丹毒杆菌、李氏杆菌、腐败梭菌、气肿疽梭菌等。敏感的革兰氏阴性菌有流感嗜血杆菌、脑膜炎双球菌、布鲁氏菌、巴氏杆菌等。此外, 红霉素对弯曲杆菌、支原体、衣原体、立克次体及钩端螺旋体也有良好作用。常作为青霉素过敏动物的替代药物。细菌极易通过染色体突变对红霉素产生高水平耐药, 且这种耐药形式可出现在治疗过程中, 由细菌质粒介导红霉素耐药也较普遍, 主要通过甲基化药物靶位造成。红霉素与其他大环内酯类及林可霉素的交叉耐药性也较常见。

【药物相互作用】红霉素与其他大环内酯类、林可胺类和氯霉素因作用靶点相同, 不宜同时使用。与 β-内酰胺类合用表现为颉颃作用。红霉素有抑制细胞色素氧化酶系统的作用, 与某些药物合用时可能抑制其代谢。

注射用乳糖酸红霉素 本品为乳糖酸红霉素的白色或类白色无菌结晶、粉末或疏松块状物。

【作用与用途】大环内酯类抗生素。主要用于治疗耐青霉素葡萄球菌引起的感染性疾病, 也可用于治疗其他革兰氏阳性菌及支原体感染。

【用法与用量】以红霉素计。静脉注射: 一次量, 每千克体重3~5mg。每日 2 次, 连用 2~3d。临用前, 先用灭菌注射用水溶解 (不可用氯化钠注射液), 然后用 5% 葡萄糖注射液稀释, 浓度不超过 0.1%。

【注意事项】①本品局部刺激性较强, 不宜进行肌内注射, 静脉注射的浓度过高或速度过快时，易发生局部疼痛和血栓性静脉炎，故静注速度应缓慢；②在 pH 过低的溶液中很快失效，注射溶液 pH 应维持在 5.5 以上。

【休药期】 3d；弃奶期 72h。

（五）酰胺醇类

酰胺醇类又称氯霉素类抗生素，包括氯霉素、甲砜霉素、氟苯尼考等，属广谱抗生素。氯霉素是第一次可用人工全合成的抗生素。氟苯尼考为动物专用抗生素。本类药物属广谱抑菌剂，对革兰氏阴性菌的作用强于革兰氏阳性菌，对肠杆菌尤其伤寒、副伤寒杆菌高度敏感。高浓度时对本品高度敏感的细菌可呈杀菌作用。

·甲砜霉素·

甲砜霉素属酰胺醇类抗菌药，具有广谱抗菌作用，对革兰氏阴性菌的作用强于革兰氏阳性菌，多数肠杆菌科细菌，包括伤寒杆菌、副伤寒杆菌、大肠杆菌、沙门氏菌对其高度敏感，敏感的革兰氏阴性菌还有巴氏杆菌、布鲁氏菌等。敏感的革兰氏阳性菌有炭疽芽孢杆菌、链球菌、棒状杆菌、肺炎球菌、葡萄球菌等。衣原体、钩端螺旋体、立克次体也对本品敏感。甲砜霉素对厌氧菌如破伤风梭菌、放线菌等也有相当作用。但结核分支杆菌、铜绿假单胞菌、真菌对其不敏感。

【药物相互作用】 ①大环内酯类和林可胺类与甲砜霉素的作用靶点相同，均是与细菌核糖体 50S 亚基结合，合用时可产生颉颃作用；②与 β-内酰胺类合用时，由于甲砜霉素的快速抑菌作用，可产生颉颃作用；③对肝微粒体药物代谢酶有抑制作用，可影响其他药物的代谢，提高血药浓度，增强药效或毒性，如可显著延长戊巴比妥钠的麻醉时间。

甲砜霉素片 本品为白色片。

【作用与用途】酰胺醇类抗生素。主要用于治疗肠道、呼吸道等细菌性感染。

【用法与用量】以甲砜霉素计。内服：一次量，每千克体重5～10 mg。每日2次，连用2～3d。

【不良反应】①本品有血液系统毒性，可引起可逆性红细胞生成抑制；②本品有较强的免疫抑制作用，约比氯霉素强6倍；③长期内服可引起消化机能紊乱，出现维生素缺乏或二重感染症状；④有胚胎毒性；⑤对肝微粒体药物代谢酶有抑制作用，可影响其他药物的代谢，提高血药浓度，增强药效或毒性，如可显著延长戊巴比妥钠的麻醉时间。

【注意事项】①疫苗接种期或免疫功能严重缺损的羊禁用；②妊娠期及哺乳期羊慎用；③肾功能不全患羊要减量或延长给药间隔时间。

【休药期】28d；弃奶期7d。

甲砜霉素粉　本品为白色粉末。

【作用与用途】【用法与用量】【不良反应】【注意事项】与【休药期】同甲砜霉素片。

二、合成抗菌药

抗菌药除了上述抗生素之外，还有许多人工合成的药物，在防治动物疾病方面起着重要的作用。合成抗菌药可分为五类：磺胺类、喹诺酮类、喹噁啉类、硝基呋喃类和硝基咪唑类，目前应用最多的是磺胺类与喹诺酮类，喹噁啉类的卡巴氧、喹乙醇具有潜在的致癌作用，欧、美等许多国家已禁止在食品动物使用。硝基呋喃类如呋喃他酮、呋喃唑酮以及硝基咪唑类的甲硝唑、地美硝唑发现有致癌作用，世界大多数国家包括我国均已禁止作为促生长添加剂使用。乙酰甲喹和喹烯酮是我国合成的一类喹噁啉类兽药，目前只有我国使用。

（一）磺胺类

磺胺类药物具有抗菌谱广、可内服、吸收较快、性质稳定、使用方便等优点。但同时也有抗菌作用较弱、不良反应较多、细菌易产生耐药性、用量大和疗程偏长等缺点。在发现了甲氧苄啶和二甲氧苄啶等抗菌增效剂后，把磺胺药和抗菌增效剂合用，使抗菌活性大大增强，因此，磺胺类药至今仍为畜禽抗感染治疗中的重要药物之一。

磺胺类药物在使用过程中，因剂量和疗程不足等原因，使细菌对此类药易产生耐药性，尤以葡萄球菌最易产生，大肠杆菌、链球菌等次之。细菌对一种磺胺药产生耐药性后，对其他的磺胺类药也可产生不同程度的交叉耐药性。

·磺胺嘧啶（钠）·

磺胺嘧啶属广谱抗菌药，通过与对氨基苯甲酸竞争二氢叶酸合成酶，从而阻碍敏感菌叶酸的合成而发挥抑菌作用。高等动物能直接利用外源性叶酸，故其代谢不受磺胺类药物干扰。磺胺嘧啶对大多数革兰氏阳性菌和部分革兰氏阴性菌有效，对球虫、弓形虫等也有效，但对螺旋体、立克次体、结核分支杆菌等无作用。敏感的病原菌有链球菌、肺炎球菌、沙门氏菌、化脓棒状杆菌、大肠杆菌等；一般敏感的有葡萄球菌、变形杆菌、巴氏杆菌、产气荚膜梭菌、肺炎杆菌、炭疽芽孢杆菌、铜绿假单胞菌等。

【药物相互作用】①磺胺嘧啶与苄氨嘧啶类（如 TMP）合用，可产生协同作用；②某些含对氨基苯甲酰基的药物（如普鲁卡因、丁卡因等）在体内可生成对氨基苯甲酸，酵母片中也含有细菌代谢所需要的对氨基苯甲酸，合用可降低本品作用；③与噻嗪类或速尿等利尿剂同用，可加重肾毒性。

磺胺嘧啶片 本品为白色至微黄色片；遇光色渐变深。

【作用与用途】磺胺类抗菌药。用于治疗敏感菌引起的感染，也可用于治疗弓形虫感染。

【用法与用量】以磺胺嘧啶计。内服：一次量，每千克体重，首次量 0.14～0.2g，维持量 0.07～0.1g。每日 2 次，连用 3～5d。

【不良反应】磺胺嘧啶或其代谢物可在尿液中产生沉淀，在高剂量给药或低剂量长期给药时更易产生结晶，引起结晶尿、血尿或肾小管堵塞。

【注意事项】①易在泌尿道中析出结晶，用药期间应给患病羊大量饮水，大剂量、长期应用时宜同时给予等量的碳酸氢钠；②肾功能受损时，排泄缓慢，应慎用；③可引起肠道菌群失调，长期用药可引起 B 族维生素和维生素 K 的合成和吸收减少，宜补充相应的维生素；④在出现过敏反应时，立即停药并给予对症治疗。

【休药期】28d；弃奶期 7d。

磺胺嘧啶钠注射液 本品为磺胺嘧啶钠的灭菌水溶液；本品为无色至微黄色的澄明液体；遇光易变质。

【作用与用途】磺胺类抗菌药。用于治疗敏感菌引起的感染，也可用于治疗弓形虫感染。

【用法与用量】以磺胺嘧啶钠计。静脉注射：一次量，每千克体重 50～100mg。每日 1～2 次，连用 2～3d。

【不良反应】①磺胺嘧啶或其代谢物可在尿液中产生沉淀，在高剂量给药或低剂量长期给药时易产生结晶，引起结晶尿、血尿或肾小管堵塞；②急性中毒多发生于静脉注射时，速度过快或剂量过大，主要表现为神经兴奋、共济失调、肌无力、呕吐、昏迷、厌食和腹泻等，还可见视觉障碍、散瞳。

【注意事项】①本品遇酸类可析出结晶，不宜用 5％葡萄糖液稀释；②长期或大剂量应用易引起结晶尿，用药期间应同时应用碳酸氢钠，并给患病羊大量饮水；③若出现过敏反应或其他严重不良反应时，立即停药，并给予对症治疗；④不可与四环素、卡那霉素、林可霉素等混合注射使用。

【休药期】18d；弃奶期 3d。

复方磺胺嘧啶钠注射液 本品为磺胺嘧啶钠和甲氧苄啶的灭菌水溶液；本品为无色至微黄色的澄明液体。

【作用与用途】磺胺类抗菌药。用于治疗敏感菌引起的感染，也可用于治疗弓形虫感染。

【用法与用量】以本品计。肌内注射：一次量，每千克体重 0.2～0.3mL。每日 1～2 次，连用 2～3d。

【不良反应】急性反应如过敏反应，慢性反应表现为粒细胞减少、血小板减少、肝脏损害、肾脏损害及中枢神经毒性反应。易在尿中沉积，长期或大剂量应用易引起结晶尿。

【注意事项】同磺胺嘧啶钠注射液。

【休药期】20d，弃奶期 48h。

·磺 胺 嘧 啶 银·

磺胺嘧啶银属广谱抑菌剂，对大多数革兰氏阳性菌和部分革兰氏阴性菌有效。对铜绿假单胞菌抗菌活性强，对真菌等也有抑菌效果，本品具有收敛作用，局部应用可使创面干燥、结痂，促进创面愈合。

【作用与用途】磺胺类抗菌药。局部用于烧伤创面。

【用法与用量】外用，撒布于创面或配成 2% 混悬液湿敷。

【不良反应】局部应用时有一过性疼痛，无其他不良反应。

【注意事项】局部应用本品前，要清创排脓，因为在脓液和坏死组织中含有大量的对氨基苯甲酸，可减弱磺胺嘧啶的作用。

【休药期】无需制订。

·磺胺噻唑（钠）·

磺胺噻唑属广谱抑菌剂，通过与对氨基苯甲酸竞争二氢叶酸合成酶，从而阻碍敏感菌叶酸的合成而发挥抑菌作用。对大多数革兰氏阳性菌和部分革兰氏阴性菌有效。对磺胺噻唑较敏感的病原菌有链球菌、肺炎球菌、沙门氏菌、化脓棒状杆菌、大肠杆菌等；一般敏感的有葡萄球菌、变形杆菌、巴氏杆菌、产气荚膜梭菌、肺炎杆菌、炭疽芽孢杆菌、铜绿假单胞菌等。

【药物相互作用】同磺胺嘧啶（钠）。

磺胺噻唑片　本品为白色至微黄色片，遇光色渐变深。

【作用与用途】磺胺类抗菌药。用于治疗敏感菌引起的感染。

【用法与用量】以磺胺噻唑计。内服：一次量，每千克体重，首次量 0.14～0.2g，维持量 0.07～0.1g。每日 2～3 次，连用 3～5d。

【不良反应】①泌尿系统损伤，出现结晶尿、血尿和蛋白尿等；②抑制胃肠道菌群，导致消化系统障碍和多发性肠炎等；③造血机能破坏，出现溶血性贫血、凝血时间延长和毛细血管渗血；④羔羊免疫系统抑制、免疫器官出血及萎缩。

【注意事项】磺胺噻唑及其代谢产物乙酰磺胺噻唑的水溶性比原药低，排泄时易在肾小管析出结晶（尤其在酸性尿中），因此应与适量碳酸氢钠同服。

【休药期】28d；弃奶期 7d。

磺胺噻唑钠注射液　本品为磺胺噻唑钠的灭菌水溶液，为无色至淡黄色的澄明液体，遇光色渐变深。

【作用与用途】磺胺类抗菌药。用于治疗敏感菌引起的感染。

【用法与用量】以磺胺噻唑计。静脉注射：一次量，每千克体重 0.05～0.1g。每日 2 次，连用 2～3d。

【不良反应】 表现为急性和慢性中毒两类。

（1）急性中毒　多发生于静脉注射其钠盐时，速度过快或剂量过大。主要表现为神经兴奋、共济失调、肌无力、呕吐、昏迷、厌食和腹泻等。山羊还可见视觉障碍、散瞳。

（2）慢性中毒　主要由于剂量偏大、用药时间过长而引起。主要症状为：①泌尿系统损伤，出现结晶尿、血尿和蛋白尿等；②抑制胃肠道菌群，导致消化系统障碍和多发性肠炎等；③造血机能破坏，出现溶血性贫血、凝血时间延长和毛细血管渗血；④幼龄羊免疫系统抑制、免疫器官出血及萎缩。

【注意事项】 ①本品遇酸类可析出结晶，故不宜用5％葡萄糖液稀释；②长期或大剂量应用易引起结晶尿，应同时应用碳酸氢钠，并给患病羊大量饮水；③若出现过敏反应或其他严重不良反应时，立即停药，并给予对症治疗。

【休药期】 28d；弃奶期7d。

·磺胺二甲嘧啶钠·

磺胺二甲嘧啶对革兰氏阳性菌和阴性菌如化脓性链球菌、沙门氏菌和肺炎杆菌等均有良好的抗菌作用。磺胺药在结构上与对氨基苯甲酸类似，可与对氨基苯甲酸竞争细菌体内的二氢叶酸合成酶，阻碍二氢叶酸的合成，最终影响核酸的合成，抑制细菌的生长繁殖。磺胺药的作用可被对氨基苯甲酸及其衍生物（普鲁卡因、丁卡因）所颉颃。此外，脓液以及组织分解产物也可提供细菌生长的必需物质，与磺胺药产生颉颃作用。本品抗菌作用较磺胺嘧啶稍弱，但对球虫和弓形虫有良好的抑制作用。

【药物相互作用】 同磺胺嘧啶（钠）。

磺胺二甲嘧啶钠注射液　本品为磺胺二甲嘧啶钠的灭菌水溶液；本品为无色至微黄色的澄明液体；遇光易变质。

【作用与用途】磺胺类抗菌药。用于治疗敏感菌引起的感染，也可用于治疗球虫和弓形虫感染。

【用法与用量】以磺胺二甲嘧啶计。静脉注射：一次量，每千克体重 50~100mg。每日 1~2 次，连用 2~3d。

【不良反应】①磺胺或其代谢物可在尿液中产生沉淀，在高剂量给药或低剂量长期给药时更易产生结晶，引起结晶尿、血尿或肾小管堵塞；②本品为强碱性溶液，对组织有强刺激性。

【注意事项】①应用磺胺药期间应给患畜大量饮水，以防结晶尿的发生，必要时亦可加服碳酸氢钠等碱性药物；②肾功能受损时，排泄缓慢，应慎用；③本品遇酸类可析出结晶，故不宜用 5% 葡萄糖液稀释；④注意交叉过敏反应。若出现过敏反应或其他严重不良反应时，立即停药，并给予对症治疗。

【休药期】28d；弃奶期 7d。

·磺胺甲噁唑·

磺胺甲噁唑对革兰氏阳性菌和阴性菌如化脓性链球菌、沙门氏菌和肺炎杆菌等均有良好的抗菌作用。磺胺药在结构上与对氨基苯甲酸类似，可与对氨基苯甲酸竞争细菌体内的二氢叶酸合成酶，阻碍二氢叶酸的合成，最终影响核酸的合成，抑制细菌的生长繁殖。磺胺药的作用可被对氨基苯甲酸及其衍生物（普鲁卡因、丁卡因）所颉颃。此外，脓液以及组织分解产物也可提供细菌生长的必需物质，与磺胺药产生颉颃作用。本品抗菌作用较磺胺嘧啶稍弱，但对球虫和弓形虫有良好的抑制作用。

【药物相互作用】①与苄氨嘧啶类（如 TMP）合用，可产生协同作用；②对氨基苯甲酰基的药物如普鲁卡因、丁卡因等在体内可生成对氨基苯甲酸，酵母片中也含有细菌代谢所需要的对氨基苯甲酸，合用可降低本品作用，因此不宜合用；③与噻嗪类或速尿等利尿剂同用，可加重肾毒性；④与口服抗凝药、苯妥英钠、硫喷妥钠等药物合用时，磺胺药物可置换这些药物与血浆蛋白结合，或抑制其代谢，使药物的作用增强甚至产生毒性反应，因此需调整其剂量；⑤具有肝毒性药物与磺胺药物合用时，可能引起肝毒性发生率增高，故应监测肝功能。

磺胺甲噁唑片 本品为白色片。

【作用与用途】 磺胺类抗菌药。用于治疗敏感菌引起的呼吸道、泌尿道等感染。

【用法与用量】 以磺胺甲噁唑计。内服：一次量，每千克体重，首次量 50～100mg，维持量 25～50mg。每日 2 次，连用 3～5d。

【不良反应】【注意事项】 同磺胺嘧啶片。

【休药期】 28d；弃奶期 7d。

复方磺胺甲噁唑片 本品为白色片。

【作用与用途】 磺胺类抗菌药。用于治疗敏感菌引起的羊呼吸道、泌尿道等感染。

【用法与用量】 以磺胺甲噁唑计。内服：一次量，每千克体重 20～25mg。每日 2 次，连用 3～5d。

【不良反应】 主要表现为急性反应如过敏反应，慢性反应表现为粒细胞减少、血小板减少、肝脏损害、肾脏损害及中枢神经毒性反应。

【注意事项】 ①对磺胺类药物有过敏史的病羊禁用；②易在泌尿道中析出结晶，应给患畜大量饮水，大剂量、长期应用时宜同时给予等量的碳酸氢钠；③肾功能受损时，排泄缓慢，应慎用；④可引起肠道菌群失调，长期用药可引起 B 族维生素和维生素 K 的合成和吸收减少，宜补充相应的维生素；⑤在出现过敏反应时，立即停药并给予对症治疗。

【休药期】 28d；弃奶期 7d。

复方磺胺甲噁唑粉 本品为白色或类白色粉末。

【作用与用途】【用法与用量】【不良反应】【注意事项】与【休药期】同复方磺胺甲噁唑片。

复方磺胺甲噁唑注射液 本品为磺胺甲噁唑与甲氧苄啶的灭菌水溶液。

【作用与用途】磺胺类抗菌药。用于治疗敏感菌引起的呼吸道、消化道、泌尿道等感染。

【用法与用量】以磺胺甲噁唑计。肌内注射：一次量，每千克体重 20～25mg。每日 2 次。

【不良反应】长期或大量使用可损害肾脏和神经系统，影响增重，并可能发生磺胺药中毒。

【注意事项】连续用药不宜超过 1 周。

【休药期】28d；弃奶期 7d。

·磺胺对甲氧嘧啶·

磺胺对甲氧嘧啶对化脓性链球菌、沙门氏菌和肺炎杆菌等均有良好的抗菌作用。磺胺药在结构上与对氨基苯甲酸类似，可与对氨基苯甲酸竞争细菌体内的二氢叶酸合成酶，阻碍二氢叶酸的合成，最终影响核酸的合成，抑制细菌的生长繁殖。磺胺药的作用可被对氨基苯甲酸及其衍生物（普鲁卡因、丁卡因）所颉颃。此外，脓液以及组织分解产物也可提供细菌生长的必需物质，与磺胺药产生颉颃作用。本品抗菌作用较磺胺嘧啶稍弱，但对球虫和弓形虫有良好的抑制作用。

【药物相互作用】同磺胺嘧啶（钠）。

磺胺对甲氧嘧啶片 本品为白色或微黄色片。

【作用与用途】磺胺类抗菌药。主要用于治疗敏感菌引起的感染，也可用于治疗球虫感染。

【用法与用量】 以磺胺对甲氧嘧啶计。内服：一次量，每千克体重，首次量50～100mg，维持量25～50mg。每日1～2次，连用3～5d。

【不良反应】【注意事项】 同磺胺嘧啶片。

【休药期】 28d。

磺胺对甲氧嘧啶二甲氧苄啶片 本品为白色片。

【作用与用途】 磺胺类抗菌药。用于治疗肠道细菌感染，也可用于其他细菌性疾病。

【用法与用量】 以磺胺对甲氧嘧啶计。内服：一次量，每千克体重25～50mg。每12h一次，连用3～5d。

【不良反应】【注意事项】 同磺胺嘧啶片。

【休药期】 28d；弃奶期7d。

复方磺胺对甲氧嘧啶片 本品为白色片。

【作用与用途】 磺胺类抗菌药。主用于治疗敏感菌引起的泌尿道、呼吸道及皮肤软组织等感染。

【用法与用量】 以磺胺对甲氧嘧啶计。内服：一次量，每千克体重20～25mg。每日2～3次，连用3～5d。

【不良反应】 同复方磺胺甲噁唑片。

【注意事项】 同磺胺嘧啶片。

【休药期】 28d；弃奶期7d。

复方磺胺对甲氧嘧啶粉 本品为白色粉末。

【作用与用途】 磺胺类抗菌药。用于敏感菌引起的泌尿道、呼吸道及皮肤软组织等感染，也可用于胃肠道感染和球虫病。

【用法与用量】 以磺胺对甲氧嘧啶计。内服：一次量，每千克体重25～50mg。每日2次，连用3～5d。

【不良反应】 长期或大量使用可损害肾脏和神经系统，影响增重，并可能发生磺胺药中毒。

【注意事项】 连续用药不宜超过1周。

【休药期】28d；弃奶期 7d。

复方磺胺对甲氧嘧啶钠注射液 本品为磺胺间甲氧嘧啶和甲氧苄啶的灭菌水溶液。

【作用与用途】磺胺类抗菌药。主用于治疗敏感菌引起的泌尿道、呼吸道及皮肤软组织等感染。

【用法与用量】以磺胺对甲氧嘧啶钠计。肌内注射：一次量，每千克体重 15～20mg。每日 1～2 次，连用 2～3d。

【不良反应】同复方磺胺甲噁唑片。

【注意事项】【休药期】同磺胺噻唑钠注射液。

· 磺胺间甲氧嘧啶（钠）·

磺胺间甲氧嘧啶属于广谱抗菌药物，是体内外抗菌活性最强的磺胺药，对大多数革兰氏阳性菌和阴性菌都有较强抑制作用，细菌对此药产生耐药性较慢。磺胺药在结构上类似对氨基苯甲酸，可与对氨基苯甲酸竞争细菌体内的二氢叶酸合成酶，阻碍二氢叶酸的合成，最终影响核酸的合成，抑制细菌的生长繁殖。磺胺药的作用可被对氨基苯甲酸及其衍生物（普鲁卡因、丁卡因）所颉颃。此外，脓液以及组织分解产物也可提供细菌生长的必需物质，与磺胺药产生颉颃作用。

【药物相互作用】同磺胺嘧啶（钠）。

磺胺间甲氧嘧啶片 本品为白色或微黄色片。

【作用与用途】磺胺类抗菌药。用于治疗敏感菌引起的感染。

【用法与用量】以磺胺间甲氧嘧啶计。内服：一次量，每千克体重，首次量 50～100mg，维持量 25～50mg。每日 2 次，连用 3～5d。

【不良反应】【注意事项】同磺胺嘧啶片。

【休药期】28d。

磺胺间甲氧嘧啶粉 本品为白色或类白色粉末。

【作用与用途】磺胺类抗菌药。用于治疗敏感菌所引起的呼吸道、胃肠道、泌尿道感染及球虫病等。

【用法与用量】以磺胺间甲氧嘧啶计。内服：一次量，每千克体重，首次量 50～100mg，维持量 25～50mg。每日 2 次，连用 3～5d。

【不良反应】长期使用可损害肾脏和神经系统，影响增重，并可能发生磺胺药中毒。

【注意事项】①连续用药不宜超过 1 周；②长期使用应同时服用碳酸氢钠以碱化尿液；③本品忌与酸性药物（如维生素 C、氯化钙、青霉素等）配伍；④可引起肠道菌群失调，长期用药可引起 B 族维生素和维生素 K 的合成和吸收减少，宜补充相应的维生素；⑤长期使用，可影响叶酸的代谢和利用，应注意添加叶酸制剂。

【休药期】28d。

磺胺间甲氧嘧啶钠注射液 本品为磺胺间甲氧嘧啶钠的灭菌水溶液。本品为无色至淡黄色澄明液体。

【作用与用途】磺胺类抗菌药。主要用于治疗敏感菌引起的感染。

【用法与用量】以磺胺间甲氧嘧啶钠计。静脉注射：一次量，每千克体重 50mg。每日 1～2 次，连用 2～3d。

【不良反应】同磺胺二甲嘧啶钠注射液。

【注意事项】同磺胺噻唑钠注射液。

【休药期】28d。

复方磺胺间甲氧嘧啶钠粉 本品为白色或类白色粉末。

【作用与用途】磺胺类抗菌药。用于治疗敏感菌所引起的呼吸道、胃肠道、泌尿道感染及球虫病。

【用法与用量】以磺胺间甲氧嘧啶钠计。内服：一次量，每千克体重 20～25mg。每日 2 次，连用 3～5d。

【不良反应】长期或大量使用可损害肾脏和神经系统，影响增重，并可能发生磺胺药中毒。

【注意事项】①连续用药不宜超过 1 周；②长期使用应同时服用碳酸氢钠以碱化尿液。

【休药期】28d。

·磺 胺 脒·

磺胺脒属磺胺类抗菌药物，对大多数革兰氏阳性菌和阴性菌都有较强抑制作用。本品内服吸收很少。磺胺药在结构上类似对氨基苯甲酸、可与对氨基苯甲酸竞争细菌体内的二氢叶酸合成酶，阻碍二氢叶酸的合成，最终影响核酸的合成，抑制细菌的生长繁殖。

【药物相互作用】同磺胺嘧啶（钠）。

磺胺脒片 本品为白色片。

【作用与用途】磺胺类抗菌药。主要用于治疗肠道细菌性感染。

【用法与用量】以磺胺脒计。内服：一次量，每千克体重 0.1～0.2g。每日 2 次，连用 3～5d。

【不良反应】长期服用可能影响胃肠道菌群，引起消化道功能紊乱。

【注意事项】①新生羔羊的肠内吸收率高于幼羊；②不宜长期服用，注意观察胃肠道功能。

【休药期】28d。

·磺胺氯吡嗪钠·

磺胺氯吡嗪钠为磺胺类抗球虫药，作用峰期是球虫第二代裂殖体，对第一代裂殖体也有一定作用。本品不影响宿主对球虫产生免疫力。

磺胺氯吡嗪钠可溶性粉 本品为淡黄色粉末。

【作用与用途】抗球虫药。用于治疗羊球虫病。

【用法与用量】以磺胺氯吡嗪钠计。内服：配成水溶液，每日量，每千克体重 120mg，连用 3～5d。

【注意事项】①饮水给药连续饮用不得超过 5d；②不得在饲料中长期添加使用。

【休药期】28d。

·酞磺胺噻唑·

酞磺胺噻唑内服后不易吸收，并在肠内逐渐释放出磺胺噻唑，通过抑制敏感菌的二氢叶酸合成酶，使二氢叶酸合成受阻进而呈现抑菌作用。成年羊少用。

【药物相互作用】同磺胺嘧啶（钠）。

酞磺胺脒噻唑片 本品为白色片。

【作用与用途】磺胺类抗菌药。主要用于治疗幼羊肠道细菌性感染。

【用法与用量】以酞磺胺噻唑计。内服：一次量，羔羊每千克体重 0.1～0.15g。每日 2 次，连用 3～5d。

【不良反应】长期服用可能影响胃肠道菌群，引起消化道功能紊乱。

【注意事项】①新生羔羊的肠内吸收率高于幼羊；②不宜长期服用，注意观察胃肠道功能。

【休药期】28d。

（二）喹诺酮类

喹诺酮类药物是人工合成的具有 4 -喹诺酮环基本结构的静止期杀菌性抗菌药物，为兽医临床最常用的一类抗菌药物，在感染性疾病的治疗中发挥了非常重要的作用。喹诺酮类药物用于治疗细菌、支原体引起的消化、呼吸、泌尿、生殖等系统和皮肤软组织的感染性疾病。

·恩诺沙星·

恩诺沙星属氟喹诺酮类动物专用的广谱杀菌药。对大肠杆菌、沙门氏菌、克雷伯氏菌、布鲁氏菌、巴氏杆菌、胸膜肺炎放线杆菌、丹毒杆菌、变形杆菌、黏质沙雷氏菌、化脓棒状杆菌、败血波特氏菌、金黄色葡萄球菌、支原体、衣原体等均有良好作用，对铜绿假单胞菌和链球菌的作用较弱，对厌氧菌作用微弱。对敏感菌有明显的抗菌后效应。本品的抗菌作用机制是抑制细菌 DNA 旋转酶，干扰细菌 DNA 的复制、转录和修复重组，导致细菌不能正常生长繁殖而死亡。

【药物相互作用】①本品与氨基糖苷类或广谱青霉素合用，有协同作用；②Ca^{2+}、Mg^{2+}、Fe^{3+} 和 Al^{3+} 等金属离子可与本品发生螯合，影响吸收；③与茶碱、咖啡因合用时，可使血浆蛋白结合率降低，血中茶碱、咖啡因的浓度异常升高，甚至出现茶碱中毒症状；④本品有抑制肝药酶作用，可使主要在肝脏中代谢的药物的清除率降低，血药浓度升高。

恩诺沙星注射液　本品为恩诺沙星的灭菌水溶液。本品为无色至淡黄色的澄明液体。

【作用与用途】氟喹诺酮类抗菌药。用于治疗羊细菌性疾病和支原体感染。

【用法与用量】以恩诺沙星计。肌内注射：一次量，每千克体重 2.5mg。每日 1～2 次，连用 2～3d。

【不良反应】①使幼龄羊软骨发生变性，影响骨骼发育并引起跛行及疼痛；②消化系统有呕吐、食欲不振、腹泻等反应；③皮肤反应有红斑、瘙痒、荨麻疹及光敏反应等。

【注意事项】①对中枢系统有潜在的兴奋作用，诱导癫痫发作；②肉食动物及肾功能不良患畜慎用，可偶发结晶尿；③肌内注射有一

过性刺激；④本品耐药菌株呈增多趋势，不应在亚治疗剂量下长期
使用。

【休药期】14d。

·盐酸环丙沙星·

环丙沙星属于杀菌性广谱抗菌药物。对大肠杆菌、沙门氏菌、克
雷伯氏菌、布鲁氏菌、巴氏杆菌、胸膜肺炎放线杆菌、丹毒杆菌、变
形杆菌、黏质沙雷氏菌、化脓性棒状杆菌、败血波特氏菌、金黄色葡
萄球菌、支原体、衣原体等均有良好作用，对铜绿假单胞菌和链球菌
的作用较弱，对厌氧菌作用微弱。对敏感菌有明显的抗菌后效应。抗
菌机制是作用于细菌细胞的 DNA 旋转酶，干扰细菌 DNA 的复制、
转录和修复重组，导致细菌不能正常生长繁殖而死亡。

【药物相互作用】①与氨基糖苷类或广谱青霉素合用，有协同作
用；②Ca^{2+}、Mg^{2+}、Fe^{3+} 和 Al^{3+} 等金属离子可与本品发生螯合，影
响吸收；③与茶碱、咖啡因合用时，由于蛋白结合率改变，血浆蛋白
结合率降低，血中茶碱、咖啡因的浓度异常升高，甚至出现茶碱中毒
症状；④有抑制肝药酶作用，可使主要在肝脏中代谢的药物的清除率
降低，血药浓度升高；⑤与丙磺舒合用可因竞争同一转运载体而抑制
了其在肾小管的排泄，半衰期延长。

盐酸环丙沙星注射液　本品为盐酸环丙沙星与葡萄糖的灭菌水溶
液；为微黄绿色澄明液体。

【作用与用途】氟喹诺酮类抗菌药。用于治疗细菌和支原体感染。

【用法与用量】以环丙沙星计。静脉、肌内注射：一次量，每千
克体重 2.5～5mg。每日 2 次，连用 3d。

【不良反应】同恩诺沙星注射液。

【休药期】28d；弃奶期 7d。

·乳酸环丙沙星·

乳酸环丙沙星属于动物专用的广谱杀菌药，通过作用于细菌的DNA旋转酶亚单位，抑制细菌DNA复制和转录而产生杀菌作用。对大多数革兰氏阴性菌和球菌有很好的抗菌活性，包括铜绿假单胞菌、克雷伯氏属、大肠杆菌、肠杆菌属、弯曲菌属、志贺氏菌属、沙门氏菌、气单胞菌属、变形杆菌属、嗜血杆菌属、耶尔森菌属、沙雷菌属、弧菌属、布鲁氏菌属、沙眼衣原体、葡萄球菌（包括产青霉素酶和耐甲氧西林耐药菌）、支原体、分支杆菌属也对其敏感。对厌氧菌有微弱的抗菌活性。对厌氧菌感染无效。本品对革兰氏阴性菌的作用明显优于该类其他品种，其中对铜绿假单胞菌的体外抗菌活性最强。

【药物相互作用】 ①与氨基糖苷类、广谱青霉素合用有协同抗菌作用；②Ca^{2+}、Mg^{2+}、Fe^{3+}、Al^{3+}等金属离子可与本品发生螯合作用，影响其吸收；③对肝药酶有抑制作用，使其他药物（如茶碱、咖啡因）的代谢下降，清除率降低，血药浓度升高，甚至出现中毒症状；④与丙磺舒合用可因竞争同一转运载体而抑制其在肾小管的排泄，半衰期延长。

乳酸环丙沙星可溶性粉 本品为白色或微黄色结晶性粉末。

【作用与用途】 氟喹诺酮类抗菌药。用于治疗细菌和支原体感染。

【用法与用量】 以环丙沙星计。混饮：每升水 40~80mg。每日2次，连用3d。

【不良反应】 同恩诺沙星注射液。

【注意事项】 ①对中枢系统有潜在兴奋作用，诱导癫痫发作；②肾功能不全的羊慎用，对有严重肾病或肝病的羊需调节用量，以免体内药物蓄积。

乳酸环丙沙星注射液 本品为乳酸环丙沙星的灭菌水溶液；为几

乎无色至黄色的澄明液体。

【作用与用途】氟喹诺酮类抗菌药。用于治疗细菌和支原体感染。

【用法与用量】以环丙沙星计。肌内注射：每千克体重 2.5mg，每日 2 次。静脉注射：羊 2mg。每日 2 次。

【不良反应】同乳酸环丙沙星可溶性粉。

【注意事项】①慎用于供繁殖用幼龄种羊；②孕羊及泌乳母羊禁用；③肾功能不全的羊慎用，对有严重肾病或肝病者需调节用量，以免体内药物蓄积。

【休药期】弃奶期 48h。

（三）其他合成抗菌药

合成抗菌药除了磺胺类、喹诺酮类以外，目前兽医应用的品种不多，喹噁啉类和有机胂类有抗菌促生长作用，在畜牧业中曾应用广泛，对动物性食品的生产起着重要的作用，但由于不合理使用可造成药物在动物性食品中残留，对人类健康存在危害，或可能造成生态环境污染等，目前正逐步退出兽药市场。

·盐酸（硫酸）小檗碱·

盐酸（硫酸）小檗碱具广谱抗菌作用，体外对多种革兰氏阳性菌及革兰氏阴性菌均具有抑菌作用，其中对溶血性链球菌、金黄色葡萄球菌、霍乱弧菌、脑膜炎球菌、志贺菌属和伤寒杆菌等作用较强。对流感病毒、阿米巴原虫、钩端螺旋体及某些皮肤真菌也有一定抑制作用。体外实验证实，本品能增强白细胞及肝网状内皮系统的吞噬能力。志贺菌属、溶血性链球菌、金黄色葡萄球菌等极易对本品产生耐药性。

盐酸小檗碱片 本品为黄色片。

【作用与用途】抗菌药。用于治疗痢疾杆菌引起的肠道感染。

【用法与用量】以盐酸小檗碱计。内服：一次量，0.5～1g。

【不良反应】内服偶有呕吐。

【休药期】无需制订。

硫酸小檗碱注射液　本品为硫酸小檗碱的灭菌水溶液；为黄色的澄明液体。

【作用与用途】抗菌药。用于治疗肠道细菌性感染。

【用法与用量】以硫酸小檗碱计。肌内注射：一次量，0.05～0.1g。

【注意事项】本品不能静脉注射。遇冷析出结晶，用前浸入热水中，用力振摇，溶解成澄明液体，温度至体温时使用。

【休药期】无需制订。

·乌洛托品·

乌洛托品在酸性溶液中可分解释放出甲醛和氨，呈杀菌作用。内服吸收后大部分以原形随尿排出。在酸性尿中缓慢分解释放出甲醛，并在尿道中呈现杀菌作用。

【药物相互作用】应用尿道碱化剂（如碳酸氢钠、噻嗪类利尿药、含有钙和镁的抗酸药）可降低乌洛托品的作用，酸化剂可加速甲醛释放，增强杀菌效果。

乌洛托品注射液　本品为乌洛托品的灭菌水溶液；为无色澄明液体。

【作用与用途】消毒防腐药。用于治疗尿路感染。

【用法与用量】以乌洛托品计。静脉注射：一次量，5～10g。

【不良反应】对胃肠道有刺激作用，长期应用可出现排尿困难。

【注意事项】宜加服氯化铵，使尿呈酸性。

【休药期】无需制订。

第二节　抗寄生虫药物

抗寄生虫药是指能杀灭寄生虫或抑制其生长繁殖的物质。可分为抗蠕虫药、抗原虫药和杀虫药。

目前，抗寄生虫药物主要是影响寄生虫的细胞物质转运、代谢、神经肌肉信息传递和生殖系统功能等。由于有些寄生虫的细胞结构、代谢酶、代谢过程和神经递质等与宿主存在某些相同或相似之处，因而使得部分抗寄生虫药具有选择性差或安全范围窄的缺点，使用时应特别注意剂量的准确性和不良反应；而有些药物对寄生虫的作用途径与宿主不是彼此共有的生化系统时，则药物通常是安全的。

一、抗蠕虫药

抗蠕虫药是指对羊寄生蠕虫具有驱除、杀灭或抑制作用的药物。根据寄生于羊体内的蠕虫类别，抗蠕虫药分为抗线虫药、抗吸虫药、抗绦虫药、抗血吸虫药，但这种分类也是相对的。有些药物兼有多种作用，如吡喹酮具有抗绦虫和抗吸虫作用，苯并咪唑类具有抗线虫、抗吸虫和抗绦虫作用。

（一）抗线虫药

羊感染的线虫种类繁多，可以寄生于动物的各种器官和组织。在20世纪初叶以前，兽医是采用天然药物控制线虫感染。自20世纪30年代发现吩噻嗪、50年代出现噻苯达唑以来，陆续有多种化学合成和抗生素类抗线虫药物应用于兽医临床。

根据抗线虫药的化学结构特点，可将这些药物分为苯并咪唑类、咪唑并噻唑类、四氢嘧啶类、抗生素类等，其中苯并咪唑类和抗生素类是当前应用最多最广的药物。应注意抗线虫药的耐药性问题，许多药物已产生较严重的耐药性。耐药性与某类药物的频繁使用或不合理使用直接关系，如毛首线虫已对包括苯并咪唑类药物在内的多种常用药物产生了耐药性。

·阿 苯 达 唑·

阿苯达唑为苯并咪唑类，具有广谱驱虫作用。线虫对其敏感，对绦虫、吸虫也有较强作用（但需较大剂量），对血吸虫无效。作用机理主要是与线虫的微管蛋白结合发挥作用。阿苯达唑与微管蛋白结合后，阻止其与微管蛋白进行多聚化组装成微管。微管是许多细胞器的基本结构单位，为有丝分裂、蛋白装配及能量代谢等细胞繁殖过程所必需。阿苯达唑对线虫微管蛋白的亲和力显著高于羊的微管蛋白，因此对羊的毒性很小。本品不但对成虫作用强，对未成熟虫体和幼虫也有较强作用，还有杀虫卵作用。

【药物相互作用】阿苯达唑与吡喹酮合用可提高前者的血药浓度。

阿苯达唑片 本品为类白色片。

【作用与用途】抗蠕虫药。用于治疗线虫病、绦虫病和吸虫病。

【用法与用量】以阿苯达唑计。内服：一次量，每千克体重 $10\sim15$mg。

【不良反应】对妊娠早期羊有致畸和胚胎毒性。

【注意事项】①泌乳期禁用；②妊娠期前 45d 内忌用。

【休药期】4d；弃奶期 60h。

阿苯达唑粉 本品为白色或类白色粉末。

【作用与用途】【用法与用量】【不良反应】【注意事项】与【休药期】同阿苯达唑片。

阿苯达唑颗粒 本品为白色颗粒。

【作用与用途】【用法与用量】【不良反应】【注意事项】与【休药期】同阿苯达唑片。

阿苯达唑混悬液 本品为细微颗粒的混悬液，静置后细微颗粒沉淀，振摇后成均匀的白色或类白色混悬液。

【作用与用途】抗寄生虫药。用于治疗线虫病、吸虫病、绦虫病。

【用法与用量】以阿苯达唑计。内服：一次量，每千克体重 10～15mg。

【不良反应】羊妊娠早期使用阿苯达唑，可能伴有致畸和胚胎毒性。

【注意事项】①泌乳期禁用；②母羊妊娠前 45d 内禁用。

【休药期】4d。

阿苯达唑硝氯酚片 本品为黄色片。

【作用与用途】抗寄生虫药。用于治疗线虫病、吸虫病、绦虫病。

【用法与用量】以阿苯达唑计。内服：一次量，每千克体重10～15mg。

【不良反应】①过量可引起中毒，表现为发热、呼吸困难和出汗等症状；②羊妊娠早期使用，可能伴有致畸和胚胎毒性。

【注意事项】①泌乳期禁用；②中毒时可根据症状选用安钠咖、毒毛花苷 K、维生素 C 等对症治疗，但禁用钙剂静脉注射；③羊妊娠前 45d 内禁用。

【休药期】28d。

阿苯达唑伊维菌素片 本品为白色或类白色片。

【作用与用途】抗寄生虫药。用于驱除或杀灭羊线虫、吸虫、绦虫和螨等体内外寄生虫。

【用法与用量】以伊维菌素计。内服：一次量，每千克体重 0.3mg。

【注意事项】①泌乳期禁用；②阿维菌素的毒性较伊维菌素稍强，敏感羊只慎用；③阿维菌素对光敏感，易被迅速氧化灭活，应避光保存；④本品对鱼、虾有剧毒，残存物、包装物及动物排泄物勿污染水源。

【休药期】35d。

·奥 芬 达 唑·

奥芬达唑为芬苯达唑的体内代谢物芬苯达唑亚砜，其作用机理是与线虫的微管蛋白质结合发挥驱虫作用，抗虫谱不如阿苯达唑广，作用略强。与其他大多数苯并咪唑类药物不同，奥芬达唑较易从胃肠道吸收。吸收后的奥芬达唑被代谢成芬苯达唑砜，仍具有抗虫活性。

奥苯达唑片 本品为白色或类白色片。

【作用与用途】抗蠕虫药。主要用于治疗线虫病和绦虫病。

【用法与用量】以奥芬达唑计。内服：一次量，每千克体重5～7.5mg。

【不良反应】具有致畸作用。

【注意事项】泌乳期禁用。

【休药期】7d。

奥芬达唑颗粒 本品为白色颗粒。

【作用与用途】用于治疗羊线虫病和绦虫病。

【用法与用量】以奥芬达唑计。内服：一次量，每千克体重5～7.5mg。

【不良反应】有胚胎毒性和致畸作用。

【注意事项】①泌乳期禁用；②妊娠早期羊慎用；③敏感虫体对本品能产生耐药，甚至与其他苯并咪唑类产生交叉耐药。

【休药期】7d。

·奥 苯 达 唑·

奥苯达唑属于苯丙咪唑类抗线虫药。线虫对其敏感，对绦虫、吸虫也有较强作用（但需较大剂量），对血吸虫无效。作用机理主要是与线虫的微管蛋白结合发挥作用。本品内服吸收较好。

【药物相互作用】与吡喹酮合用可提高前者的血药浓度。

奥苯达唑片 本品为白色片。

【作用与用途】抗蠕虫药。用于治疗胃肠道线虫病。

【用法与用量】以奥苯达唑计。内服：一次量，每千克体重 10mg。

【注意事项】①妊娠前期45d禁用；②绵羊妊娠早期使用，可能伴有致畸胎和胚胎毒性。

【休药期】28d。

·芬 苯 达 唑·

芬苯达唑为苯并咪唑类抗蠕虫药，其作用机理为与线虫的微管蛋白质结合发挥驱虫作用，抗虫谱不如阿苯达唑广，作用略强。对羊的血矛线虫、奥斯特线虫、毛圆线虫、古柏线虫、细颈线虫、仰口线虫、夏伯特线虫、食道口线虫、毛首线虫及网尾线虫成虫及幼虫均有极佳驱虫效果。此外还能抑制多数胃肠线虫的产卵。

芬苯达唑片 本品为白色或类白色片。

【作用与用途】抗蠕虫药。用于治疗线虫病和绦虫病。

【用法与用量】以芬苯达唑计。内服：一次量，每千克体重 5～7.5mg。

【不良反应】按规定的用法与用量使用，一般不产生不良反应。由于死亡的寄生虫可释放抗原，可继发产生过敏性反应，特别是在高剂量时。

【注意事项】①泌乳期羊禁用；②可能伴有致畸胎和胚胎毒性，妊娠前期忌用。

【休药期】21d；弃奶期7d。

芬苯达唑粉 本品为白色或类白色粉末。

【作用与用途】【用法与用量】【不良反应】与【注意事项】同芬苯达唑片。

【休药期】14d；弃奶期5d。

芬苯达唑伊维菌素片 本品为白色或类白色片。

【作用与用途】抗蠕虫药。用于治疗线虫病、绦虫病和螨病。

【用法与用量】以芬苯达唑计。内服：一次量，每千克体重5～7.5mg。

【注意事项】①泌乳期禁用；②伊维菌素对虾、鱼及水生生物有剧毒，残存药物及包装切勿污染水源；③母羊妊娠前期45d慎用。

【休药期】35d。

·氧阿苯达唑·

氧阿苯达唑为阿苯达唑在羊体内的一级氧化代谢产物，属广谱驱虫药。对线虫作用强，对绦虫和吸虫也有较强的作用，其作用机理主要是与线虫的微管蛋白结合发挥作用。氧阿苯达唑与β-微管蛋白结合后，阻止其与α-微管蛋白进行多聚化组装成微管。微管是许多细胞器的基本结构单位，为有丝分裂、蛋白装配及能量代谢等细胞繁殖过程所必需。氧阿苯达唑对线虫微管蛋白的亲和力显著高于羊的微管蛋白，因此对羊的毒性很小。本品对成虫和幼虫均有较强作用，还有杀虫卵作用，可用于治疗羊的奥斯特线虫、血矛线虫、毛圆线虫、细颈线虫、库珀线虫、牛仰口线虫、食道口线虫、网尾线虫等成虫及第四期幼虫、肝片吸虫成虫和莫尼茨绦虫。

【药物相互作用】地塞米松和吡喹酮能增加本品的血药浓度。西咪替丁可增加本品在胆汁和囊液中的含量。

氧苯达唑片 本品为白色或类白色片。

【作用与用途】抗蠕虫药。主要用于驱除线虫和绦虫。

【用法与用量】以氧苯达唑计。内服：一次量，每千克体重5～10mg。

【不良反应】①本品有潜在的皮肤致敏性；②对妊娠早期羊有致畸和胚胎毒性。

【注意事项】①妊娠前期羊慎用本品；②使用时应避免与皮肤接触，避免儿童接触。

【休药期】4d。

· 盐酸左旋咪唑 ·

本品属咪唑并噻唑类抗线虫药，对绵羊的大多数线虫具有活性。其驱虫作用机理是兴奋蠕虫的副交感和交感神经节，表现为烟碱样作用；高浓度时，左旋咪唑通过阻断延胡索酸还原和琥珀酸氧化作用，干扰线虫的糖代谢，最终对蠕虫起麻痹作用，使活虫体排出。

本品除了具有驱虫活性外，还能明显提高免疫反应。它可恢复外周 T 淋巴细胞介导的免疫功能，兴奋单核细胞的吞噬作用，对免疫功能受损的动物作用更明显。

【药物相互作用】①具有烟碱作用的药物（如噻嘧啶、甲噻嘧啶、乙胺嗪）、胆碱酯酶抑制剂（如有机磷、新斯的明）可增加左旋咪唑的毒性，不宜联用；②左旋咪唑可增强布鲁氏菌病疫苗等的免疫反应。

盐酸左旋咪唑片 本品为白色片。

【作用与用途】抗蠕虫药。主要用于治疗胃肠道线虫、肺线虫。

【用法与用量】以盐酸左旋咪唑计。内服：一次量，每千克体重 7.5mg。

【不良反应】绵羊给药后可引起暂时性兴奋，山羊可产生抑郁、感觉过敏和流涎。

【注意事项】①泌乳期羊禁用；②本品中毒时可用阿托品解毒和其他对症治疗。

【休药期】3d。

盐酸左旋咪唑粉 本品为白色或类白色粉末。

【作用与用途】【用法与用量】与**【休药期】**同盐酸左旋咪唑片。

【不良反应】过量可引起副交感神经兴奋症状，流涎、兴奋或颤抖；胃肠道功能紊乱（如呕吐、腹泻）等。

【注意事项】泌乳期禁用。

盐酸左旋咪唑注射液 本品为无色澄明液体。

【作用与用途】抗蠕虫药。主要用于治疗胃肠道线虫、肺线虫。

【用法与用量】以盐酸左旋咪唑计。皮下、肌内注射：一次量，每千克体重7.5mg。

【不良反应】【注意事项】同盐酸左旋咪唑片。

【休药期】28d。

· 枸橼酸哌嗪 ·

哌嗪对敏感线虫产生箭毒样作用，其作用机制是使神经肌肉接头处的神经细胞膜超级化，阻断神经冲动传递，致使寄生虫的肌肉松弛麻痹、固定不动，继而使寄生虫从其寄生部位驱除，致虫体死亡。另外，哌嗪还可抑制虫体琥珀酸的合成，干扰虫体能量代谢。

哌嗪对寄生于动物体内的某些特定线虫有效，如对寄生于所有家畜的蛔虫具有优良的驱虫效果。对弓首蛔虫和狮首线虫有效。

【药物相互作用】①与噻嘧啶或甲噻嘧啶产生颉颃作用，不应同时使用；②泻药不宜与哌嗪同用，以免哌嗪在发挥作用前被排出；③与氯丙嗪合用可能会诱发癫痫。

枸橼酸哌嗪片 本品为白色片。

【作用与用途】抗蠕虫药。主要用于治疗蛔虫病，羊食道口线虫病。

【用法与用量】以枸橼酸哌嗪计。内服：一次量，每千克体重

0.25～0.3g。

【不良反应】按推荐剂量使用时，罕见不良反应。

【休药期】28d。

·枸橼酸乙胺嗪·

枸橼酸乙胺嗪（DEC）对羊网尾线虫的成虫有效，对其幼虫及圆线虫也有较好的驱杀作用。目前，本品抗丝虫和抗线虫的作用机理还不完全清楚，但可确定的是它以类烟碱的形式作用于寄生虫的神经系统，使虫体麻痹瘫痪。

【药物相互作用】理论上，本品与其他具有烟碱样作用的药物（如噻嘧啶、甲噻嘧啶、左旋咪唑等）合用，可使彼此的毒性加强。

枸橼酸乙胺嗪片 本品为白色片。

【作用与用途】抗丝虫药。主要用于治疗羊脑脊髓丝虫病，亦可用于肺丝虫病。

【用法与用量】以枸橼酸乙胺嗪计。内服：一次量，每千克体重 20mg。

【不良反应】按推荐剂量使用时，很少发生不良反应。

【休药期】28d；弃奶期 7d。

·伊维菌素·

伊维菌素主要对体内线虫和体表节肢动物具有良好驱杀作用。其驱虫作用机理在于促进突触前神经元释放 γ-氨基丁酸（GABA），从而打开 GABA 介导的氯离子通道。伊维菌素对无脊椎动物神经和肌肉细胞位于 GABA 介导位点附近的谷氨酸介导的氯离子通道也具有选择性和高亲和力，从而干扰神经肌肉间的信号传递，使虫体松弛麻痹，导致虫体死亡或被排出体外。线虫的抑制性中间神经元和兴奋性运动神经元是其作用部位，而节肢动物的作用部位是神经肌肉接头。

对羊的血矛线虫、奥斯特线虫、古柏线虫、毛圆线虫（包括艾氏毛圆线虫）、圆形线虫、仰口线虫、细颈线虫、毛首线虫、食道口线虫、网尾线虫以及绵羊夏伯特线虫成虫、第四期幼虫驱除率 97%～100%。对节肢动物亦很有效，如蝇蛆、螨和虱等。对嚼虱和绵羊的羊蜱蝇疗效稍差。伊维菌素对蜱以及粪便中繁殖的蝇也极有效，药物虽不能立即使蜱死亡，但能影响摄食、蜕皮和产卵，从而降低生殖能力。对血蝇的作用相似。

【药物相互作用】 与乙胺嗪同时使用，可能产生严重的或致死性脑病。

伊维菌素片 本品为白色片。

【作用与用途】 大环内酯类抗寄生虫药。用于防治羊的线虫病、螨病和寄生性昆虫病。

【用法与用量】 以伊维菌素计。内服：一次量，每千克体重 0.2mg。

【注意事项】 ①泌乳期禁用；②伊维菌素对虾、鱼及水生生物有剧毒，残留药物的包装及容器切勿污染水源；③母羊妊娠前期 45d 慎用。

【休药期】 35d。

伊维菌素溶液 本品为无色的澄清液体。

【作用与用途】【用法与用量】【注意事项】 与 **【休药期】** 同伊维菌素片。

伊维菌素注射液 本品为无色或几乎无色的澄明液体，略黏稠。

【作用与用途】 大环内酯类抗寄生虫药。用于防治羊线虫病、螨病及其他寄生性昆虫病。

【用法与用量】 以伊维菌素计。皮下注射：一次量，每千克体重 0.2mg。

【不良反应】 注射时，注射部位有不适或暂时性水肿。

【注意事项】①泌乳期禁用；②仅限于皮下注射，每个注射点不宜超过 10mL；③含甘油缩甲醛和丙二醇的伊维菌素注射剂，适用于羊；④伊维菌素对虾、鱼及水生生物有剧毒，残存药物及包装切勿污染水源；⑤与乙胺嗪同时使用，可能产生严重的或致死性脑病。

【休药期】35d。

伊维菌素氧阿苯达唑粉 本品为白色或类白色粉末。

【作用与用途】抗寄生虫药。用于驱杀羊的体内外寄生虫。

【用法与用量】以伊维菌素计。内服：一次量，每千克体重 0.2mg。

【不良反应】本品具有潜在的致敏、致畸胎作用。

【注意事项】①泌乳期禁用；②母羊妊娠前期 45d 慎用；③伊维菌素对虾、鱼及水生生物有剧毒，残存药物及包装切勿污染水源。

【休药期】35d。

·阿维菌素·

阿维菌素属于抗线虫药，对羊的血矛线虫、奥斯特线虫、古柏线虫、毛圆线虫（包括艾氏毛圆线虫）、圆形线虫、仰口线虫、细颈线虫、毛首线虫、食道口线虫、网尾线虫以及绵羊夏伯特线虫成虫、第四期幼虫驱除率 97%~100%。对节肢动物（如蝇蛆和虱等）亦很有效。对嚼虱和绵羊的羊蜱蝇疗效稍差。对吸虫和绦虫无效。此外，阿维菌素作为杀虫剂，对水产和农业昆虫、螨虫以及火蚁等具有广谱活性。

【药物相互作用】与乙胺嗪同时使用，可能产生严重的或致死性脑病。

阿维菌素片 本品为白色或类白色片。

【作用与用途】抗生素类药。用于治疗羊的线虫病、螨病和寄生性昆虫病。

【用法与用量】以阿维菌素 B_1 计。内服：一次量，每千克体重 0.3mg。

【注意事项】①泌乳期禁用；②阿维菌素的毒性较强，慎用，对虾、鱼及水生生物有剧毒，残存药物及包装切勿污染水源；③本品性质不太稳定，特别对光线敏感，可迅速氧化灭活，应注意储存和使用条件。

【休药期】35d。

阿维菌素粉 本品为白色至淡黄色粉末；无臭。

【作用与用途】【用法与用量】【注意事项】与【休药期】同阿维菌素片。

阿维菌素胶囊

【作用与用途】【用法与用量】【注意事项】与【休药期】同阿维菌素片。

阿维菌素注射液 本品为无色澄明液体；略黏稠。

【用法与用量】以阿维菌素 B_1 计。皮下注射：一次量，每千克体重 0.2mg。

【不良反应】注射部位有不适或暂时性水肿。

【注意事项】①泌乳期禁用；②仅限于皮下注射，每个注射点不宜超过 10mL；③含甘油缩甲醛和丙二醇的阿维菌素注射剂，适用于羊；④本品对虾、鱼及水生生物有剧毒，残存药物及包装切勿污染水源。

【休药期】35d。

· 碘 硝 酚 ·

本品为窄谱驱线虫药，对蛔虫、鞭虫或肺吸虫的效果差。对羊鼻蝇蛆、螨和蜱的感染有效。其作用方式除了作为氧化磷酸化的解偶联剂外，还直接作用于虫体神经和表皮膜，产生离子载体型作用，使虫体麻痹和膜破坏。寄生虫（如钩虫）仅在摄入含药物的血液后才受到影响，非吸血寄生虫则不会受影响。

碘硝酚注射液 本品为黄色澄明的黏稠液体。

【作用与用途】抗寄生虫药。用于治疗羊线虫、羊鼻蝇蛆、螨和蜱感染。

【用法与用量】以碘硝酚计。皮下注射：一次量，每千克体重10～20mg。

【不良反应】①安全范围窄，通常表现为肝毒性症状；②治疗量时，可见心率、呼吸加快，体温升高；③剂量过大时可见失明、呼吸困难、抽搐甚至死亡。

【注意事项】①本品不得用于秋季螨病的防治；②因为碘硝酚对组织中幼虫效果差，故3周后应重复用药。

【休药期】90d；弃奶期90d。

（二）抗绦虫药

抗绦虫药根据其作用可分为杀绦虫药和驱绦虫药。能使绦虫在寄生部位死亡的药物称为杀绦虫药，促使绦虫排出体外的药物称为驱绦虫药。驱绦虫药通常是干扰绦虫的头节吸附于胃肠黏膜，并干扰虫体的蠕动，使其不能保持在胃肠道中。很多天然有机化合物都属于驱绦虫药，能暂时麻痹虫体，借助催泻作用将虫体排出体外，否则，绦虫可能再次吸附于肠壁。现代合成药物大多具有杀绦虫作用，能在原寄生部位将虫体杀死。

·氯硝柳胺·

本品是一种杀绦虫药，对羊的莫尼茨绦虫、无卵黄腺绦虫和条纹绦虫有效，对绦虫头节和体节作用相同，还具有杀灭丁螺及血吸虫尾蚴、毛蚴作用。

【药物相互作用】①本品可以与左旋咪唑合用，治疗羔羊的绦虫与线虫混合感染；②与普鲁卡因合用，可提高氯硝柳胺对小鼠绦虫的疗效。

氯硝柳胺片 本品为淡黄色片。

【作用与用途】抗蠕虫药。用于治疗绦虫病、反刍动物前后盘吸虫感染。

【用法与用量】以氯硝柳胺计。内服：一次量，每千克体重60～70mg。

【注意事项】①动物在给药前，应禁食12h；②本品可与左旋咪唑合用，用以治疗羔羊的绦虫与线虫混合感染；③本品对鱼类毒性很强。

【休药期】28d。

（三）抗吸虫药

片形吸虫病是动物特别是羊最常见的重要吸虫病之一。绵羊摄入囊蚴后，4d内蚴虫从囊中脱出，穿过小肠壁，经腹腔进入肝脏，通常在感染后6～8周内引起急性片形吸虫病的临床症状，到感染后10～12周，虫体达到性成熟，此时的虫体对抗吸虫药最敏感。

·硝 氯 酚·

硝氯酚对羊的片形吸虫成虫具有杀灭作用，对某些发育未成熟的片形吸虫也有效，但所用剂量需增加，临床上不安全。其抗虫机制为抑制虫体琥珀酸脱氢酶，从而影响片形吸虫的能量代谢而发挥抗吸虫作用。

【药物相互作用】①硝氯酚配成溶液灌服前，若先灌服浓氯化钠溶液，能反射性使食道沟关闭，使药物直接进入皱胃，可增强驱虫效果，若采用此方法必须适当减少剂量，以免发生不良反应；②硝氯酚中毒时，静脉注射钙制剂可增强本品毒性。

硝氯酚片　本品为黄色片。

【作用与用途】抗蠕虫药。用于治疗羊片形吸虫病。

【用法与用量】以硝氯酚计。内服：一次量，每千克体重 3～4mg。

【不良反应】过量用药动物可出现发热、呼吸急促和出汗，持续 2～3d，偶见死亡。

【注意事项】①治疗量对动物比较安全，过量引起的中毒症状（如发热、呼吸困难、窒息）可根据症状选用尼可刹米、毒毛花苷 K、维生素 C 等对症治疗，但禁用钙剂静脉注射；②硝氯酚中毒时，静脉注射钙剂可增强本品毒性。

【休药期】28d。

硝氯酚伊维菌素片　本品为黄色片。

【作用与用途】驱虫药。用于驱除和杀灭羊的线虫、吸虫和绦虫。

【用法与用量】以硝氯酚计。内服：一次量，每千克体重 3.3mg。

【不良反应】用药以后有发热、呼吸急促和出汗等症状。

【注意事项】①泌乳期禁用；②治疗剂量对动物比较安全，过量引起的中毒症状（如发热、呼吸困难、窒息）可根据症状选用安钠咖、毒毛花苷 K、维生素 C 等对症治疗，但禁用钙剂静脉注射。

【休药期】35d。

·碘醚柳胺·

碘醚柳胺对肝片吸虫和大片形吸虫的成虫具有杀灭作用，对未成熟虫体也有很高的活性。此外，对羊的成虫及未成熟虫体和羊鼻蝇蛆的各期寄生幼虫均有很高的效率。碘醚柳胺的抗吸虫机理是其作为一种载体，跨细胞膜转运阳离子，最终对虫体线粒体氧化磷酸化过程进行解偶联，减少 ATP 的产生，降低糖原含量，并使琥珀酸积蓄，从而影响虫体的能量代谢过程，使虫体死亡。

【药物相互作用】与阿苯达唑合用，治疗羊的肝吸虫病和胃肠道线虫病，并不改变两者的安全指数。

碘醚柳胺混悬液 本品为灰白色混悬液；久置可分为两层，上层为无色液体，下层为灰白色至淡棕色沉淀。

【作用与用途】抗寄生虫药。用于治疗羊肝片吸虫病。

【用法与用量】以碘醚柳胺计。内服：一次量，每千克体重7～12mg。

【注意事项】①泌乳期禁用；②不得超量使用。

【休药期】60d。

·氯氰碘柳胺钠·

氯氰碘柳胺对羊片形吸虫、捻转血矛线虫以及某些节肢动物均有驱除活性。对前后盘吸虫无效。对多数胃肠道线虫，如血矛线虫、仰口线虫、食道口线虫，驱除率均超过90%。某些羊捻转血矛线虫虫株能对本品产生耐药性。此外，对一、二、三期羊鼻蝇蛆均有100%杀灭效果。其抗虫机制是通过增加寄生虫线粒体渗透性，对氧化磷酸化进行解偶联作用，从而发挥驱杀作用。

【药物相互作用】可与苯并咪唑类合用，也可与左旋咪唑合用。

氯氰碘柳胺钠注射液 本品为淡黄色或黄色的澄明液体。

【作用与用途】抗蠕虫药。主要用于防治羊肝片吸虫病、胃肠道线虫病及羊鼻蝇蛆病等。

【用法与用量】以氯氰碘柳胺计。皮下或肌内注射：一次量，每千克体重5～10mg。

【不良反应】对局部组织有一定刺激性。

【休药期】28d；弃奶期28d。

阿维菌素氯氰碘柳胺钠片 本品为淡黄色片。

【作用与用途】 抗寄生虫药。用于驱除羊体内线虫、吸虫及体外寄生虫（如螨等）。

【用法与用量】 以氯氰碘柳胺计。内服：一次量，每千克体重 5mg。

【不良反应】 用于治疗皮蝇蛆病时，可引起严重不良反应，如在皮蝇季节或皮蝇蛆移行季节，立即治疗，则可避免。

【注意事项】 ①泌乳期禁用；②使用本品后，羊的排泄物中含有阿维菌素，对降解厩粪的有益昆虫有潜在损害作用；③阿维菌素对虾、鱼及其他水生生物有剧毒，残存药物的包装勿污染水源。

【休药期】 35d。

·硝碘酚腈·

硝碘酚腈属于抗吸虫药。作用机制是虫体的氧化磷酸化作用，降低 ATP 浓度，减少细胞分裂所需能量而导致虫体死亡。

硝碘酚腈注射液 本品为橘红色澄明液体。

【作用与用途】 抗蠕虫药。用于治疗肝片吸虫病、胃肠道线虫病。

【用法与用量】 以硝碘酚腈计。皮下注射，一次量，每千克体重 1g（相当于 25% 的硝碘酚腈注射液 0.04mL）。

【注意事项】 ①注射液不能与其他药物混合，以免产生配伍禁忌；②本品安全范围过窄，过量常引起呼吸增快，体温升高，此时应保持动物安静，并静脉注射葡萄糖生理盐水；③注射液对局部组织有刺激性；④本品排泄时，能使乳汁及尿液染黄，应注意及时更换垫料；此外，药液亦能使羊毛、毛发染黄，故注射时应防止药液泄漏。

【休药期】 30d；弃奶期 5d。

·三氯苯达唑·

三氯苯达唑属于苯并咪唑类药物，专用于抗片形吸虫，对各日龄的肝片吸虫均有明显驱杀效果，是较理想的杀肝片吸虫药。药物吸收后，干扰虫体的微管结构和功能，抑制虫体水解蛋白酶的释放。三氯苯达唑对虫体的作用因浓度而异，对童虫更敏感。

三氯苯达唑片　本品为类白色片。

【作用与用途】苯并咪唑类抗肝片吸虫药。主要用于防治羊肝片吸虫感染。

【用法与用量】以三氯苯达唑计。内服：一次量，每千克体重10mg。治疗急性肝片吸虫病，应在5周后重复用药一次。

【注意事项】①产奶期禁用；②对鱼类毒性较大，残留药物容器切勿污染水源；③对药物过敏者，使用时应避免皮肤直接接触和吸入，用药时应戴手套，禁止饮食和吸烟，用药后应洗手。

【休药期】56d。

三氯苯达唑颗粒　本品为类白色颗粒。

【作用与用途】【用法与用量】【不良反应】【注意事项】与**【休药期】**同三氯苯达唑片。

（四）抗血吸虫药

羊血吸虫病是由分体属吸虫和东毕属吸虫引起的。在我国流行的日本分体血吸虫病是一种人畜共患寄生虫病。酒石酸锑钾曾是传统应用的特效药，但它有毒性大、疗程长、必须静脉注射等缺点，已逐渐被其他药物取代。吡喹酮具有高效、低毒、疗程短、口服有效等特点，是血吸虫病防治的首选药物之一。其他具有抗血吸虫作用的药物主要有硝硫氰胺、硝硫氰醚、没食子酸锑钠、敌百虫等。

·吡　喹　酮·

吡喹酮具有广谱抗血吸虫和抗绦虫作用。对各种绦虫的成虫具有极高的活性，对幼虫也具有良好的活性；对血吸虫有很好的驱杀作用。吡喹酮对绦虫的准确作用机理尚未确定，可能是其与虫体包膜的磷脂相互作用，导致钠、钾与钙离子流出。在体外低浓度的吡喹酮可损伤绦虫的吸盘功能并兴奋虫体的蠕动，较高浓度药物则可增强绦虫链体（节片链）的收缩（在极高浓度时为不可逆收缩）。此外，吡喹酮可引起绦虫包膜特殊部位形成灶性空泡，继而使虫体裂解。对血吸虫和吸虫，吡喹酮可能由于增加钙离子流进虫体而直接杀死寄生虫，随后形成灶性空泡并被吞噬。

【药物相互作用】与阿苯达唑、地塞米松合用时，可降低吡喹酮的血药浓度。

吡喹酮片 本品为白色片。

【作用与用途】抗蠕虫药。主要用于治疗血吸虫病，也用于绦虫病和囊尾蚴病。

【用法与用量】以吡喹酮计。内服：一次量，每千克体重10～35mg。

【休药期】28d；弃奶期7d。

吡喹酮粉 本品为白色至浅黄色的颗粒状粉末。

【作用与用途】【用法与用量】【不良反应】【注意事项】与【休药期】同吡喹酮片。

二、抗原虫药

原虫病是由单细胞原生动物所引起的一类寄生虫病，包括球虫病、锥虫病和梨形虫病。其中羊的球虫病危害最大，流行广，可致大批家畜死亡。抗原虫药可分为抗球虫药、抗锥虫药和抗梨形虫药。

（一）抗球虫药

球虫病是球虫寄生于胆管或肠道上皮细胞的一种原虫病，以消瘦、贫血、下痢、便血为主要临床特征。严重危害羔羊的生长发育。

抗球虫药的种类很多，作用峰期（指药物对球虫发育起作用的主要阶段）各不相同。作用于第一代无性增殖的药物，如氯羟吡啶、离子载体抗生素等，预防性强，但不利于动物形成对球虫的免疫力。作用于第二代裂殖体的药物，如磺胺喹噁啉、磺胺氯吡嗪、尼卡巴嗪、托曲珠利、二硝托胺，既有治疗作用又对动物抗球虫免疫力的形成影响不大。

不论何种抗球虫药，长期反复使用均可诱发明显的耐药性。为了避免或减少耐药性产生，通常采用轮换用药、穿梭用药或联合用药等方式。值得注意的是，不得采用加大剂量的办法，以免增强毒副作用，影响对球虫免疫力的形成，甚至造成药物在可食性组织中的残留。

·磺胺氯吡嗪钠·

本品为磺胺类抗球虫药，作用峰期是球虫第二代裂殖体，对第一代裂殖体也有一定作用。本品抗菌作用较强，不影响宿主对球虫产生免疫力，内服后在消化道迅速吸收，3～4h血药浓度达峰值，并很快经肾脏排出。

磺胺氯吡嗪钠可溶性粉　本品为淡黄色粉末。

【作用与用途】抗球虫药。用于治疗羊球虫病。

【用法与用量】以磺胺氯吡嗪钠计。内服：配成水溶液，每千克体重，一日量，120mg，连用3～5d。

【注意事项】①饮水给药连续饮用不得超过5d；②不得在饲料中添加长期使用。

【休药期】28d。

（二）抗锥虫药

羊锥虫病是由寄生于血液和组织细胞间的锥虫引起的一类疾病。

防控本类疾病，除应用抗锥虫药消灭虫体外，杀灭蜱及其他吸血昆虫等中间宿主也是重要的综合防控措施之一。应用本类药物时应注意：①剂量要充足，用量不足会导致未被杀死的锥虫逐渐产生耐药性；②治疗伊氏锥虫病可同时配合使用两种以上药物，或者一年内轮换使用不同药物，以避免产生耐药虫株。

·三 氮脒·

三氮脒对羊的锥虫、梨形虫及边虫（无形体）均有作用。用药后血中浓度高，但持续时间较短，故主要用于治疗，预防效果差。其作用机理是选择性地阻断锥虫动基体的 DNA 合成或复制，并与细胞核产生不可逆性结合，从而使锥虫的动基体消失，并不能分裂繁殖。

注射用三氮脒 本品为黄色或橙色结晶性粉末。

【作用与用途】 抗原虫药。用于治疗羊梨形虫病、伊氏锥虫病和媾疫锥虫病。

【用法与用量】 以三氮脒计。肌内注射：一次量，每千克体重 3～5mg。临用前配成 5%～7%溶液。

【不良反应】 ①三氮脒毒性较大，可引起副交感神经兴奋样反应，用药后常出现不安、起卧、频繁排尿、肌肉震颤等反应，过量使用可引起死亡；②肌内注射有较强的刺激性。

【注意事项】 ①本品毒性大、安全范围较小，应严格掌握用药剂量，不得超量使用；②必要时可连用，但须间隔 24h，连用不得超过 3 次；③局部肌内注射有刺激性，可引起肿胀，应分点深层肌内注射。

【休药期】 28d；弃奶期 7d。

（三）抗梨形虫药

羊梨形虫（曾称焦虫）病是一种寄生于红细胞内的原虫病，以蜱或其他吸血昆虫为媒介进行传播。羊常见的梨形虫主要是羊泰勒虫。患病羊临床症状有发热、贫血、黄疸等。

·盐酸吖啶黄·

盐酸吖啶黄属于抗原虫药，对羊巴贝斯虫等有作用，但对泰勒虫和无浆体无效。静脉注射给药 12～24h 后，患畜体温下降，外周血循环中虫体消失。必要时，可间隔 1～2d 重复给药一次。在梨形虫发病季节，可每月注射一次，有良好的预防效果。

盐酸吖啶黄注射液 本品为橙红色澄明液体。

【作用与用途】抗原虫药，用于治疗梨形虫病。

【用法与用量】以盐酸吖啶黄计。静脉注射：常用量，一次量，每千克体重 3mg。极量，一次量，0.5g。

【不良反应】①毒性较强，注射后常出现心跳加速、不安、呼吸迫促、肠蠕动增强等不良反应；②对组织有强烈的刺激性。

【注意事项】缓慢注射，勿漏出血管。重复使用应间隔 24～48h。

【休药期】无需制订。

三、杀虫药

杀虫药系指能杀灭动物体外寄生虫，从而防治由这些体外寄生虫引起羊皮肤病的一类药物。由螨、蜱、虱、蚤、蝇、蚊等节肢动物引起的羊外寄生虫病，能直接危害羊体，夺取营养，损坏皮毛，影响增重，传播疾病，不仅给畜牧业造成极大损失，而且能传播许多人畜共患病，严重地危害人体健康。为此，选用高效、安全、经济、方便的杀虫药具有极其重要的意义。

控制外寄生虫感染的杀虫剂很多，目前国内应用的主要是有机磷化合物、拟除虫菊酯类化合物及双甲脒等。另外，阿维菌素类亦广泛用于驱除动物体表寄生虫。一般说来，所有杀虫药对哺乳动物都有一定的毒性，选择性较低，甚至按推荐剂量使用也会出现程度不同的不良反应。因此，在选用杀虫药时，尤应注意其安全性，不可直接将农药用作杀虫药。应用时，除严格掌握剂量、浓度和使用方法外，还需要加强动物的饲养管理，注意人畜的防护，并妥善处理包装杀虫药的容器及残存药液。

（一）有机磷化合物

有机磷化合物是传统使用的杀虫药，作用特点是杀虫效力强，杀虫谱广，残效期短，对人畜毒性一般较大。其作用机理是有机磷杀虫剂与昆虫体内的胆碱酯酶结合，使胆碱酯酶失去水解乙酰胆碱的活性，致使乙酰胆碱在虫体内蓄积，昆虫神经系统过度兴奋，引起昆虫肢体震颤、痉挛、麻痹而死亡。由于乙酰胆碱也是畜禽的神经递质，用药过量也可使畜禽中毒。另外，一部分有机磷化合物具有潜在致畸作用。

由于有机磷化合物对人畜毒性较大，因此用于杀灭畜禽体表寄生虫时应严格注意用药浓度、使用范围、用药方法，以免造成人畜中毒。如遇有中毒迹象，应立即采取抢救措施。中毒时宜选用阿托品和胆碱酯酶复活剂解救。兽用有机磷杀虫药有二嗪农、巴胺磷、蝇毒磷、倍硫磷、马拉硫磷、敌敌畏、辛硫磷、甲基吡啶磷等。

·二　嗪　农·

二嗪农属于有机磷杀虫、杀螨剂，具有触杀、胃毒、熏蒸和较弱的内吸作用。对各种螨类、蝇、虱、蜱均有良好杀灭效果，喷洒后在皮肤、被毛上附着力很强，能维持长期的杀虫作用，一次用药有效期可达 6~8 周。被吸收的药物在 3d 内从尿和奶中排出体外。

二嗪农溶液　本品为黄色或黄棕色澄明液体。

【作用与用途】杀虫药。用于驱杀羊的体表寄生虫（如蜱、螨、虱）。

【用法与用量】以二嗪农计。药浴。绵羊，每升水加二嗪农 250mg（相当于 25% 的二嗪农溶液 1mL）。

【注意事项】药浴时必须准确计算药液浓度，羊应全身浸泡 1min 为宜。

【休药期】14d；弃奶期 72h。

·巴 胺 磷·

巴胺磷属于杀虫药，主要通过触杀、胃毒起作用，不仅能杀灭家畜体表寄生虫（如螨、蜱），还能杀灭卫生害虫。给患痒螨病的绵羊药浴（浓度 20mg/L），螨虫一般于 2d 后全部死亡。

【药物相互作用】与其他有机磷化合物以及胆碱酯酶抑制剂具有协同作用，同时应用毒性增强。

巴胺磷溶液 本品为淡黄色澄清液体；有异臭。

【作用与用途】杀虫药。用于杀灭绵羊体外寄生虫（如螨、虱、蜱等）。

【用法与用量】以本品计。药浴或喷淋：每 1 000L 水，500mL。

【不良反应】过量使用羊可产生胆碱能神经兴奋症状。

【注意事项】①对严重感染的羊，药浴时最好辅助人工擦洗，数日后再药浴一次，效果更好；②禁止与其他有机磷化合物和胆碱酯酶抑制剂合用；③对家禽、鱼具有明显毒性，绵羊中毒可用阿托品解救。

【休药期】14d。

·蝇 毒 磷·

蝇毒磷属于有机磷杀虫药，对各种螨类、蝇、虱、蜱均具有良好的杀灭作用。其杀虫机制是抑制虫体胆碱酯酶的活性。蝇毒磷与虫体的胆碱酯酶结合，抑制胆碱酯酶活性，使乙酰胆碱大量蓄积，干扰虫体神经肌肉兴奋的传递，导致敏感寄生虫麻痹而死亡。

【药物相互作用】同巴胺磷。

蝇毒磷溶液　本品为黄褐色澄清液体。

【作用与用途】杀虫药，用于防治蜱、螨、虱和蝇等外寄生虫病。

【用法与用量】以蝇毒磷计。外用：将药液配成 0.02%～0.05% 乳剂。

【不良反应】过量使用羊可产生胆碱能神经兴奋症状。

【注意事项】禁止与其他有机磷化合物以及胆碱酯酶抑制剂合用。

【休药期】28d。

·马拉硫磷·

马拉硫磷属于有机磷杀虫药，主要以触杀、胃毒和熏蒸杀灭害虫，无内吸杀虫作用。具有广谱、低毒、使用安全等特点。对蚊、蝇、虱、蜱、螨和臭虫均有杀灭作用。

【药物相互作用】同巴胺磷。

精制马拉硫磷溶液　本品为浅黄色澄清液体。

【作用与用途】杀虫药，用于杀灭体外寄生虫。

【用法与用量】以马拉硫磷计。药浴或喷雾：配成 0.2%～0.3% 水溶液后使用。

【不良反应】过量使用羊可产生胆碱能神经兴奋症状。

【注意事项】①本品不能与碱性物质或氧化物质接触；②本品对眼睛、皮肤有刺激性，对蜜蜂有剧毒，对鱼类毒性也较大，羊中毒时可用阿托品解毒；③羊体表用马拉硫磷后数小时内应避免日光照射和风吹，必要时间隔2～3周可再药浴或喷雾一次；④1月龄以内的羊禁用。

【休药期】28d。

· 精 制 敌 百 虫 ·

精制敌百虫属广谱杀虫药，不仅对消化道线虫有效，而且对某些吸虫（如姜片吸虫、血吸虫等）也有一定疗效。其作用机理是与虫体的胆碱酯酶结合，抑制胆碱酯酶的活性，使乙酰胆碱大量蓄积，干扰虫体神经肌肉的兴奋传递，导致敏感寄生虫麻痹而死亡。

【药物相互作用】①与其他有机磷杀虫剂、胆碱酯酶抑制剂和肌松药合用时，可增强对宿主的毒性；②碱性物质能使敌百虫迅速分解成毒性更大的敌敌畏，因此忌用碱性水质配制药液，并禁与碱性药物合用。

精制敌百虫片 本品为白色片。

【作用与用途】驱虫药和杀虫药。用于驱杀羊胃肠道线虫、羊鼻蝇蛆和蜱、螨、虱、蚤等。

【用法与用量】以敌百虫计。常用量，内服：每千克体重，绵羊80～100mg；山羊50～70mg。外用：以敌百虫计，配成1‰溶液。

【不良反应】敌百虫安全范围窄，治疗剂量可使动物出现轻度交感神经兴奋反应，过量使用可出现中毒症状，主要表现为流涎、腹痛、缩瞳、呼吸困难、骨骼肌痉挛、昏迷甚至死亡。其毒性有明显种属差异，反刍动物敏感，常出现中毒反应，应慎用。

【注意事项】①禁与碱性药物合用；②孕羊及心脏病、胃肠炎的患羊禁用；③中毒时，用阿托品与解磷定等解救。

【休药期】28d。

精制敌百虫粉 本品为白色或类白色粉末。

【作用与用途】【用法与用量】【不良反应】与【休药期】同精制敌百虫片。

【注意事项】①禁与碱性药物合用；②孕羊及心脏病、胃肠炎的患羊禁用；③反刍动物较敏感，易出现不良反应，慎用；④中毒时，用阿托品与解磷定等解救；⑤用完后的盛器应妥善处理，不得随意丢弃。

（二）拟除虫菊酯类化合物

除虫菊酯为菊科植物除虫菊干燥花絮的有效成分，具有杀灭各种昆虫作用，特别是击倒力甚强，对各种害虫有高效速杀作用。

人工栽培除虫菊产量有限，加之天然除虫菊酯性质不稳定，遇光、热易被氧化而失效，杀灭害虫力度不强，且不能彻底杀死害虫。为此，在天然除虫菊酯结构基础上，合成了一系列除虫菊酯拟似物，即拟除虫菊酯类。这类药物具有高效、速效，对人和畜毒性低、性质稳定、残效期较长等特点，但长期使用易产生耐药性。兽医临床使用的拟除虫菊酯类有氰戊菊酯、溴氰菊酯、氟氰胺菊酯和氟氯苯氰菊酯等。

·氰戊菊酯·

氰戊菊酯属于拟除虫菊酯类杀虫药。对昆虫以触杀为主，兼有胃毒和驱避作用。氰戊菊酯对螨、虱、蚤、蜱、蚊、蝇和虻等均有良好的杀灭效果。有害昆虫接触后，药物迅速进入虫体的神经系统，表现为兴奋、抖动，很快转为全身麻痹、瘫痪，最后击倒而死亡。应用氰戊菊酯喷洒羊体表，螨、虱、蚤等于用药后 10min 出现中毒，4～12h 后全部死亡。

氰戊菊酯对羊安全，在体内外均能较快地被降解。

氰戊菊酯溶液 本品为淡黄色澄清液体。

【作用与用途】 杀虫药。用于驱杀羊外寄生虫，如蜱、虱、蚤等。

【用法与用量】 以氰戊菊酯计。喷雾：加水稀释成 0.02%～0.04%水溶液。

【注意事项】①配制溶液时，水温以 12℃ 为宜，如水温超过 25℃ 会降低药效，水温超过 50℃ 时则失败；②避免使用碱性水，并忌与碱性药物合用，以防药液分解失效；③本品对蜜蜂、鱼虾、家蚕毒性较强，使用时不要污染河流、池塘、桑园、养殖场所。

【休药期】28d。

（三）其他

兽医临床上常用的其他体外杀虫药有双甲脒、升华硫、环丙氨嗪和非泼罗尼等药物及其制剂。

·双 甲 脒·

双甲脒为广谱杀虫药，对各种螨、蜱、蝇、虱等均有效，主要为接触毒，兼有胃毒和内吸毒作用。双甲脒的杀虫作用在某种程度上与其抑制单胺氧化酶有关，而后者是参与蜱、螨等虫体神经系统胺类神经递质的代谢酶。因双甲脒的作用，吸血节肢昆虫过度兴奋，以致不能吸附羊体表而掉落。本品产生杀虫作用较慢，一般在用药后 24h 才能使虱、蜱从体表脱落，48h 可使螨从患部皮肤自行脱落。一次用药可维持药效 6～8 周，保护羊体不再受外寄生虫的侵袭。此外，对大蜂螨和小蜂螨也有较强的杀虫作用。

双甲脒溶液 本品为微黄色澄清液体。

【作用与用途】杀虫药。主用于杀螨，亦用于杀灭蜱、虱等外寄生虫。

【用法与用量】药浴、喷洒或涂擦：配成 0.025%～0.05% 溶液。

【不良反应】①本品毒性较低，但马属动物敏感；②对皮肤和黏膜有一定刺激性。

【注意事项】①产奶期禁用；②对鱼类有剧毒，禁用，勿将药液污染鱼塘、河流；③本品对皮肤有刺激性，使用时防止药液沾污皮肤和眼睛。

【休药期】21d；弃奶期 48h。

第三节　解热镇痛抗炎类药物

一、解热镇痛药

解热镇痛抗炎药是一类具有退热、减轻局部钝痛和抗炎、抗风湿作用的药物。它们在化学结构上虽各有不同，但都具有抑制前列腺素合成的共同作用。本类药物与甾体类糖皮质激素抗炎药不同，不具甾体结构，故又称为非甾体类抗炎药。

兽医临床上使用的解热镇痛抗炎药有近 20 种，按化学结构可分为苯胺类、吡唑酮类和有机酸类等。各类药物均有镇痛作用，对于炎性疼痛，吲哚类和芬那酸类的效果好，吡唑酮类和水杨酸类次之；在解热和抗炎作用上，苯胺类、吡唑酮类和水杨酸类解热作用较好；阿司匹林、吡唑酮类和吲哚类的抗炎、抗风湿作用较强，其中阿司匹林疗效确实、不良反应少，为抗风湿首选药。苯胺类无抗风湿作用。

·阿 司 匹 林·

阿司匹林解热、镇痛效果较好，抗炎、抗风湿作用强。可抑制抗体产生及抗原抗体结合反应，阻止炎性渗出，对急性风湿有特效，抗风湿的疗效确实。较大剂量时还可抑制肾小管对尿酸的重吸收，增加尿酸排泄。主要用于发热、风湿、肌肉和关节疼痛和痛风的治疗。

【药物相互作用】①其他水杨酸类解热镇痛药、双香豆素类抗凝血药、巴比妥类等与阿司匹林合用时，作用增强，甚至毒性增加；

②糖皮质激素能刺激胃酸分泌、降低胃及十二指肠黏膜对胃酸的抵抗力，与阿司匹林合用可使胃肠出血加剧；③与碱性药物（如碳酸氢钠）合用，将加速阿司匹林的排泄，使疗效降低，但在治疗痛风时，同服等量的碳酸氢钠，可以防止尿酸在肾小管内沉积。

阿司匹林片 本品为白色片。

【作用与用途】解热镇痛药。用于治疗发热性疾患、肌肉痛、关节痛。

【用法与用量】以阿司匹林计。内服：一次量，1～3g。

【不良反应】①本品能抑制凝血酶原合成，连续长期应用可引发出血倾向；②对胃肠道有刺激作用，剂量大时易导致食欲不振、恶心、呕吐乃至消化道出血，长期使用可引发胃肠溃疡。

【注意事项】①胃炎、胃溃疡患病羊慎用，与碳酸钙同服，可减少对胃的刺激，不宜空腹投药，发生出血倾向时，可用维生素 K 治疗；②解热时，动物应多饮水，以利于排汗和降温，否则会因出汗过多而造成水和电解质平衡失调或虚脱；③老龄羊、体弱或体温过高患病羊，解热时宜用小剂量，以免大量出汗而引起虚脱；④羊发生中毒时，可采取洗胃、导泻、内服碳酸氢钠及静脉注射 5% 葡萄糖和0.9%氯化钠等解救。

【休药期】无需制订。

· 对乙酰氨基酚 ·

对乙酰氨基酚具有解热、镇痛与抗炎作用。解热作用类似阿司匹林，但镇痛和抗炎作用较弱。其抑制丘脑前列腺素合成与释放的作用较强，抑制外周前列腺素合成与释放的作用较弱。对血小板及凝血机制无影响。主要作为中小动物的解热镇痛药，用于发热、肌肉痛、关节痛和风湿症。

对乙酰氨基酚片 本品为白色片。

【作用与用途】解热镇痛药。用于治疗发热、肌肉痛、关节痛和风湿症。

【用法与用量】以对乙酰氨基酚计。内服：一次量，1～4g。

【不良反应】偶见厌食、呕吐、缺氧、发绀，红细胞溶解、黄疸和肝脏损害等症。

【注意事项】大剂量可引起肝、肾损害，在给药后 12h 内使用乙酰半胱氨酸或蛋氨酸可以预防肝损害。肝、肾功能不全的患病羊及幼龄羊慎用。

【休药期】无需制订。

对乙酰氨基酚注射液　本品为无色或几乎无色略带黏稠的澄明液体。

【作用与用途】解热镇痛药。用于治疗发热、肌肉痛、关节痛和风湿症。

【用法与用量】以对乙酰氨基酚计。肌内注射：一次量，0.5～2g。

【不良反应】【注意事项】与【休药期】同对乙酰氨基酚片。

·安 乃 近·

安乃近内服吸收迅速，作用较快，药效维持 3～4h。解热作用较显著，镇痛作用亦较强，并有一定的消炎和抗风湿作用。对胃肠蠕动无明显影响。

【药物相互作用】不能与氯丙嗪合用，以免体温剧降。不能与巴比妥类及保泰松合用，会影响肝微粒体酶活性。

安乃近片　本品为白色或几乎白色片。

【作用与用途】解热镇痛类抗炎药。用于治疗肌肉痛、风湿症、发热性疾患和疝痛等。

【用法与用量】以安乃近计。内服：一次量，2～5g。

【不良反应】长期应用可引起粒细胞减少。

【注意事项】可抑制凝血酶原的合成，加重出血倾向。

【休药期】28d；弃奶期7d。

安乃近注射液 本品为无色至微黄色的澄明液体。

【作用与用途】同安乃近片。

【用法与用量】以安乃近计。肌内注射：一次量，1～2g。

【不良反应】长期应用可引起粒细胞减少。

【注意事项】不宜于穴位注射，尤其不适于关节部位注射，否则可能引起肌肉萎缩和关节机能障碍。

【休药期】28d；弃奶期7d。

·安替比林·

安替比林解热作用迅速，但维持时间较短，并有一定的镇痛、消炎作用，可作为中小动物的解热镇痛药。局部应用能降低毛细血管的通透性，故可用其3%～6%溶液冲洗患部。另外，还有一定的消炎止血功效。

由于本品的疗效低、毒性强，目前很少单独使用，只在复方制剂（安痛定注射液）中作为组分的一种成分。

【药物相互作用】有碳酸氢钠及水分存在时，可使其变质。

·安痛定注射液·

本品为氨基比林、安替比林与巴比妥灭菌水溶液，无色至淡棕色的澄明液体。

【作用与用途】解热镇痛类抗炎药。用于治疗发热性疾患、关节痛、肌肉痛和风湿症。

【用法与用量】以本品计。肌内或皮下注射：一次量，5～10mL。

【不良反应】①剂量过大或长期应用，可引起虚脱、高铁血红蛋白血症、缺氧、发绀、粒细胞减少症等；②可使药物代谢加速，降低药效。

【注意事项】可引起粒细胞减少症,长期应用时注意定期检查血象。

【休药期】28d;弃奶期7d。

·氨基比林·

氨基比林解热作用强而持久,为安替比林的3~4倍,亦强于对乙酰氨基酚(扑热息痛)。本品还有抗风湿和抗炎作用,可治疗急性风湿性关节炎,疗效与水杨酸类相近。

【药物相互作用】氨基比林解热作用强而持久,安替比林解热作用迅速,但持续时间较短,并有一定的镇痛消炎作用。巴比妥的中枢抑制作用随剂量而异,具有镇静、催眠和抗惊厥作用。配成复方制剂,能增强镇痛效果,有利于缓解疼痛症状。

复方氨基比林注射液 无色至淡黄色的澄明液体。

【作用与用途】解热镇痛药。用于解热和抗风湿,但镇痛效果较差。

【用法与用量】以本品计。肌内、皮下注射:一次量,5~10mL。

【不良反应】剂量过大或长期应用,可引起高铁血红蛋白血症、缺氧、发绀、粒细胞减少症等。

【注意事项】连续长期应用可引起粒细胞减少症,应定期检查血象。

【休药期】28d;弃奶期7d。

·水杨酸钠·

水杨酸钠镇痛作用较阿司匹林、非那西汀、氨基比林弱。临床上主要用作抗风湿药。对于风湿性关节炎,用药数小时后关节疼痛显著减轻,肿胀消退,风湿热消退。另外,本品还有促进尿酸排泄的作用,可用于痛风。

【药物相互作用】 ①本品可使血液中凝血酶原的活性降低，故不可与抗凝血药合用；②与碳酸氢钠同时内服可减少本品吸收，加速本品排泄。

水杨酸钠注射液　无色至微黄色的澄明液体。

【作用与用途】 解热镇痛药。用于风湿症等。

【用法与用量】 以水杨酸计。静脉注射：一次量，2～5g。

【不良反应】 ①长期大剂量应用，可引起耳聋、肾炎等；②因抑制凝血酶原合成而产生出血倾向。

【注意事项】 ①本品仅供静脉注射，不能漏出血管外；②有出血倾向、肾炎及酸中毒的患病羊禁用。

【休药期】 无需制订。

复方水杨酸钠注射液　无色至淡黄色澄明液体。

【作用与用途】 解热镇痛药。用于治疗风湿症、关节痛和肌肉痛等。

【用法与用量】 以本品计。静脉注射：一次量，20～50mL。

【不良反应】【注意事项】 与**【休药期】** 同水杨酸钠注射液。

二、糖皮质激素类药物

肾上腺皮质激素是肾上腺皮质分泌的一类甾体化合物，在结构上与胆固醇类似，故又称皮质类固醇激素或皮质甾体类激素。根据生理功能可分为盐皮质激素、糖皮质激素和氮皮质激素。

糖皮质激素具有明显的药理作用，包括抗炎、抗过敏、抗毒素、抗休克和影响代谢等。临床上常用于严重的感染性疾病、过敏性疾病、休克、局部炎症、酮血症和羊妊娠毒血症、引产和预防手术后遗症等。

应用本类药物时，要严格掌握作用与用途，避免滥用。持续大剂量使用时，可引起类似肾上腺皮质功能亢进的症状，或者肾上腺功能低下，甚至萎缩。连续使用超过一周，切不可突然停药，应逐渐减量，以免疾病复发或出现肾上腺皮质功能不全。严重肝功能不良、骨质疏松、骨折治疗期、创伤修复期、角膜溃疡初期、疫苗接种期和缺乏有效抗菌药治疗的感染性疾病等均应禁用。孕羊应慎用或禁用，妊娠期间（特别是妊娠早期）使用，可能影响胎儿的发育，甚至致畸。妊娠后期大剂量使用，会导致流产。

由于本类药物对病原微生物无抑制作用，但能抑制炎症和免疫反应，降低机体的防御功能，可能使潜在的感染灶扩散。因此，本类药物仅限用于危及生命或严重影响生产力的感染。用于感染性疾病时，需与足量、有效的抗菌药配合使用，同时要尽量使用小剂量，病情控制后应减量或停药，用药时间不宜长。

·氢化可的松·

本品具有抗炎、抗过敏、抗毒素、抗休克和影响代谢作用。抗炎作用：能对抗各种原因（如物理、化学、生物、免疫等）所引起的炎症。抗过敏作用：抑制细胞和体液免疫，可治疗或控制过敏性疾病的临床症状。抗毒素作用：能提高机体对有害刺激的应激能力，减轻细菌内毒素对机体的损害。抗休克作用：超大剂量糖皮质激素可增强机体对抗休克的能力，对过敏性、中毒性、低血容量性、心源性等休克都有一定疗效。影响代谢：如升高血糖、促进肝糖原形成，增加蛋白质和脂肪的分解、抑制蛋白质合成。

【药物相互作用】①苯巴比妥等肝药酶诱导剂可促进本类药物的代谢，使药效降低；②本类药物可使水杨酸盐的消除加快、疗效降低，合用时还易引起消化道溃疡；③本品可使内服抗凝血药的疗效降低，两者合用时应适当增加抗凝血药的剂量；④噻嗪类利尿药能促进钾排泄，与本品合用时应注意补钾。

氢化可的松注射液 本品为无色的澄明液体。

【作用与用途】肾上腺皮质激素类。用于治疗炎症性、过敏性疾病和羊妊娠毒血症等。

【用法与用量】以本品计。静脉注射：一次量，20～80mg。

【不良反应】①诱发或加重感染；②诱发或加重溃疡病；③骨质疏松、肌肉萎缩、伤口愈合延缓；④有较强的水钠潴留和排钾作用。

【注意事项】①严重肝功能不良、骨软症、骨折治疗期、创伤修复期、疫苗接种期的羊禁用；②妊娠后期大剂量使用可引起流产，因此妊娠早期及后期母羊禁用；③严格掌握适应证，防止滥用；④用于严重急性的细菌性感染应与足量有效的抗菌药合用；⑤大剂量可增加钠的重吸收和钾、钙和磷的排除，长期使用可致水肿、骨质疏松等；⑥长期用药不能突然停药，应逐渐减量，直至停药。

【休药期】无需制订。

·醋酸氢化可的松·

醋酸氢化可的松为天然短效类皮质激素，具有抗炎、抗过敏、抗免疫、抗休克作用。多用作静脉注射。由于肌内注射吸收不良，一般不作全身治疗，主要供乳室内、关节腔、鞘内等局部注入。局部注射吸收缓慢，药效作用持久。主要用于关节炎、腱鞘炎、急慢性挫伤、肌腱劳损。还可用于眼结膜炎、角膜炎等。

【药物相互作用】①苯巴比妥等肝药酶诱导剂可促进本类药物的代谢，使药效降低；②本类药物可使水杨酸盐的消除加快、疗效降低，合用时还易引起消化道溃疡；③与强心苷合用，可增加洋地黄毒性及心律紊乱的发生，本品可使内服抗凝血药的疗效降低，两者合用时应适当增加抗凝血药的剂量；④与排钾利尿药合用，可致严重低血钾症，并由于水钠潴留而减弱利尿药的排钠利尿效应。

醋酸氢化可的松注射液 为微细颗粒的混悬液。静置后微细颗粒下沉，振摇后成均匀的乳白色混悬液。

【作用与用途】糖皮质激素类。用于治疗炎症性、过敏性疾病和羊妊娠毒血症等。

【用法与用量】以醋酸氢化可的松计。肌内注射：一次量，12.5～25mg。

【不良反应】①有较强的水钠潴留和排钾作用；②有较强的免疫抑制作用；③妊娠后期大剂量使用可引起流产；④大剂量或长期用药易引起肾上腺皮质功能低下。

【注意事项】①妊娠早期及后期母羊禁用；②禁用于骨质疏松症和疫苗接种期；③严重肝功能不良、骨折治疗期、创伤修复期的羊禁用；④急性细菌性感染时，应与抗菌药配伍使用；⑤长期用药不能突然停药，应逐渐减量，直至停药。

【休药期】0d。

醋酸氢化可的松滴眼液 为微细颗粒的混悬液，静置后微细颗粒下沉，振摇后成均匀的乳白色混悬液。

【作用与用途】糖皮质激素类药。用于治疗结膜炎、虹膜炎、角膜炎、巩膜炎等。

【用法与用量】滴眼。

【注意事项】①角膜溃疡禁用；②眼部有细菌感染时应与抗菌药物配伍使用。

【休药期】无需制订。

· 醋 酸 可 的 松 ·

该药本身无药理活性，在体内转化为氢化可的松后起效，具有抗炎、抗过敏、抗毒素、抗休克作用。本品皮肤等局部用药无效。肌内注射吸收缓慢，作用持久。

【药物相互作用】同醋酸氢化可的松。

醋酸可的松注射液 为微细颗粒的混悬液，静置后微细颗粒下沉，振摇后成均匀的乳白色混悬液。

【作用与用途】糖皮质激素类药。用于治疗炎症性、过敏性疾病和羊妊娠毒血症等。

【用法与用量】 以醋酸可的松计。肌内注射：一次量，12.5～25mg。

【不良反应】【注意事项】同醋酸氢化可的松注射液。

【休药期】无需制订。

·醋酸泼尼松·

本品本身无药理活性，需在体内转化为氢化泼尼松后显效。具有抗炎、抗过敏、抗毒素和抗休克作用。本品的抗炎作用与糖原异生作用为氢化可的松的 4 倍，而水钠潴留及排钾作用比氢化可的松小。因抗炎、抗过敏作用强，副作用较少，故较常用。能促进蛋白质转变为葡萄糖，减少机体对糖的利用，使血糖和肝糖原增加，出现糖尿。

【药物相互作用】同醋酸氢化可的松。

醋酸泼尼松片 本品为白色片。

【作用与用途】糖皮质激素类药。用于治疗炎症性、过敏性疾病和羊妊娠毒血症等。

【用法与用量】以醋酸泼尼松计。内服：一次量，10～20mg。

【不良反应】【注意事项】同醋酸氢化可的松注射液。

【休药期】0d。

·醋酸氟轻松·

为外用糖皮质激素，作用强而副作用小。局部涂敷，对皮肤和黏膜的炎症、瘙痒和皮肤过敏反应等都能迅速显效。

醋酸氟轻松乳膏　本品为白色乳膏。

【作用与用途】糖皮质激素类药。用于治疗湿疹、过敏性皮炎和皮肤瘙痒等。

【用法与用量】外用：涂患处。适量。

【注意事项】局部细菌性感染时应与抗菌药配伍使用。

【休药期】无需制订。

·地塞米松磷酸钠·

地塞米松的作用与氢化可的松基本相似，但作用较强，显效时间长，副作用较小。抗炎作用与糖原异生作用为氢化可的松的 25 倍，而水钠潴留和排钾的作用稍小。对垂体-肾上腺皮质轴的抑制作用较强。本品除上述作用外，还可用于母羊同期分娩的引产，但可使胎盘滞留率升高，泌乳延迟，子宫恢复到正常状态较晚。

【药物相互作用】同氢化可的松。

地塞米松磷酸钠注射液　本品为地塞米松磷酸钠的灭菌水溶液，为无色澄明液体。

【作用与用途】糖皮质激素类药。用于治疗炎症性、过敏性疾病和羊妊娠毒血症。

【用法与用量】肌内、静脉注射：每日量，羊 4～12mg。

【不良反应】①有较强的水钠潴留和排钾作用；②有较强的免疫抑制作用；③妊娠后期大剂量使用可引起流产。

【注意事项】①妊娠早期及后期母羊禁用；②严重肝功能不良、骨软症、骨折治疗期、创伤修复期、疫苗接种期的羊禁用；③严格掌握作用与用途，防止滥用；④对细菌性感染应与抗菌药合用；⑤长期用药不能突然停药，应逐渐减量，直至停药。

【休药期】21d；弃奶期 3d。

第四节　泌尿生殖系统药物

一、利尿药与脱水药

利尿药是一类作用于肾脏,增加电解质和水的排泄,使尿量增加的药物。利尿药通过影响肾小球的滤过、肾小管的重吸收和分泌等功能,特别是影响肾小管的重吸收而实现其利尿作用。临床主要用于治疗各种类型的水肿,急性肾功能衰竭及促进毒物的排出。

脱水药又称渗透性利尿药,是一种非电解质类物质。脱水药在体内不被代谢或代谢较慢,但能迅速提高血浆渗透压,且很容易从肾小球滤过,在肾小管内不被重吸收或吸收很少,从而提高肾小管内渗透压。因此,临床上可以使用足够大的剂量,以显著增加血浆渗透压、肾小球滤过率和肾小管内液量,产生利尿脱水作用。临床主要用于消除脑水肿等局部组织水肿。

·呋 塞 米·

本品主要作用于肾小管髓袢升支髓质部,抑制其对 Cl^- 和 Na^+ 的重吸收,对升支的皮质部也有作用。其结果是管腔液 Na^+、Cl^- 浓度升高,髓质间液 Na^+、Cl^- 浓度降低,肾小管浓缩功能下降,从而导致水、Na^+、Cl^- 排泄增多。由于 Na^+ 重吸收减少,远曲小管 Na^+ 浓度升高,促进 $Na^+ - K^+$ 和 $Na^+ - H^+$ 交换增加,使 K^+、H^+ 排泄增多。另外,呋塞米还能抑制近曲小管和远曲小管对 Na^+、Cl^- 的重吸收,使远曲小管 $Na^+ - K^+$ 交换加强,促进 K^+ 的排泄。

【药物相互作用】①与氨基糖苷类抗生素同时应用可增加后者的肾毒性和耳毒性;②呋塞米可增强琥珀胆碱的作用;③糖皮质激素类药物可降低其利尿效果,并增加电解质紊乱尤其是低血钾症发生机会，从而可能增加洋地黄的毒性；④本品能与阿司匹林竞争肾的排泄部位，延长其作用；⑤与茶碱合用可增强茶碱的作用。

呋塞米片 本品为白色片。

【作用与用途】 利尿药。用于治疗各种水肿症。

【用法与用量】 以呋塞米计。内服：一次量，每千克体重 2mg。

【不良反应】 ①可诱发低钠、低钾、低钙、低镁血症等电解质平衡紊乱，脱水动物易出现氮血症；②还可引起胃肠道功能紊乱、贫血、白细胞减少和衰弱等症状。

【注意事项】 ①无尿患病羊禁用，电解质紊乱或肝损害的患病羊慎用；②长期大量用药可出现低血钾、低血钠、低血钙、低血镁及脱水，应补钾或与保钾性利尿药配伍或交替使用，并定时监测水和电解质平衡状态；③应避免与氨基糖苷类抗生素和糖皮质激素合用。

【休药期】 无需制订。

呋塞米注射液 本品为无色或几乎无色的澄明液体。

【作用与用途】【注意事项】 与 **【休药期】** 同呋塞米片。

【用法与用量】 以呋塞米计。肌内、静脉注射：一次量，每千克体重 0.5～1mg。

【不良反应】 ①可诱发低钠、低钾、低钙、低镁血症与等电解质平衡紊乱，脱水动物易出现氮血症；②大剂量静脉注射可能使听觉丧失；③可引起胃肠道功能紊乱、贫血、白细胞减少和衰弱等症状。

·氢 氯 噻 嗪·

本品属中效利尿药，主要作用于髓袢升支皮质部和远曲小管的前段，抑制 Na^+、Cl^- 的重吸收，从而起到排钠利尿作用。由于流入远曲小管和集合管的 Na^+ 增加，促进 $K^+ - Na^+$ 交换，故 K^+ 的排泄也增加。临床用于治疗肝、心、肾性水肿。也可用于治疗局部组织水肿，如产前浮肿，以及某些急性中毒加速毒物排出。

【药物相互作用】 ①与氨基糖苷类抗生素及头孢菌素（第一、二代）并用，肾毒性、耳毒性增加，尤其是原先存在肾损害时；②本品引起的低钾可增强强心苷的毒性；③本加强非去极化肌松药的疗效或持续时间；④皮质激素类药物可降低本品利尿效果，并增加电解质紊乱，尤其是低血钾症发生机会；⑤非甾体类解热镇痛抗炎药能降低本品利尿作用，可使肾损害机会增加；⑥与碳酸氢钠合用，发生低氯性碱血症机会增加。

氢氯噻嗪片 本品为白色片。

【作用与用途】 利尿药。用于治疗各种水肿。

【用法与用量】 以氢氯噻嗪计。内服：一次量，每千克体重2～3mg。

【不良反应】 ①大量或长期应用可引起体液和电解质平衡紊乱，导致低钾性碱血症、低氯性碱血症；②高尿酸血症、高钙血症；③其他不良反应有胃肠道反应（呕吐、腹泻）等。

【注意事项】 ①严重肝、肾功能障碍、电解质平衡紊乱及高尿酸血症等患病羊慎用；②宜与氯化钾合用，以免发生低血钾症。

【休药期】 无需制订。

·甘 露 醇·

本品为高渗性脱水药。静脉注射高渗甘露醇后可提高血浆渗透压，使组织（包括眼、脑、脑脊液）细胞间液水分向血浆转移，产生组织脱水作用，从而可降低颅内压和眼内压。可加速某些毒素的排泄，辅助其他利尿药可以迅速减轻水肿或腹水。临床用于预防急性肾功能衰竭。

进入体内的甘露醇迅速通过肾小球滤过，在肾小管很少被重吸收。因小管液渗透压增加，阻止了水在肾小管内的重吸收，并间接抑制肾小管对 Na^+、K^+、Cl^- 及其他电解质（如 Ca^{2+}、Mg^{2+} 和磷酸盐）的重吸收，从而产生利尿作用。另外，甘露醇通过防止有毒物质在小管液内的积聚或浓缩，对肾脏产生保护作用。

甘露醇注射液 本品为无色的澄明液体。

【作用与用途】脱水药。用于脑水肿、脑炎的辅助治疗。

【用法与用量】以本品计。静脉注射：一次量，100～250mL。

【不良反应】①大剂量或长期应用可引起水和电解质平衡紊乱；②静脉注射过快可能引起心血管反应，如肺水肿及心动过速等；③静脉注射时药物漏出血管可使注射部位水肿，皮肤坏死。

【注意事项】①严重脱水、肺充血或肺水肿、充血性心力衰竭以及进行性肾功能衰竭患病羊禁用；②脱水动物在治疗前应适当补液；③静脉注射时勿漏出血管外，以免引起局部肿胀和坏死。

【休药期】无需制订。

·山 梨 醇·

本品为甘露醇的同分异构体，作用和应用与甘露醇相似。进入体内后，因部分在肝脏转化为果糖。因此，相同浓度的山梨醇脱水效果较甘露醇弱。

山梨醇注射液 本品为无色的澄明液体。

【作用与用途】【用法与用量】【不良反应】【注意事项】与【休药期】同甘露醇注射液。

二、生殖系统药物

哺乳动物的生殖系统受神经和体液的双重调节，但通常以体液调节为主。当生殖激素分泌不足或过多时，机体的生殖系统机能将发生紊乱，引发产科疾病或繁殖障碍。性激素及其类似物广泛用于控制动物的发情周期，提高或抑制繁殖能力，调控繁殖进程，治疗内分泌紊乱引起的繁殖障碍及增强抗病能力等。

（一）子宫收缩药

·缩 宫 素·

本品能选择性兴奋子宫，加强子宫平滑肌的收缩。其兴奋子宫平滑肌作用因剂量大小、体内激素水平而不同。小剂量能增加妊娠末期子宫肌的节律性收缩，收缩舒张均匀；大剂量则能引起子宫平滑肌强直性收缩，使子宫肌层内的血管受压迫而起止血作用。此外，缩宫素能促进乳腺腺泡和腺导管周围的肌上皮细胞收缩，促进排乳。

缩宫素注射液 本品为无色澄明或几乎澄明的液体。

【作用与用途】子宫收缩药。用于催产、产后子宫出血和胎衣不下等。

【用法与用量】以缩宫素计。皮下、肌内注射：一次量，10～50U。

【注意事项】子宫颈尚未开放、骨盆过狭以及产道阻碍时禁用。

【休药期】无需制订。

·垂 体 后 叶·

本品含缩宫素和加压素。对子宫的作用与缩宫素相同，其所含加压素有抗利尿和升高血压的作用。

垂体后叶注射液 本品为无色澄明或几乎澄明的液体。

【作用与用途】子宫收缩药。用于催产、产后子宫出血和胎衣不下等。

【用法与用量】以本品计。皮下、肌内注射：一次量，1～5mL。

【注意事项】①催产时，若产道异常、胎位不正、子宫颈尚未开放等禁用；②用量大时可引起血压升高、少尿及腹痛。

【休药期】无需制订。

·马来酸麦角新碱·

本品能选择性地作用于子宫平滑肌，作用强而持久。临产前子宫或分娩后子宫最敏感。麦角新碱对子宫体和子宫颈都具兴奋效应，稍大剂量即引起强直收缩，故不适于催产和引产。但由于子宫肌强直性收缩，机械压迫肌纤维中的血管，可阻止出血。

【药物相互作用】与缩宫素或其他麦角制剂有协同作用。

马来酸麦角新碱注射液 本品为无色或几乎无色的澄明液体，微显蓝色荧光。

【作用与用途】子宫收缩药。临床上主要用于产后止血、加速胎衣排出及子宫复原。

【用法与用量】以马来酸麦角新碱计。肌内、静脉注射：一次量，0.5~1.0mg。

【注意事项】①胎儿未娩出前禁用；②不宜与缩宫素及其他收缩子宫制剂联用。

【休药期】无需制订。

（二）性激素

·丙 酸 睾 酮·

本品的药理作用与天然睾酮相同，可促进雄性生殖器官及副性征的发育、成熟；引起性欲及性兴奋；还能对抗雌激素的作用，抑制母畜发情。

睾酮还具有同化作用，可促进蛋白质合成，引起氮、钠、钾、磷的潴留，减少钙的排泄。通过兴奋红细胞生成刺激因子，刺激红细胞生成。大剂量睾酮通过负反馈机制，抑制黄体生成素，进而抑制精子生成。

丙酸睾酮注射液 无色至淡黄色的澄明油状液体。

【作用与用途】性激素类药。用于雄性激素缺乏时的辅助治疗。

【用法与用量】以丙酸睾酮计。肌内、皮下注射：一次量，每千克体重 0.25～0.5mg。

【不良反应】注射部位可出现硬结、疼痛、感染及荨麻疹。

【注意事项】①具有水钠潴留作用，肾、心或肝功能不全患病羊慎用；②仅用于种羊。

【休药期】无需制订。

·苯丙酸诺龙·

本品为人工合成的睾酮衍生物，其蛋白质同化作用较强，雄激素活性较弱。能促进蛋白质合成和抑制蛋白质异化作用，并有促进骨组织生长、刺激红细胞生成等作用。

苯丙酸诺龙注射液 本品为淡黄色的澄明油状液体。

【作用与用途】同化激素类药物。用于营养不良、慢性消耗性疾病的恢复期。

【用法与用量】以苯丙酸诺龙计。皮下、肌内注射：一次量，每千克体重 0.2～1mg，每 2 周一次。

【不良反应】可引起钠、钙、钾、水、氯和磷潴留以及繁殖机能异常；亦可引起肝脏毒性。

【注意事项】①可以作治疗用，但不得在动物性食品中检出；②禁止作促生长剂应用；③肝、肾功能不全时慎用。

【休药期】28d；弃奶期 7d。

·苯甲酸雌二醇·

雌二醇能促进母畜雌性器官和副性征的正常生长和发育。引起子宫颈黏膜细胞增大和分泌增加，阴道黏膜增厚，促进子宫内膜增生和增加子宫平滑肌张力。雌二醇对骨骼系统也有影响，能增加骨骼钙盐沉积，加速骨骺闭合和骨的形成，并适度促进蛋白质合成，以及增加水、钠潴留的作用。此外，雌二醇还能负反馈调节来自腺垂体前叶的促性腺激素的释放，从而抑制泌乳、排卵以及雄性激素的分泌。

苯甲酸雌二醇注射液　本品为淡黄色的澄明油状液体。

【作用与用途】性激素类药。用于发情不明显动物的催情及胎衣滞留、死胎排出。

【用法与用量】以苯甲酸雌二醇计。肌内注射：一次量，1～3mg。

【不良反应】可引起囊性子宫内膜增生和子宫蓄脓。

【注意事项】①妊娠早期的羊禁用，以免引起流产或胎儿畸形；②可以作治疗用，但不得在动物性食品中检出。

【休药期】28d；弃奶期7d。

·黄 体 酮·

在雌激素作用基础上，黄体酮可促进子宫内膜及腺体发育，抑制子宫肌收缩，减弱子宫肌对催产素的反应，起"安胎"作用；通过反馈机制抑制垂体前叶促黄体素的分泌，抑制发情和排卵。另外，与雌激素共同作用，刺激乳腺腺泡发育，为泌乳做准备。

黄体酮注射液　本品为无色至淡黄色的澄明油状液体。

【作用与用途】性激素类药。用于预防流产。

【用法与用量】以黄体酮计。肌内注射：一次量，15～25mg。

【注意事项】长期应用可使妊娠期延长。

【休药期】30d。

三合激素注射液　本品为淡黄色的澄明油状液体。

【作用与用途】激素类药。用于诱导母羊发情或同期发情等。

【用法与用量】以本品计。肌内注射：每只山羊0.5～1mL。

【注意事项】泌乳期及妊娠母羊禁用，亦禁用于促生长。

【休药期】28d。

·醋酸氟孕酮·

醋酸氟孕酮属于激素类药物，在雌激素作用的基础上，可促进子宫内膜及腺体发育，抑制子宫肌收缩，减弱子宫肌对催产素的反应，起"安胎"作用；通过反馈机制抑制腺垂体促黄体素的分泌，抑制发情和排卵。另外，与雌激素共同作用，刺激乳腺腺泡发育，为泌乳作准备。

醋酸氟孕酮阴道海绵 本品为白色或微黄色的圆柱体海绵；无臭。

【作用与用途】孕激素类药。用于绵羊、山羊的诱导发情或同期发情。

【用法与用量】阴道给药：一次量，1个，给药后 12～14d 取出。

【注意事项】①食品羊禁用；②泌乳期禁用。

【休药期】30d。

·绒促性素·

本品具有促卵泡素和促黄体素样作用。对母羊可促进黄体生成孕激素并能促进排卵。对未成熟卵泡无作用。对公羊可促进睾丸间质细胞分化和雄激素分泌，促使性器官、副性征的发育、成熟。对解剖学上无异常的动物，绒促性素还可使隐睾患畜的睾丸下降。

注射用绒促性素 本品为白色的冻干块状物或粉末。

【作用与用途】性激素类药。用于性功能障碍、习惯性流产及卵巢囊肿等。

【用法与用量】肌内注射：一次量，100～500U。一周 2～3 次。

【注意事项】①不宜长期应用，以免产生抗体和抑制垂体促性腺功能；②本品溶液极不稳定，且不耐热，应在短时间内用完。

【休药期】无需制订。

· 血 促 性 素 ·

血促性素属于激素类药物，具有促卵泡素和促黄体素样作用。对母羊，主要表现卵泡雌激素样作用，促进卵泡的发育和成熟，引起母羊发情；也有轻度黄体生成素样作用，促进成熟卵泡排卵甚至超数排卵。对公羊，主要表现黄体生成样作用，能刺激雄激素分泌，提高性兴奋。

注射用血促性素 本品为白色冻干块状物或粉末。

【作用与用途】激素类药。主要用于母畜催情和促进卵泡发育；也用于胚胎移植时的超数排卵。

【用法与用量】皮下、肌内注射：一次量，催情，100～500U；超排，母羊600～1 000U。

临用前，用2～5mL灭菌生理盐水稀释。

【注意事项】【休药期】同注射用绒促性素。

· 垂体促卵泡素 ·

垂体促卵泡素属于激素类药物，在促黄体素的协同作用下，能促进卵巢卵泡生长发育和雌激素的分泌，引起正常发情。在大剂量连续刺激下，可解除卵巢优势卵泡对其他小卵泡发育的抑制作用，使卵巢形成多个成熟卵泡。

注射用垂体促卵泡素 本品为白色或类白色的冻干块状物或粉末。

【作用与用途】激素类药。用于卵巢静止、持久性黄体、卵泡发育停滞等，也用于羊超数排卵。

【用法与用量】临用前以灭菌生理盐水2～5mL稀释。超排，肌内注射：山羊总剂量 180～220U，每日 2 次，递减法连用 3d。

【注意事项】①用药前，必须检查卵巢变化，并依此修正剂量和用药次数；②禁用于促生长，用药前必须检查生殖机能是否正常，正常者才能使用，并根据母羊体重和胎次修正剂量。

【休药期】无需制订。

（三）前列腺素

· 甲基前列腺素 $F_{2\alpha}$ ·

本品属于前列腺素类药物，具有溶解黄体、增强子宫平滑肌张力和收缩力等作用。

甲基前列腺素 $F_{2\alpha}$ 注射液 本品为无色澄明液体。

【作用与用途】前列腺素类药。用于同期发情、同期分娩；也用于治疗持久性黄体、诱导分娩和催排死胎等。

【用法与用量】以 $C_{21}H_{36}O_5S$ 差向异构体计。肌内注射或宫颈内注入：一次量，每千克体重 1～2mg。

【不良反应】大剂量应用可产生腹泻、阵痛等不良反应。

【注意事项】①妊娠母羊忌用，以免引起流产；②治疗持久黄体时用药前应仔细进行直肠检查，以便针对性治疗。

【休药期】1d。

第五节　其他机能调控类药物

一、中枢神经系统药物

（一）中枢兴奋药

中枢兴奋药是指能选择性兴奋中枢神经系统，提高其机能活动的一类药物。根据药物的主要作用部位可分为大脑兴奋药、延髓兴奋药和脊髓兴奋药三类。

这类药物的作用强弱与中枢神经机能状态有关，当中枢神经系统处于抑制状态时，药物的作用较明显。中枢兴奋药的选择性作用是相对的，与用药剂量有关，随着剂量的增大，不仅兴奋作用加强，而且作用范围也随之扩大。剂量过大时可引起中枢神经系统广泛而强烈的兴奋，导致惊厥。严重的惊厥可因能量耗竭而转入抑制，此时，不能用中枢兴奋药解救，否则因中枢过度抑制可致死亡。为防止用药过量引发的中毒，应严格掌握剂量并密切观察病情，一旦出现反射亢进、肌肉抽搐等症状时应立即减量或停药，并结合输液等对症治疗。对因呼吸肌麻痹引起的外周性呼吸抑制，中枢兴奋药无效。对循环衰竭导致的呼吸功能减弱，中枢兴奋药能加重脑细胞缺氧，应慎用。

·咖 啡 因·

咖啡因有兴奋中枢神经系统、兴奋心肌、松弛平滑肌和利尿等作用，咖啡因对中枢神经系统各主要部位均有兴奋作用，其中大脑皮层对其特别敏感。小剂量即能提高大脑皮层对外界的感应性与反应能力，使羊活泼；治疗量时，增强大脑皮层的兴奋过程，提高精神与感觉能力，减少疲劳，短暂的增加肌肉工作能力；较大剂量可兴奋延髓呼吸中枢和血管运动中枢；大剂量可兴奋包括脊髓在内的整个中枢神经系统，中毒量可引起强直或阵挛性惊厥，甚至死亡。咖啡因能直接作用于心脏和血管，使心肌收缩力增强，心率加快，使冠状血管、肾血管、肺血管和皮肤血管扩张。咖啡因还可松弛支气管平滑肌，但强度不如氨茶碱。

【药物相互作用】①与氨茶碱合用可增加其毒性；②与肾上腺素等有相互增强作用，不宜同时注射；③与阿司匹林配伍可增加胃酸分泌，加剧消化道刺激反应；④与氟喹诺酮类合用时，可使咖啡因代谢减少，从而使咖啡因的血药浓度升高。

安钠咖注射液 本品为无水咖啡因和苯甲酸钠的灭菌水溶液。

【作用与用途】中枢兴奋药。用于中枢性呼吸、循环抑制和麻醉药中毒的解救。

【用法与用量】以有效成分计。静脉、肌内或皮下注射：一次量，0.5~2g。

【不良反应】剂量过大可引起反射亢进、肌肉抽搐乃至惊厥。

【注意事项】①心动过速（100 次/ min 以上）或心律不齐时禁用；②忌与鞣酸、碘化物、盐酸四环素、盐酸土霉素等酸性药物混合配伍，以免发生沉淀；③剂量过大或给药过频易发生中毒，中毒时，可用溴化物、水合氯醛或巴比妥类药物对抗兴奋症状。

【休药期】28d；弃奶期 7d。

·尼可刹米·

尼可刹米对延髓呼吸中枢具有选择性直接兴奋作用，也可作用于颈动脉窦和主动脉体化学感受器，反射性兴奋呼吸中枢，提高呼吸中枢对缺氧的敏感性，使呼吸加深加快。对大脑皮层、血管运动中枢和脊髓有较弱的兴奋作用。对其他器官无直接兴奋作用。常用于各种原因引起的呼吸中枢抑制，如中枢抑制药中毒、疾病引起的中枢性呼吸抑制、新生仔畜窒息或加速麻醉动物的苏醒等。对阿片类药物中毒所致的呼吸衰竭比戊四氮更有效，对吸入麻醉药中毒作用次之，对巴比妥类药物中毒的解救效果不如戊四氮。

尼可刹米注射液 本品为尼可刹米的灭菌水溶液。

【作用与用途】中枢兴奋药。主要用于解救呼吸中枢抑制。

【用法与用量】以尼可刹米计。静脉、肌内或皮下注射：一次量，0.25~1g。

【不良反应】本品不良反应少，但剂量过大可引起血压升高、出汗、心律失常，震颤及肌肉强直，过量亦可引起惊厥。

【注意事项】 ①本品静脉注射速度不宜过快；②如出现惊厥，应及时静脉注射地西泮或小剂量硫喷妥钠；③兴奋作用之后，常出现中枢抑制现象。

【休药期】 无需制订。

·士 的 宁·

士的宁可选择性兴奋脊髓，增强脊髓反射的敏感性，提高骨骼肌的紧张度。对大脑皮层亦有一定的兴奋作用。中毒剂量对中枢神经系统的所有部位都有兴奋作用，使全身骨骼肌同时挛缩，出现典型的强直性惊厥。其作用机理是通过与甘氨酸受体结合，竞争性地阻断脊髓闰绍细胞释放的抑制性神经递质甘氨酸对神经元的抑制，从而引起脊髓兴奋效应。

硝酸士的宁注射液 本品为硝酸士的宁的灭菌水溶液。

【作用与用途】 中枢兴奋药。用于脊髓性不全麻痹。

【用法与用量】 以硝酸士的宁计。皮下注射：一次量，2～4mg。

【不良反应】 本品毒性大，安全范围小，过量易出现肌肉震颤、脊髓兴奋性惊厥、角弓反张等。

【注意事项】 ①肝肾功能不全、癫痫及破伤风患病羊禁用；②孕羊及中枢神经系统兴奋症状的患病羊禁用；③本品排泄缓慢，长期应用易蓄积中毒，故使用时间不宜太长，反复给药应酌情减量；④因过量出现惊厥时应保持动物安静，避免外界刺激，并迅速肌内注射苯巴比妥钠等进行解救。

【休药期】 无需制订。

·樟 脑 磺 酸 钠·

樟脑磺酸钠属于中枢兴奋药。本品注射后通过对局部的刺激可反射性地兴奋呼吸中枢和血管运动中枢，吸收后能直接兴奋延髓呼吸中枢。大剂量也可兴奋大脑皮层。有一定的强心作用，使心肌收缩力增强、输出量增加、血压升高等。

樟脑磺酸钠注射液 本品为樟脑磺酸钠的灭菌水溶液。

【作用与用途】中枢兴奋药。用于心脏衰弱、呼吸抑制等辅助治疗。

【用法与用量】以樟脑磺酸钠计。静脉、肌内、皮下注射：一次量，0.2～1g。

【注意事项】①如出现结晶，可加温溶解后使用；②屠宰前不宜使用；③过量中毒时可静脉注射水合氯醛、硫酸镁和10%葡萄糖注射液解救。

【休药期】无需制订。

（二）镇静药与抗惊厥药

镇静药是指对中枢神经系统具有轻度抑制作用，减轻或消除动物狂躁不安，从而恢复安静的一类药物。主要用于兴奋不安或具有攻击行为的羊，以使其安静，便于治疗。这类药物在大剂量时还能缓解中枢过度兴奋症状，具有抗惊厥作用。临床常用的另一类中枢抑制药为吩噻嗪类（如氯丙嗪等）、苯二氮卓类（如地西泮等），这类药物大剂量也具有抗惊厥作用。有些全身麻醉药在低剂量时有镇静作用，如水合氯醛。曾用于兽医临床的溴化物现已少用。

抗惊厥药是指能对抗或缓解中枢神经因病变而造成的过度兴奋状态，从而消除或缓解全身骨骼肌不自主的强烈收缩的一类药物。常用药物有硫酸镁注射液、巴比妥类药、水合氯醛、地西泮等。

·盐 酸 氯 丙 嗪·

氯丙嗪为中枢多巴胺受体阻断剂，具有多种药理活性。氯丙嗪能强化中枢抑制药（如麻醉药、镇痛药与抗惊厥药）的中枢抑制作用；对下丘脑体温调节中枢有抑制作用，能使体温显著降低；另可阻断外周 α 受体，直接扩张血管，解除小动脉和小静脉痉挛，改善微循环，具有抗休克作用。

【药物相互作用】①苯巴比妥可使氯丙嗪在尿中排泄量增加数倍，但氯丙嗪不能增强前者的抗癫痫作用；②抗胆碱药可降低氯丙嗪的血药浓度，而氯丙嗪可加重抗胆碱药物副作用；③本品与肾上腺素联用，因氯丙嗪阻断 α 受体可发生严重低血压；④与四环素类联用可加重肝损害；⑤与其他中枢抑制药合用可加强抑制作用（包括呼吸抑制），联用时两药均应减量。

盐酸氯丙嗪注射液　本品为盐酸氯丙嗪的灭菌水溶液。

【作用与用途】镇静药。用于强化麻醉以及使羊安静等。

【用法与用量】以盐酸氯丙嗪计。肌内注射：一次量，每千克体重 1～2mg。

【不良反应】用本品常兴奋不安，易发生意外。

【注意事项】①静脉注射前应进行稀释，注射速度宜慢；②不可与 pH5.8 以上的药液配伍，如青霉素钠（钾）、戊巴比妥钠、苯巴比妥钠、氨茶碱和碳酸氢钠等；③过量引起的低血压禁用肾上腺素解救，但可选用去甲肾上腺素；④有黄疸、肝炎和肾炎的患病羊及年老体弱羊慎用。

【休药期】28d；弃奶期 7d。

·地 西 泮·

地西泮为长效苯二氮卓类药物。具有镇静、抗惊厥、抗癫痫及中枢性肌肉松弛作用。小于镇静剂量的地西泮可明显缓解狂躁不安等症状。较大剂量时可产生镇静、中枢性肌肉松弛作用，能使兴奋不安的羊安静，使有攻击性、狂躁的羊变为驯服，易于接近和管理。此外，还具有较好的抗癫痫作用，对癫痫持续状态疗效显著。抗惊厥作用强，能对抗电惊厥、戊四氮与士的宁中毒所引起的惊厥。

【药物相互作用】①能增强吩噻嗪类药物的作用，但易发生呼吸循环意外，故不宜合用；②与巴比妥类或其他中枢抑制药合用，有增加中枢抑制的危险；③本品能增强其他中枢抑制药的作用，若同时应用应注意调整剂量；④可减弱琥珀胆碱的肌肉松弛作用。

地西泮注射液　本品为地西泮的灭菌水溶液。

【作用与用途】镇静药与抗惊厥药。用于肌肉痉挛、癫痫及惊厥等。

【用法与用量】以地西泮计。肌内、静脉注射：一次量，每千克体重 0.5～1mg。

【注意事项】①食品羊禁止用作促生长剂；②孕羊忌用；③肝肾功能障碍患病羊慎用；④静脉注射宜缓慢，以防造成心血管和呼吸抑制；⑤本品能增强其他中枢抑制药的作用，若同时应用应注意调整剂量。

【休药期】28d。

·巴　比　妥·

巴比妥对中枢神经系统有较强的镇静作用，并可增强解热镇痛抗炎药的作用。起效缓慢，内服后 30～60min 产生镇静、催眠作用，维持时间较长，达 6～8h。

【药物相互作用】本品可增强解热镇痛抗炎药的作用。常与解热镇痛抗炎药合用，治疗神经痛、关节痛及肌肉痛。

复方氨基比林注射液、复方水杨酸钠注射液　参见解热镇痛抗炎药。

·苯巴比妥（钠）·

苯巴比妥为长效巴比妥类药物，其中枢抑制作用随剂量而异，具有镇静、抗惊厥作用。苯巴比妥对丘脑新皮层通路无抑制作用，故镇痛作用弱，但能增强解热镇痛抗炎药的镇痛效果。

【药物相互作用】①苯巴比妥为肝药酶诱导剂，与下列药物合用时可使后者的代谢加速，疗效降低：氨基比林、利多卡因、氢化可的松、地塞米松、睾酮、雌激素、孕激素、氯丙嗪、多西环素、洋地黄毒苷等；②与其他中枢抑制药（如全麻药、抗组胺药和镇静药等）合用，中枢抑制作用加强；③与磺胺类合用，由于发生血浆蛋白结合的置换作用，可增强苯巴比妥的药效；④能使血和尿呈碱性的药物，可加快苯巴比妥从肾脏排泄。

注射用苯巴比妥钠 本品为苯巴比妥钠的无菌结晶或粉末。

【作用与用途】巴比妥药。用于缓解脑炎、破伤风、士的宁中毒所致的惊厥。

【用法与用量】肌内注射：一次量，0.25～1g。

【注意事项】①本品水溶液不可与酸性药物配伍；②肝肾功能不全、支气管哮喘或呼吸抑制的患病羊禁用，严重贫血、心脏疾患的患病羊及孕羊慎用；③中毒时可用安钠咖、戊四氮、尼可刹米等中枢兴奋药解救。

【休药期】28d；弃奶期7d。

· 硫 酸 镁 ·

镁离子对神经冲动传导及神经肌肉兴奋性的维持均起重要作用，镁亦是机体多种酶的辅助因子，参与蛋白质、脂肪和糖等许多物质的生化代谢过程。当血浆中镁离子浓度过低时，神经及肌肉组织的兴奋性升高。注射硫酸镁可使血中镁离子浓度升高，出现中枢神经抑制作用；并可减少运动神经末梢乙酰胆碱的释放，在神经肌肉接头阻断神经冲动的传导而使骨骼肌松弛。此外，过量的镁离子还可以直接松弛内脏平滑肌和扩张外周血管。

【药物相互作用】与硫酸黏菌素、硫酸链霉素、葡萄糖酸钙、盐酸普鲁卡因、四环素、青霉素等药物存在配伍禁忌。

硫酸镁注射液　本品为硫酸镁的灭菌水溶液。

【作用与用途】抗惊厥药。主要用于治疗破伤风及其他痉挛性疾病。

【用法与用量】以硫酸镁计。静脉、肌内注射：一次量，2.5~7.5g。

【不良反应】静脉注射速度过快或过量可导致血镁过高，引起血压剧降，呼吸抑制，心动过缓，神经肌肉兴奋传导阻滞，甚至死亡。

【注意事项】①静脉注射宜缓慢，遇有呼吸麻痹等中毒现象时，应立即静脉注射钙剂解救；②患有肾功能不全、严重心血管疾病、呼吸系统疾病的患病羊慎用或不用；③与硫酸黏菌素、硫酸链霉素、葡萄糖酸钙、盐酸普鲁卡因、四环素、青霉素等药物存在配伍禁忌。

【休药期】无需制订。

（三）麻醉性镇痛药

临床上缓解疼痛的药物，按其作用机理、缓解疼痛的强度和临床用途可分为两类：一类是能选择性地作用于中枢神经系统，缓解疼痛作用较强，用于剧痛的一类药物，称镇痛药。另一类作用部位不在中枢神经系统，缓解疼痛作用较弱，多用于钝痛，同时还具有解热消炎作用，即解热镇痛抗炎药。

镇痛药可选择性地消除或缓解痛觉，减轻由疼痛引起的紧张、烦躁不安等，使疼痛易于耐受，但对其他感觉无影响并保持意识清醒。因反复应用在人易成瘾，故又称麻醉性镇痛药或成瘾性镇痛药。此类药物多数属于阿片类生物碱，如吗啡、可待因等，也有一些是人工合成代用品，如哌替啶、美沙酮等，属于须依法管制的药物。

由于剧烈疼痛可引起生理机能紊乱，甚至休克，因此，在对疼痛有明确诊断的情况下，适时应用镇痛药是必要的。

·盐酸哌替啶·

盐酸哌替啶作用与吗啡相似，可作为吗啡的良好代用品，但镇痛作用比吗啡弱。与吗啡等效剂量时，对呼吸有相同程度的抑制作用，但作用时间短。对胃肠平滑肌有类似阿托品样作用，强度为阿托品的 1/20～1/10，能解除平滑肌痉挛。在消化道发生痉挛时可同时起镇静和解痉作用。对催吐化学感受区也有兴奋作用，易引起呕吐。

【药物相互作用】①与阿托品合用，可解除平滑肌痉挛并增加止痛效果；②吩噻嗪类药物、镇静催眠药等中枢抑制药可加强阿片类药物的中枢抑制作用；③注射液不得与氨茶碱、巴比妥类药钠盐、肝素钠、碘化物、碳酸氢钠、苯妥英钠、磺胺嘧啶、磺胺甲噁唑、甲氧西林混合配伍使用；④能促使双香豆素、茚满二酮等抗凝药增效，后者用量应按凝血酶原时间而酌减。

盐酸哌替啶注射液 本品为盐酸哌替啶的灭菌水溶液。

【作用与用途】镇痛药。用于缓解创伤性疼痛和某些内脏疾患的剧痛。

【用法与用量】以盐酸哌替啶计。皮下、肌内注射：一次量，每千克体重 2～4mg。

【不良反应】①具有心血管抑制作用，易致血压下降；②过量中毒可致呼吸抑制、惊厥、心动过速、瞳孔散大等。

【注意事项】①患有慢性阻塞性肺部疾患、支气管哮喘、肺源性心脏病和严重肝功能减退的病羊禁用；②不宜用于妊娠羊、产科手术；③对注射部位有较强刺激性；④过量中毒时，除用纳洛酮对抗呼吸抑制外，须配合使用巴比妥类药物对抗惊厥。

【休药期】无需制订。

（四）全身麻醉药

全身麻醉药（简称全麻药），是一类能可逆地抑制中枢神经系统，暂时引起意识、感觉、运动及反射消失、骨骼肌松弛，但仍保持延髓生命中枢（呼吸中枢和血管运动中枢）功能的药物。

根据给药途径，全身麻醉药分为吸入性麻醉药和注射麻醉药两大类。吸入性麻醉药包括挥发性液体（乙醚等）和气体（N_2O、环丙烷等），经呼吸道吸收，并主要以原形经呼吸道排出。吸入性麻醉药的可控性（如控制麻醉深度和维持时间）较非吸入性麻醉药好，但使用中需要有特定的麻醉装置，一些药物有易燃、易爆及刺激呼吸道等副作用。注射麻醉药（如硫喷妥钠等）多数经静脉注射产生麻醉效果，又称静脉麻醉药。因注射后药物迅速进入体循环到达大脑，因此麻醉诱导期短，麻醉过程中一般不会出现兴奋，也无需特殊麻醉装置。缺点是麻醉深度、药量及麻醉维持时间不易控制，苏醒期也较长。

全麻药对中枢神经系统的作用是由浅入深的过程。中枢神经系统受抑制程度与药物在该部位的浓度有关，低剂量产生镇静作用，随剂量的增加可产生催眠、镇痛、意识丧失和失去运动功能等作用，进一步可引起麻痹、死亡。目前使用的全麻药单独应用都不理想，为了增强全麻药的作用，减少用量，降低毒副作用，扩大应用范围，临床常采用联合用药或辅以其他药物。常用的复合麻醉方式有麻醉前给药、诱导麻醉、基础麻醉、配合麻醉和混合麻醉等。

·硫 喷 妥 钠·

硫喷妥钠属超短效巴比妥类药物，作用快速。静脉注射后动物通常在 $0.5\sim1min$ 意识丧失，多数动物麻醉时间仅持续 $5\sim10min$。硫喷妥钠松弛肌肉作用较差，镇痛作用弱。麻醉剂量能明显抑制呼吸，剂量加大可抑制心血管功能。

【药物相互作用】①与巴比妥硫酸盐和氟烷合用可加剧肾上腺素和去甲肾上腺素的室颤作用；②硫喷妥钠可提高中枢抑制剂对中枢神经和呼吸系统的一致作用；③与呋塞米合用会引起或加重低血压。

注射用硫喷妥钠　本品为硫喷妥钠 100 份与无水碳酸钠 6 份混合的无菌粉末。

【作用与用途】巴比妥类药。用于羊的基础麻醉。

【用法与用量】以硫喷妥钠计。静脉注射：一次量，每千克体重 10～15mg；临用前，加灭菌注射用水或氯化钠注射液配成 2.5% 溶液。

【不良反应】一过性白细胞减少症，高血糖、窒息、心动过速和呼吸性酸中毒。

【注意事项】①药液只供静脉注射，对巴比妥类药物有过敏史和心血管疾病患羊禁用；②肝、肾功能障碍、重病、衰弱、休克、腹部手术、支气管哮喘（可引起喉头痉挛、支气管水肿）等情况下禁用；③因溶液碱性很强，因此静脉注射时不可漏出血管外，否则易引起静脉周围组织炎症，而快速静脉注射会引起明显的血管扩张和高血糖；④羊麻醉前注射阿托品，可减少腺体分泌；⑤本品可引起溶血，因此不得使用浓度小于 2% 的注射液；⑥本品过量引起的呼吸与循环抑制，除采用支持性呼吸疗法和心血管支持药物（禁用肾上腺素类药物）外，还可用戊四氮等呼吸中枢兴奋药解救。

【休药期】无需制订。

·盐酸氯胺酮·

氯胺酮是一种作用迅速的全身麻醉药，具有明显的镇痛作用，对心肺功能几乎无影响。氯胺酮在抑制丘脑新皮层的冲动传导同时又能兴奋脑干和边缘系统，产生"分离"麻醉。麻醉期间，动物意识模糊，但各种反射，如咳嗽、吞咽、光反射和角膜反射依然存在，肌肉张力不变或增加，一些动物可出现不同程度的僵直或"木僵样"症状。小剂量可直接用于短时、相对无痛又不需肌松的小手术。由于单独应用维持作用时间短，加之肌张力增加。因此，复杂大手术一般采用复合麻醉。麻醉前给药有阿托品、氯丙嗪，配合麻醉有赛拉嗪等。

【药物相互作用】①巴比妥类药物或地西泮可延长氯胺酮麻醉后的苏醒时间；②骨骼肌阻断剂（如琥珀胆碱）可引起氯胺酮呼吸抑制作用增强；③与赛拉嗪合用能增强本品作用并呈现肌松作用，利于进行外科手术。

盐酸氯胺酮注射液 本品为盐酸氯胺酮的灭菌水溶液。

【作用与用途】全身麻醉药。用于全身麻醉及化学保定。

【用法与用量】以盐酸氯胺酮计。静脉注射：一次量，每千克体重 2~4mg。肌内注射：一次量，每千克体重 10~15mg。

【不良反应】①本品可使羊的血压升高、唾液分泌增多、呼吸抑制和呕吐等；②高剂量可产生肌肉张力增加、惊厥、呼吸困难、痉挛、心搏暂停和苏醒期延长等。

【注意事项】①怀孕后期的羊禁用；②咽喉或支气管手术时，不宜单用本品，须与肌肉松弛剂合用；③给羊应用时，麻醉前常需禁食 12~24h，并给予小剂量阿托品抑制腺体分泌；应用时常与赛拉嗪配合使用。

【休药期】无需制订。

（五）化学保定药

化学保定药，亦称制动药，这类药物在不影响意识和感觉的情况下可使动物情绪转为平静和温顺，嗜睡或肌肉松弛，从而停止抗拒和挣扎，以达到类似保定的目的。根据作用特点，可分为四类：①麻醉性化学保定药，如氯胺酮等；②安定性化学保定药，如乙酰丙嗪等；

③镇痛性化学保定药，如赛拉嗪（二甲苯胺噻嗪）、赛拉唑（二甲苯胺噻唑）等；④肌松性化学保定药（N_2-胆碱受体阻断药），如氯化琥珀胆碱、泮库溴铵等。

· 赛 拉 嗪 ·

赛拉嗪为一种强效 α_2 肾上腺素受体激动剂，具有明显的镇静、镇痛和肌肉松弛作用。赛拉嗪不会引起中枢兴奋，而是引起镇静和中枢抑制，对骨骼肌有松弛作用。赛拉嗪对心血管系统和呼吸系统作用变化不定，多数动物用药后初期血压上升，但随后因减压反射，血压长时间下降、心率减慢、心动徐缓。另外，该药能减少交感神经兴奋性，增强迷走神经活动，可引起羊唾液过度分泌。对呼吸的作用是出现呼吸频率下降。对子宫平滑肌亦有一定兴奋作用，妊娠羊慎用。

【药物相互作用】①与水合氯醛、硫喷妥钠或戊巴比妥钠等中枢神经抑制药合用，可增强抑制效果；②本品可增强氯胺酮的镇痛作用，使肌肉松弛，并可颉颃其中枢兴奋反应；③与肾上腺素合用可诱发心律失常。

盐酸赛拉嗪注射液 本品为赛拉嗪加盐酸适量制成的灭菌水溶液。

【作用与用途】化学保定药。主要用于化学保定和基础麻醉。

【用法与用量】以赛拉嗪计。肌内注射：一次量，每千克体重 $0.1\sim0.2mg$。

【不良反应】反刍动物对本品敏感，用药后表现唾液分泌增多、瘤胃迟缓、臌胀、逆呕、腹泻、心搏缓慢和运动失调等。

【注意事项】①产奶羊禁用；②有呼吸抑制、心脏病、肾功能不全等症状的患病羊慎用；③中毒时，可用 α_2 受体阻断药及阿托品等解救。

【休药期】14d。

·赛 拉 唑·

本品为一种强效 α_2 肾上腺素受体激动剂，具有明显的镇静、镇痛和肌肉松弛作用。对骨骼肌松弛作用与其在中枢水平抑制神经冲动传导有关。但不同种属动物的敏感性有所差异。给羊用药后，表现为镇静和嗜睡，肌内注射后 10～15min，即呈现良好的镇静和镇痛作用，用药 30min 后作用逐渐消失，1h 后完全恢复。

【药物相互作用】同赛拉嗪。

盐酸赛拉唑注射液 本品为赛拉唑加盐酸适量制成的灭菌水溶液。

【作用与用途】化学保定药。主要用于化学保定，也可用于基础麻醉。

【用法与用量】以盐酸赛拉唑计。肌内注射：一次量，每千克体重 1～3mg。

【不良反应】羊对本品敏感，用药后表现唾液分泌增多、瘤胃迟缓、臌胀、逆呕、腹泻、心搏缓慢和运动失调等。

【注意事项】①手术时应采用伏卧姿势，并将头放低，以防异物性肺炎及减轻瘤胃胀气时压迫心肺；②有呼吸抑制、心脏病、肾功能不全等症状的病羊慎用；③中毒时，可用 α_2 受体阻断药及阿托品等解救。

【休药期】28d；弃奶期 7d。

二、外周神经系统药物

外周神经系统可分为传出神经纤维和传入神经纤维两大类，故外周神经系统药物包括作用于传出神经和传入神经的药物。

作用于传出神经药物的分类，根据其作用，即引起类似或颉颃传出神经兴奋的效应来分类。凡能引起类似胆碱能神经兴奋效应的药物，包括直接和间接激动胆碱受体的药物，称为"拟胆碱药"。同样，凡能引起类似肾上腺素能神经兴奋效应的药物，包括直接或间接激动肾上腺素受体的药物，称为"拟肾上腺素药"；凡能阻断受体，使神经递质不能激动受体而发生效应的药物，称为颉颃药或阻断药，如"抗胆碱药"或"抗肾上腺素药"。

（一）拟胆碱药

本类药物包括能直接与胆碱受体结合产生兴奋效应的药物，即胆碱受体激动药（如氨甲酰甲胆碱等）和通过抑制胆碱酯酶活性，导致乙酰胆碱蓄积，间接引起胆碱能神经兴奋效应的药物——抗胆碱酯酶药（如新斯的明等）。本类药物一般能使心率减慢、瞳孔缩小、血管扩张、胃肠蠕动及腺体分泌增加等。临床可用于胃肠迟缓、肠麻痹等疾病。过量中毒时可用抗胆碱药（如阿托品等）解救。

·甲硫酸新斯的明·

新斯的明对骨骼肌的兴奋作用最强，兴奋胃肠道、膀胱和子宫平滑肌的作用较强，兴奋腺体、虹膜和支气管平滑肌及抑制心血管的作用较弱；对中枢作用不明显。

【药物相互作用】①本品可延长和加强去极化型肌松药氯化琥珀胆碱的肌肉松弛作用；②与非去极化性肌松药有颉颃作用。

甲硫酸新斯的明注射液 本品为甲硫酸新斯的明的灭菌水溶液。

【作用与用途】抗胆碱酯酶药。主要用于胃肠迟缓、重症肌无力和胎衣不下等。

【用法与用量】以甲硫酸新斯的明计。肌内、皮下注射：一次量，2～5mg。

【不良反应】治疗剂量副作用较小。过量可引起出汗、心动过缓、肌肉震颤或肌麻痹。

【注意事项】 ①机械性肠梗阻或支气管哮喘的患病羊禁用；②中毒时可用阿托品对抗其对 M 受体的兴奋作用；③本品可延长和加强去极化型肌松药氯化琥珀胆碱的肌肉松弛作用；与非去极化性肌松药有颉颃作用。

【休药期】 无需制订。

（二）抗胆碱药

抗胆碱药又称胆碱受体阻断药。此类药物能与胆碱受体结合，从而阻断胆碱能神经递质或外源性拟胆碱药与受体的结合，产生抗胆碱作用。

本类药物依据作用部位可分为 M 胆碱受体阻断药（如阿托品、东莨菪碱）、N 胆碱受体阻断药（如琥珀胆碱、筒箭毒碱）和中枢性抗胆碱药。兽医临床上目前应用的主要是前两种药物。N 胆碱受体阻断药表现为骨骼肌松弛作用，兽医临床用于化学保定（见中枢神经系统药物）。这里重点介绍 M 胆碱受体阻断药。

· 硫 酸 阿 托 品 ·

治疗量的阿托品对过度收缩或痉挛的胃肠平滑肌有极显著的松弛作用，对膀胱逼尿肌次之，对支气管和输尿管平滑肌的作用较弱。另外，还可松弛虹膜括约肌和睫状肌，表现为散瞳、眼内压升高和调节麻痹。唾液腺和汗腺对阿托品极敏感，小剂量能使唾液腺、支气管腺及汗腺（马除外）分泌减少，较大剂量可减少胃液分泌。治疗量阿托品可短暂减慢心率。较大剂量阿托品可解除迷走神经对心脏的抑制，对抗因迷走神经过度兴奋所致的传导阻滞及心律失常。大剂量可加快心率，促进房室传导，并能扩张外周及内脏血管，解除小动脉痉挛，改善微循环；可明显兴奋迷走神经中枢、呼吸中枢、大脑皮层运动区和感觉区。中毒量可引起大脑和脊髓的强烈兴奋。

【药物相互作用】 ①阿托品可增强噻嗪类利尿药、拟肾上腺素药物的作用；②阿托品可加重双甲脒的某些毒性症状，引起肠蠕动的进一步抑制。

硫酸阿托品注射液 本品为硫酸阿托品的灭菌水溶液。

【作用与用途】 抗胆碱药。主要用于有机磷酸酯类药物中毒、麻醉前给药和颅颌胆碱神经兴奋症状。

【用法与用量】 以硫酸阿托品计。肌内、皮下或静脉注射：一次量，每千克体重，麻醉前给药，0.02～0.05mg；解除有机磷酸酯类中毒，0.5～1mg。

【不良反应】 ①本品副作用与用药目的有关，其毒性作用往往是使用过大剂量所致，在麻醉前给药或治疗消化道疾病时，易致肠臌胀、瘤胃臌胀和便秘等；②中毒症状表现为口干、瞳孔扩大、脉搏快而弱、兴奋不安和肌肉震颤等，严重时则出现昏迷、呼吸浅表、运动麻痹等，最终可因惊厥、呼吸抑制及窒息而死亡。

【注意事项】 ①肠梗阻、尿潴留等患病羊禁用；②可增强噻嗪类利尿药、拟肾上腺素药物的作用；③可加重双甲脒的某些毒性症状，引起肠蠕动的进一步抑制；④中毒解救时宜采用对症性支持疗法，极度兴奋时可试用毒扁豆碱、短效巴比妥类、水合氯醛等药物对抗；禁用吩噻嗪类药物（如氯丙嗪）治疗。

【休药期】 无需制订。

·氢溴酸东莨菪碱·

东莨菪碱为抗胆碱药，作用与阿托品相似。东莨菪碱抑制腺体分泌作用较阿托品强。本品还具有中枢抑制作用。

氢溴酸东莨菪碱注射液 本品为氢溴酸东莨菪碱的灭菌水溶液。

【作用与用途】 抗胆碱药。用于动物兴奋不安、胃肠道平滑肌痉挛等。

【用法与用量】以氢溴酸东莨菪碱计。皮下注射：一次量，0.2～0.5mg。

【不良反应】胃肠蠕动减弱、腹胀、便秘、尿潴留或心动过速等。

【注意事项】心律紊乱患病羊慎用。

【休药期】无需制订。

（三）拟肾上腺素药

拟肾上腺素药是指能兴奋肾上腺素能神经的药物，包括 α 受体兴奋药，如去甲肾上腺素；α、β 受体兴奋药，如肾上腺素、麻黄碱；β 受体兴奋药，如异丙肾上腺素。后者主要用于扩张支气管，故又称支气管扩张药或平喘药，在兽医临床较少应用。

·重酒石酸去甲肾上腺素·

本品主要兴奋 α 受体，对 β 受体的兴奋作用很弱。对皮肤、黏膜血管和肾血管有较强收缩作用，但可扩张冠状血管。兴奋心脏和抑制平滑肌的作用较肾上腺素弱。小剂量滴注升压作用不明显，较大剂量时，收缩压和舒张压均明显升高。

【药物相互作用】①与洋地黄毒苷同用，因心肌敏感性升高，易致心律失常；②与催产素、麦角新碱等合用，可增强血管收缩，导致高血压或外周组织缺血。

重酒石酸去甲肾上腺素注射液　本品为重酒石酸去甲肾上腺素，加氯化钠适量使成等渗的灭菌水溶液。

【作用与用途】拟肾上腺素药。用于外周循环衰竭休克时的早期急救。

【用法与用量】以重酒石酸去甲肾上腺素计。静脉滴注：一次量，2～4mg；临用前稀释成每毫升含 4～8μg 药液。

【不良反应】①静脉滴注时间过长、剂量过高或药液外漏，可引起局部缺血坏死；②静脉滴注时间过长或剂量过大，可使肾脏血管剧烈收缩，导致急性肾功能衰竭。

【注意事项】①出血性休克禁用，器质性心脏病、少尿、无尿及严重微循环障碍等禁用；②应采用静脉滴注，以维持有效血药浓度；③限用于休克早期的应急抢救，并在短时间内小剂量静脉滴注，长期大剂量应用可导致血管持续地强烈收缩，加重组织缺血、缺氧，使休克的微循环障碍恶化；④静脉滴注时严防药液外漏，以免引起局部组织坏死。

【休药期】无需制订。

·肾上腺素·

肾上腺素对 α 与 β 受体均有很强的兴奋作用，药理作用广泛而复杂。①兴奋心脏：通过激动心脏 β_1 受体，提高心肌兴奋性，增强心率和心肌收缩力，增加心输出量；②通过激动血管 α 受体，使皮肤、黏膜血管和肾脏血管强烈收缩，通过激动 β_2 受体，使冠状血管和骨骼肌血管扩张；③升高血压：对血压的影响与剂量有关，常用剂量下收缩压升高，舒张压不变或下降，大剂量下收缩压和舒张压均升高；④松弛支气管平滑肌：通过激动支气管平滑肌 β_2 受体，产生快速而强大的松弛支气管平滑肌的作用。此外，还可抑制肥大细胞释放致炎和致敏性物质，间接缓解支气管平滑肌痉挛，加之其能收缩支气管黏膜血管，降低了毛细血管通透性，从而有助于缓解过敏性疾病的呼吸困难症状。

【药物相互作用】①碱性药物如氨茶碱、磺胺类的钠盐、青霉素钠（钾）等可使本品失效；②某些抗组胺药（如苯海拉明）可增强其作用；③酚妥拉明可颉颃本品的升压作用，普萘洛尔可增强其升高血压的作用，并颉颃其兴奋心脏和扩张支气管的作用；④强心苷可使心肌对本品更敏感,合用易出现心律失常,与全麻药(如水合氯醛)合用时,易发生心室颤动,亦不能与钙剂合用;⑤与催产素、麦角新碱等合用,可增强血管收缩,导致高血压或外周组织缺血。

盐酸肾上腺素注射液 本品为肾上腺素加盐酸适量,并加氯化钠适量使成等渗的灭菌水溶液。

【作用与用途】拟肾上腺素类药。用于心脏骤停的急救;缓解严重过敏性疾患的症状;亦常与局部麻醉药配伍,以延长局部麻醉持续时间。

【用法与用量】以本品计。皮下注射:一次量,0.2~1.0mL。静脉注射:一次量,0.2~0.6mL。

【不良反应】本品可诱发兴奋、不安、颤抖、呕吐、高血压(过量)、心律失常等。局部重复注射可引起注射部位组织坏死。

【注意事项】①本品如变色即不得使用;②与全麻药(如水合氯醛)合用时,易发生心室颤动,亦不能与洋地黄、钙剂合用;③器质性心脏疾患、甲状腺机能亢进、外伤性及出血性休克等患病羊慎用。

【休药期】无需制订。

(四)局部麻醉药

局部麻醉药简称局麻药,是一类能在用药局部可逆性地阻断感觉神经发出的冲动与传导,使局部组织痛觉暂时丧失的药物。

·盐酸普鲁卡因·

短效酯类局麻药。普鲁卡因对皮肤、黏膜穿透力差,故不适于表面麻醉。注射后1~3min呈局麻效应,持续45~60min。本品具有扩张血管的作用,加入微量缩血管药物如肾上腺素(用量一般为每100mL药液中加入0.1%盐酸肾上腺素0.2~0.5mL),则局麻时间延长。吸收作用主要是对中枢神经系统和心血管系统的影响,小剂量时轻微抑制中枢神经系统，大剂量时则兴奋。另外，能降低心脏兴奋性和传导性。

【药物相互作用】①本品在体内的代谢产物对氨基苯甲酸，能竞争性地对抗磺胺药的抗菌作用，另一代谢产物二乙氨基乙醇能增强洋地黄的减慢心率和房室传导作用，故不应与磺胺药或洋地黄合用；②与青霉素形成盐可延缓青霉素的吸收。

盐酸普鲁卡因注射液　本品为盐酸普鲁卡因加氯化钠适量使成等渗的灭菌水溶液。

【作用与用途】局部麻醉药。用于浸润麻醉、传导麻醉和封闭疗法。

【用法与用量】以盐酸普鲁卡因计。浸润麻醉、封闭疗法：0.25%～0.5%溶液。传导麻醉：2%～5%溶液，每个注射点，10～20mL。

【注意事项】①剂量过大易出现吸收作用，可引起中枢神经系统先兴奋后抑制的中毒症状，应进行对症治疗；②本品应用时常加入0.1%盐酸肾上腺素注射液，以减少普鲁卡因吸收，延长局麻时间。

【休药期】无需制订。

· 盐酸利多卡因 ·

利多卡因属酰胺类中效局麻药，局麻作用较普鲁卡因强1～3倍，穿透力强，作用快，维持时间长（1～2h）。扩张血管作用不明显，其吸收作用表现为中枢神经抑制。

【药物相互作用】①与抗肾上腺素药合用，可增强利多卡因药效；②与其他抗心律失常药合用，可增加本品的心脏毒性。

盐酸利多卡因注射液　本品为盐酸利多卡因的灭菌水溶液。

【作用与用途】局部麻醉药。用于表面麻醉、传导麻醉和浸润麻醉。

【用法与用量】浸润麻醉：配成 0.25%～0.5%溶液。表面麻醉：配成 2%～5%溶液。传导麻醉：配成 2%溶液，每个注射点，3～4mL。

【不良反应】推荐剂量使用有时出现呕吐；过量使用时会出现嗜睡、共济失调、肌肉震颤等；大剂量吸收后可引起中枢兴奋如惊厥，甚至发生呼吸抑制。

【注意事项】①当本品用于硬膜外麻醉和静脉注射时，不可加肾上腺素；②剂量过大易出现吸收作用，可引起中枢抑制、共济失调、肌肉震颤等。

【休药期】无需制订。

三、呼吸系统药物

动物呼吸系统疾病主要表现为咳嗽、气管和支气管分泌物增多、呼吸困难。病因包括物理化学因素刺激、过敏反应、病毒、细菌、真菌和蠕虫感染等。对动物来说，多为微生物感染引起的炎性疾病，一般应先对因治疗，同时适当使用祛痰、镇咳和平喘药，以缓解症状。

（一）祛痰镇咳药

祛痰药是能增加呼吸道分泌、使痰液变稀并易于排出的药物。祛痰药还有间接的镇咳作用，因炎性的刺激使支气管分泌增多，或因黏膜上皮纤毛运动减弱，痰液不能及时排出，黏附气管内并刺激黏膜下感受器引起咳嗽，痰液排出后，减少了刺激，便可缓解咳嗽。

临床上治疗急性或慢性支气管炎时，常配合应用祛痰药，对无痰干咳可单用镇咳药。在有痰剧咳情况下，可在应用祛痰药的同时，适当配合少量作用较弱的镇咳药，以减轻咳嗽，但不应单独使用强镇咳药，如可待因等。在兽医临床上很少单独使用镇咳药。

· 氯 化 铵 ·

本品内服后可刺激胃黏膜迷走神经末梢，反射性引起支气管腺体分泌增加，使稠痰稀释，易于咳出，因而对支气管黏膜的刺激减少，咳嗽也随之缓解。此外，本品被吸收至体内后，有小部分从呼吸道排出，带出水分使痰液变稀而利于咳出。本品为强酸弱碱盐，是一个有效的体液酸化剂，可使尿液酸化，在弱碱性药物中毒时，可加速药物的排泄。

【药物相互作用】 ①本品遇碱或重金属盐类即分解；②与磺胺类药物合用，可能使磺胺药在尿道析出结晶，发生泌尿道损害，如尿闭、血尿等。

【作用与用途】 祛痰药。主要用于治疗支气管炎初期。

【用法与用量】 内服：一次量，2～5g。

【注意事项】 ①肝脏、肾脏功能异常的羊，内服氯化铵容易引起血氯过高性酸中毒和血氨升高，应慎用或禁用；②禁与碱性药物、重金属盐、磺胺药等配伍应用；③单胃动物用后有呕吐反应。

【休药期】 无需制订。

· 碘 化 钾 ·

本品内服后部分从呼吸道腺体排出，刺激呼吸道黏膜，使腺体分泌增加，痰液稀释，易于咳出，呈现祛痰作用。

【药物相互作用】 ①与甘汞混合后能生成金属汞和碘化汞，使毒性增强；②碘化钾溶液遇生物碱可生成沉淀。

碘化钾片 本品为白色片。

【作用与用途】 祛痰药。用于治疗慢性支气管炎。

【用法与用量】 以碘化钾计。内服：一次量，1～3g。

【注意事项】 ①碘化钾在酸性溶液中能析出游离碘；②肝、肾功能低下的羊慎用；③不适于急性支气管炎症。

【休药期】 无需制订。

（二）平喘药

平喘药是指能解除支气管平滑肌痉挛，扩张支气管的一类药物。有些镇咳性祛痰药因能减少咳嗽或促进痰液的排出，减轻咳嗽引起的喘息而有良好的平喘作用。对单纯性支气管哮喘或喘息型慢性支气管炎的病例，临床上常用平喘药治疗。

·氨 茶 碱·

本品对支气管平滑肌有直接松弛作用。其作用机理是抑制磷酸二酯酶，使 cAMP 的水解速度变慢，升高组织中 cAMP/cGMP 比值，抑制组胺和慢反应物质等过敏介质的释放，促进儿茶酚胺释放，使支气管平滑肌松弛，从而解除支气管平滑肌痉挛，缓解支气管黏膜的充血水肿，发挥平喘功效。另外，本品还有较弱的强心和利尿作用。

【药物相互作用】 ①与红霉素、四环素、林可霉素等合用时，可降低本品在肝脏的清除率，使血药浓度升高，甚至出现毒性反应；②酸性药物可加快其排泄，碱性药物可延缓其排泄；③与儿茶酚胺类及其他拟肾上腺素类药合用，会增加心律失常的发生率。

氨茶碱注射液 本品为氨茶碱的灭菌水溶液。

【作用与用途】 平喘药。主要用于治疗性支气管哮喘、喘息型慢性支气管炎。

【用法与用量】 以氨茶碱计。肌内、静脉注射：一次量，0.25～0.5g。

【不良反应】 可引起中枢系统兴奋。

【注意事项】 ①肝功能低下、心衰的病羊慎用；②静脉注射或静脉滴注如用量过大、浓度过高或速度过快，都可强烈兴奋心脏和中枢神经，故需稀释后注射并注意掌握速度和剂量；③注射液碱性较强，可引起局部红肿、疼痛，应作深部肌内注射。

【休药期】无需制订。

四、消化系统药物

在兽医临床上引起消化系统疾病的病因很多，从发病原因来看可分为原发性和继发性两种。原发性消化系统疾病主要是由饲料品质不良，饲养管理不善等引起，而继发性消化系统疾病则是以某些疾病（如传染病、寄生虫病、中毒性疾病等）的并发症形式出现。无论何种原因引起的消化系统疾病，其治疗原则都是相同的，即在解除病因，改善饲养管理的前提下，合理使用调节消化系统功能的药物才能取得良好效果。

（一）健胃药与助消化药

凡能促进动物的唾液和胃液分泌，调整胃的机能活动，提高食欲和加强消化的药物称为健胃药。助消化药系指能促进胃肠道消化的药物。助消化药多为消化液中成分或促进消化液分泌的药物。在消化道分泌不足时，具有代替疗法的作用。因能促进食物消化，常用于哺乳期幼畜的消化不良。

· 人 工 矿 泉 盐 ·

人工矿泉盐属于健胃缓泻药，具有多种盐类的综合作用。内服少量时，能轻度刺激消化道黏膜，促进胃肠的分泌和蠕动，从而产生健胃作用。小剂量还有利胆作用，可用于胆道炎、肝炎的辅助治疗。内服大量时，其主要成分硫酸钠在肠道中解离出 Na^+ 和不易被吸收的 SO_4^{2-}，由于渗透压作用，使肠管中保持大量水分，并刺激肠壁增强蠕动，软化粪便，引起缓泻作用。

【作用与用途】健胃药和缓泻药。用于消化不良、胃肠迟缓、慢性胃肠卡他、早期大肠便秘等。

【用法与用量】内服：健胃，一次量，10～30g；缓泻，60～100g。

【注意事项】①本品为弱碱性类药物，禁与酸类健胃药配合使用；②内服作泻剂应用时宜大量饮水。

【休药期】无需制订。

·胃蛋白酶·

本品内服后在胃内可使蛋白质初步分解为蛋白胨，有利于蛋白质的进一步分解吸收。胃蛋白酶在酸性环境中作用强，pH 为 1.8 时活性最强。一般 1g 胃蛋白酶能完全消化 2 000g 凝固卵蛋白。

【药物相互作用】①与抗酸药（如氢氧化铝）同服，可使其活力降低；②遇鞣酸、没食子酸、重金属盐等可产生沉淀，使酶失去活性。

【作用与用途】助消化药。用于胃液分泌不足及幼羊胃蛋白酶缺乏所致的消化不良。

【用法与用量】内服：一次量，800～1 600U。

【注意事项】①当胃液分泌不足引起消化不良时，胃内盐酸也常分泌不足，因此使用本品时应同服稀盐酸；②忌与碱性药物、鞣酸、重金属盐等配合使用；③温度超过 70℃时迅速失效；剧烈搅拌可破坏其活性。

【休药期】无需制订。

·稀盐酸·

盐酸是胃液的主要成分之一，适当浓度的稀盐酸可激活胃蛋白酶原，使其转变为有活性的胃蛋白酶，并提供酸性环境使胃蛋白酶发挥消化蛋白质的作用。另外，胃内容物保持一定酸度有利于胃排空及钙、铁等矿物质的溶解与吸收，还有抑菌制酵作用。

【作用与用途】助消化药、药用辅料。用于治疗胃酸缺乏症。

【用法与用量】内服：一次量，2~5mL。使用时稀释20倍以上。

【注意事项】①禁与碱类、盐类健胃药、有机酸、洋地黄及其制剂合用；②用药浓度和剂量不宜过大，否则因食糜酸度过高，反射性引起幽门括约肌痉挛，影响胃排空，产生腹痛。

【休药期】无需制订。

·干 酵 母·

干酵母属于维生素类药物，富含B族维生素。每1g酵母含硫胺0.1~0.2mg、核黄素0.04~0.06mg、烟酸0.03~0.06mg，此外，还含有维生素B_6、维生素B_{12}、叶酸、肌醇以及转化酶、麦芽糖酶等。这些物质均是体内酶系统的重要组成物质，参与体内糖、蛋白质、脂肪等的代谢和生物转化过程。

【药物相互作用】本品含大量对氨基苯甲酸，与磺胺类药合用时可使其抗菌作用减弱。

干酵母片 本品为淡黄色至淡黄棕色片；有酵母的特臭，不应有异臭。

【作用与用途】维生素类药。用于维生素B_1缺乏症及消化不良的辅助治疗。

【用法与用量】内服：一次量，30~60g。

【注意事项】①可颉颃磺胺类药的抗菌作用，不宜合用；②用量过大可发生轻度下泻。

【休药期】无需制订。

干酵母粉 本品为淡黄色至淡黄棕色的颗粒或粉末；有酵母的特臭，不应有异臭。

【作用与用途】【用法与用量】【注意事项】与【休药期】同干酵

母片。

·乳　酶　生·

本品为乳酸杆菌制剂，每 1g 乳酶生含乳酸杆菌活菌数不低于1 000万个。内服进入肠内后，能分解糖类产生乳酸，使肠内酸度升高，从而抑制腐败性细菌的繁殖，并可防止蛋白质发酵，减少肠内产气。

【药物相互作用】①抗菌药物可抑制乳酸杆菌，使乳酶生失效；②收敛剂、吸附剂、酊剂及乙醇可抑制乳酸杆菌的活性，也会降低其药效。

乳酶生片　本品为白色或类白色片。

【作用与用途】助消化药。用于治疗消化不良、肠内异常发酵和幼羊腹泻。

【用法与用量】内服：一次量，2～10g。

【注意事项】不宜与抗菌药或吸附药同服。

【休药期】无需制订。

（二）瘤胃兴奋药

瘤胃兴奋药是指能加强瘤胃收缩、促进蠕动、兴奋反刍的药物，又称反刍兴奋药。临床上常用的瘤胃兴奋药有拟胆碱药（如氨甲酰胆碱、氯化氨甲酰甲胆碱）、抗胆碱酯酶药（如新斯的明）及浓氯化钠注射液等。氨甲酰胆碱、氯化氨甲酰甲胆碱、新斯的明的药理作用及适应证等参见外周神经系统药物。

·浓氯化钠注射液·

静脉注射本品能增加血液中 Na^+、Cl^-，对调节渗透压、维持电解质平衡和神经-肌肉兴奋性起重要作用，可提高瘤胃运动机能，促进蠕动。

【作用与用途】胃肠平滑肌兴奋药。用于治疗羊的前胃迟缓。

【用法与用量】静脉注射：一次量，每千克体重 1mL。

【不良反应】①输注过多、过快，可致水钠潴留，引起水肿，血压升高，心率加快；②过量使用可致高血钠症。

【注意事项】①肺水肿患羊禁用，脑、肾、心脏功能不全及血浆蛋白过低患羊慎用；②本品所含有的氯离子比血浆氯离子浓度高，已发生酸中毒的羊，如大量应用，可引起高氯性酸中毒，此时可改用碳酸氢钠和生理盐水。

【休药期】无需制订。

(三) 制酵药与消沫药

凡能制止胃肠内容物异常发酵的药物称为制酵药，常用药物有鱼石脂等。另外抗生素、磺胺药、消毒防腐药等都有一定程度的制酵作用。消沫药则是指能降低泡沫液膜的局部表面张力，使泡沫破裂的药物，如二甲硅油、松节油等。

·乳 酸·

内服有制酵和增加消化液分泌的作用，有助于胃肠道消化。

【作用与用途】消毒防腐药。用于治疗羊前胃迟缓。

【用法与用量】以本品计。内服：一次量，0.5~3mL，配成 2% 溶液灌服。

【注意事项】禁与氧化剂、氢碘酸、蛋白质溶液及重金属盐配伍。

【休药期】无需制订。

·鱼 石 脂·

鱼石脂有较弱的抑菌作用和温和的刺激作用。内服能防腐和制止发酵，促进胃肠蠕动与气体排出。

【作用与用途】消毒防腐药。用于胃肠道制酵。

【用法与用量】内服：一次量，1～5g；先加倍量乙醇溶解，再用水稀释成3％～5％溶液。

【注意事项】禁与酸性药物如稀盐酸、乳酸等混合使用。

【休药期】无需制订。

·二甲硅油·

本品表面张力低，内服后能迅速降低瘤胃内泡沫液膜的表面张力，使小气泡破裂，融合成大气泡，随嗳气排出，产生消除泡沫作用。本品消沫作用迅速，用药5min内即产生效果，15～30min作用最强。

二甲硅油片 本品为白色或类白色片。

【作用与用途】消沫药。用于治疗泡沫性臌胀。

【用法与用量】以二甲硅油计。内服：一次量，1～2片。

【注意事项】灌服前后宜灌注少量温水，以减少刺激性。

【休药期】无需制订。

(四) 泻药与止泻药

泻药是一类能促进肠道蠕动，增加肠内容积，软化粪便，加速粪便排泄的药物。使用泻药时必须注意以下事项：①对于诊断未明的羊肠道阻塞不可以随意使用泻药，使用泻药应防止泻下过度而导致失水、衰竭或继发肠炎等，且不宜多次重复使用；②治疗便秘时，必须根据病因采取综合措施或选用不同的泻药；③对于极度衰竭呈现脱水状态、机械性肠梗阻以及妊娠末期的羊禁止使用泻药；④高脂溶性药物或毒物引起中毒时，不应使用油类泻药，以免促进毒物的吸收而加重病情。

止泻药是一类能制止腹泻，保护肠黏膜、吸附有毒物质或收敛消炎的药物。腹泻时应根据病因和病情，采用综合治疗措施。首先应消除病因如排泄毒物、抑制病原微生物、改善饲养管理等，其次是应用止泻药和对症治疗，如补液、纠正酸中毒等。但对细菌感染引起的腹泻，主要是选用抗菌药物以控制感染。

· 干燥硫酸钠 ·

硫酸钠内服后在肠内可解离出 Na^+ 和 SO_4^{2-}，后者不易被肠壁吸收，借助渗透压作用，在肠管中保持大量水分，扩大肠管容积，软化粪便，并刺激肠壁增强其蠕动，而产生泻下作用。临床上小剂量内服可健胃。

【作用与用途】盐类泻药。用于治疗大肠便秘，排除肠内毒物、毒素，或驱虫药的辅助用药。

【用法与用量】内服：一次量，20～50g。用时配成 3%～4% 水溶液灌服。

【不良反应】剂量过大或连续用药过多可导致脱水、电解质紊乱。

【注意事项】①治疗大肠便秘时，硫酸钠的适宜浓度为 4%～6%；②因易继发胃扩张，不适用于小肠便秘的治疗；③脱水、肠炎患羊不宜用本品；④注意补液。

【休药期】无需制订。

· 硫 酸 镁 ·

内服后在肠内可解离出 Mg^{2+} 和 SO_4^{2-}，后者不易被肠壁吸收，借助渗透压作用，在肠道中保持大量水分，扩大肠道容积，软化粪便，并刺激肠壁增强其蠕动，而产生泻下作用。

【作用与用途】盐类泻药。主要用于导泻。

【用法与用量】内服：一次量，50～100g。用时配成 6%～8%

溶液。

【不良反应】 导泻时如服用浓度过高的溶液，可从组织中吸取大量水分而脱水。

【注意事项】 ①在某些情况（如机体脱水、肠炎等）下，镁离子吸收增多会产生毒副作用；②不适用于小肠便秘的治疗；③肠炎患羊不宜用本品。

【休药期】 无需制订。

·液 状 石 蜡·

内服后在肠道内不被吸收，也不发生变化，以原形通过肠管，能阻碍肠内水分的吸收，对肠黏膜有润滑作用，并能软化粪块。液状石蜡泻下作用缓和，对肠黏膜无刺激性，比较安全。

【作用与用途】 润滑性泻药。主要用于治疗小肠便秘、瘤胃积食、有肠炎的羊及孕羊的便秘。

【用法与用量】 内服：一次量，100~300mL。

【不良反应】 导泻时可致肛门瘙痒。

【注意事项】 不宜多次服用，以免影响消化，阻碍脂溶性维生素及钙、磷的吸收。

【休药期】 无需制订。

·碱 式 硝 酸 铋·

本品内服难吸收，小部分在胃肠道内解离出铋离子，与蛋白质结合，产生收敛及保护黏膜作用。大部分次硝酸铋被覆在肠黏膜表面，同时游离的铋离子在肠道内还可与硫化氢结合，形成不溶性硫化铋，覆盖于肠表面，从而对肠黏膜呈机械性保护作用，并可减少硫化氢对肠黏膜的刺激作用。

【作用与用途】 止泻药。用于治疗胃肠炎及腹泻等。

【用法与用量】内服：一次量，2～4g。

【注意事项】①对病原菌引起的腹泻，应先用抗菌药控制其感染后再用本品；②碱式硝酸铋在肠内溶解后，可形成亚硝酸盐，量大时能被吸收引起中毒。

【休药期】无需制订。

·碱式碳酸铋·

本品内服难吸收，小部分在胃肠道内解离出铋离子，与蛋白质结合，产生收敛及保护黏膜作用。碳酸铋被覆在肠黏膜表面，同时游离的铋离子在肠道内还可与硫化氢结合，形成不溶性硫化铋，覆盖于肠表面，从而对肠黏膜呈机械性保护作用，并可减少硫化氢对肠黏膜的刺激作用。

碱式碳酸铋片 本品为白色至微黄色片。

【作用与用途】止泻药。用于治疗胃肠炎及腹泻等。

【用法与用量】内服。一次量，2～4g。

【休药期】无需制订。

·药　用　炭·

药用炭颗粒细小，表面积大，吸附能力很强。内服到达肠道后，能与肠道中有害物质或毒素结合，阻止其吸收，从而能减轻对肠壁的刺激，使肠蠕动减弱，呈止泻作用。

【作用与用途】吸附药。用于治疗生物碱等中毒及腹泻、胃肠臌气等。

【用法与用量】内服：一次量，5～50g。

【注意事项】①能吸附其他药物和影响消化酶活性；②用于排除毒物时最好与盐类泻药配合用。

【休药期】无需制订。

·白　陶　土·

白陶土有巨大的吸附表面积，能机械性吸附细菌毒素，并对皮肤或黏膜有机械性保护作用。

【作用与用途】止泻药。内服用于治疗腹泻；外用可作敷剂和撒布剂的基质。

【用法与用量】内服：一次量，10～30g。

【注意事项】能吸附其他药物和影响消化酶活性。

【休药期】无需制定。

·氧　化　镁·

氧化镁能吸收大量二氧化碳气体，具有吸附、轻泻作用，可用于胃肠臌气。另外，此药与胃酸作用后，可生成氯化镁。氯化镁在肠道中部分变为碳酸镁，能吸收水分而致轻泻。

【药物相互作用】氧化镁与口服抗凝血药合用可减弱抗凝血作用。与四环素类抗生素合用，可减少四环素类的吸收而降低抗菌作用。

【作用与用途】吸附药。用于治疗胃肠臌气。

【用法与用量】内服：一次量，2～10g。

【休药期】无需制订。

第六节　营养与代谢调控类药物

一、调节组织代谢药物

（一）维生素类药

维生素是维持动物体正常代谢和机能所必需的一类低分子化合

物，大多数必须从食物中获得，仅少数可在体内合成或由肠道内的微生物合成。动物机体每日对维生素的需要量很少，但其作用是其他物质所无法替代的。现知多数维生素是体内某些酶辅酶（或辅基）的组分，在物质代谢中起着重要的催化剂作用。每一种维生素对动物机体都有其特定的功能，机体缺乏时可引起一类特殊的疾病，称为"维生素缺乏症"，如代谢机能障碍，生长停顿，生产性能、繁殖力和抗病力下降等，严重的甚至可致死亡。维生素类药物主要用于防治维生素缺乏症，临床上也可用于某些疾病的辅助治疗。

·维 生 素 A·

维生素 A 具有促进生长、维持上皮组织如皮肤、结膜、角膜等正常机能的作用，并参与视紫红质的合成，增强视网膜感光力。另外，还参与体内许多氧化过程，尤其是不饱和脂肪酸的氧化。维生素 A 缺乏时则生长停止，骨骼生长不良，繁殖能力下降，皮肤粗糙、干燥，角膜软化并发生干性眼炎和夜盲症等。维生素 D 对钙、磷代谢及幼畜骨骼生长有重要影响，其主要功能是促进钙、磷在小肠内正常吸收。其代谢活性物质能调节肾小管对钙的重吸收，维持循环血液中钙的水平，并促进骨骼的正常发育。维生素 D 缺乏时，动物肠道钙、磷吸收能力降低，血中钙、磷水平较低，以致钙、磷在骨骼组织沉积下降，成骨作用受阻，甚至沉积的骨盐再溶解。

【药物相互作用】①氢氧化铝可使小肠上段胆酸减少，影响维生素 A 的吸收，矿物油、新霉素能干扰维生素 A 和维生素 D 的吸收；②维生素 E 可促进维生素 A 吸收，但服用大量维生素 E 时可耗尽体内储存的维生素 A；③大剂量的维生素 A 可以对抗糖皮质激素的抗炎作用；④苯巴比妥等肝药酶诱导剂能加速维生素 D 的代谢；⑤与噻嗪类尿剂同时使用，可致高钙血症。

维生素 A D 油　为维生素 A 与维生素 D_2 的灭菌油溶液。

【作用与用途】维生素类药。主要用于治疗维生素 A、维生素 D 缺乏症；局部应用能促进创伤、溃疡愈合。

【用法与用量】内服：一次量，$10\sim15mL$。

【注意事项】①用时应注意补充钙剂；②维生素 A 易因补充过量而中毒，中毒时应立即停用本品和钙剂。

【休药期】无需制订。

维生素 A D 注射液　为维生素 A 与维生素 D_2 的灭菌水溶液。

【作用与用途】维生素类药。用于治疗维生素 A、维生素 D 缺乏症，如夜盲、角膜软化、皮炎、佝偻病及骨软症等。

【用法与用量】肌内注射：羊 $2\sim4mL$，羔羊 $0.5\sim1mL$。

【注意事项】仅供肌内注射，不得超量使用。

【休药期】无需制订。

·维 生 素 B_1·

本品在体内与焦磷酸结合成二磷酸硫胺（辅羧酶），参与体内糖代谢中丙酮酸、α-酮戊二酸的氧化脱羧反应，为糖类代谢所必需。维生素 B_1 对维持神经组织、心脏及消化系统的正常机能起着重要作用。缺乏时，血中丙酮酸、乳酸增高，并影响机体能量供应；幼年家畜则出现多发性神经炎、心肌功能障碍、消化不良、生长受阻等。

【药物相互作用】①维生素 B_1 在碱性溶液中易分解，与碱性药物如碳酸氢钠、枸橼酸钠等配伍时，易变质；②吡啶硫胺素、氨丙啉可颉颃维生素 B_1 的作用；③本品可增强神经肌肉阻断剂的作用。

维生素 B_1 片　本品为白色片。

【作用与用途】维生素类药。主要用于治疗维生素 B_1 缺乏症，如多发性神经炎；也用于胃肠迟缓等。

【用法与用量】以维生素 B_1 计。内服：一次量，$25\sim50mg$。

【注意事项】①吡啶硫胺素、氨丙啉与维生素 B_1 有颉颃作用，饲料中此类物质添加过多会引起维生素 B_1 缺乏；②与其他 B 族维生素或维生素 C 合用，可对代谢发挥综合疗效。

【休药期】无需制订。

维生素 B_1 注射液　本品为维生素 B_1 的灭菌水溶液。

【作用与用途】【注意事项】【休药期】同维生素 B_1 片。

【用法与用量】以维生素 B_1 计。皮下、肌内注射：一次量，$25\sim50mg$。

【不良反应】注射时偶见过敏反应，甚至休克。

复合维生素 B 注射液　本品为维生素 B_1、维生素 B_2、维生素 B_6 等制成的灭菌水溶液。

【作用与用途】维生素类药。用于防治 B 族维生素缺乏所致的多发性神经炎、消化障碍、癫皮病、口腔炎等。

【用法与用量】肌内注射：$2\sim6mL$。

【休药期】无需制订。

复合维生素 B 溶液　本品为维生素 B_1、维生素 B_2、维生素 B_6 等制成的水溶液。

【作用与用途】同复合维生素 B 注射液。

【用法与用量】内服：每日量，$7\sim10mL$。

【休药期】无需制订。

·维 生 素 B_2·

本品是体内黄素酶类辅基的组成部分。黄素酶在生物氧化还原中发挥递氢作用，参与体内碳水化合物、氨基酸和脂肪的代谢，并对中枢神经系统的营养、毛细血管功能具有重要影响。缺乏时会影响生物氧化，使代谢发生障碍。羔羊可表现为口角、嘴唇破裂，食欲不振、脱毛、腹泻等。

【药物相互作用】本品能使氨苄西林、黏菌素、链霉素、红霉素和四环素等的抗菌活性下降。

维生素 B_2 片 本品为黄色至橙黄色片。

【作用与用途】维生素类药。主要用于治疗维生素 B_2 缺乏症，如口炎、皮炎、角膜炎等。

【用法与用量】以维生素 B_2 计。内服：一次量，20～30mg。

【注意事项】羊内服本品后，尿液呈黄色。

【休药期】无需制订。

维生素 B_2 注射液 本品为维生素 B_2 的灭菌水溶液。

【作用与用途】【注意事项】【休药期】同维生素 B_2 片。

【用法与用量】以维生素 B_2 计。皮下、肌内注射：一次量，20～30mg。

·维 生 素 B_6·

本品是吡哆醇、吡哆醛、吡哆胺的总称。维生素 B_6 在体内经酶作用生成具有生理活性的磷酸吡哆醛和磷酸吡哆醇，是氨基转移酶、脱羧酶及消旋酶的辅酶，参与体内氨基酸、蛋白质、脂肪和糖的代谢。此外，维生素 B_6 还在亚油酸转变为花生四烯酸等过程中发挥重要作用。

维生素 B_6 缺乏症在成年羊不常见，缺乏时可出现厌食、腹泻、呕吐、生长不良、视觉受损、小红细胞低色素性贫血，以及因外周神经脱髓鞘而出现神经功能紊乱。

【药物相互作用】与维生素 B_{12} 合用，可促进维生素 B_{12} 的吸收。

维生素 B_6 片 本品为白色片。

【作用与用途】维生素类药。用于治疗皮炎和周围神经炎等。

【用法与用量】以维生素 B_6 计。内服：一次量，$0.5\sim1g$。

【注意事项】与维生素 B_{12} 合用，可促进维生素 B_{12} 的吸收。

【休药期】无需制订。

维生素 B_6 注射液　本品为维生素 B_6 的灭菌水溶液。

【作用与用途】【注意事项】【休药期】同维生素 B_6 片。

【用法与用量】以维生素 B_6 计。皮下、肌内或静脉注射：一次量，$0.5\sim1g$。

·维 生 素 B_{12}·

本品为合成核苷酸的重要辅酶成分，参与体内甲基转移及叶酸代谢，促进 5-甲基四氢叶酸转变为四氢叶酸。缺乏时，可致叶酸缺乏，并由此导致 DNA 合成障碍，影响红细胞的发育与成熟。本品还促使甲基丙二酸转变为琥珀酸，参与三羧酸循环。此作用关系到神经髓鞘脂类的合成及维持有鞘神经纤维功能的完整。维生素 B_{12} 缺乏症的神经损害可能与此有关。

维生素 B_{12} 缺乏时，机体的细胞、组织生长发育将受抑制。红细胞生成减少尤为明显，可引起羊的恶性贫血。此外，其他组织代谢也发生障碍，如神经系统损害等。

维生素 B_{12} 注射液　本品为维生素 B_{12} 的灭菌水溶液。

【作用与用途】维生素类药。用于治疗维生素 B_{12} 缺乏所致的贫血、幼羊生长迟缓等。

【用法与用量】以维生素 B_{12} 计。肌内注射：一次量，$0.3\sim0.4mg$。

【不良反应】肌内注射偶可引起皮疹、瘙痒、腹泻以及过敏性哮喘。

【注意事项】在防治巨幼红细胞贫血症时，本品与叶酸配合应用可取得更好的效果。

【休药期】无需制订。

·维生素 C·

维生素 C 在体内和脱氢维生素 C 形成可逆的氧化还原系统，此系统在生物氧化还原反应和细胞呼吸中起重要作用。维生素 C 参与氨基酸代谢及神经递质、胶原蛋白和组织细胞间质的合成，可降低毛细血管通透性，具有促进铁在肠内吸收，增强机体对感染的抵抗力，以及增强肝脏解毒能力等作用。

【药物相互作用】①与水杨酸类和巴比妥合用能增加维生素 C 的排泄；②与维生素 K_3、维生素 B_2、碱性药物和铁离子等溶液配伍，可降低药效，不宜配伍；③可破坏饲料中的维生素 B_{12}，并与饲料中的铜、锌离子发生络合，阻断其吸收。

维生素 C 注射液 本品为维生素 C 的灭菌水溶液，为无色至微黄色的澄明液体。

【作用与用途】维生素类药。主要用于治疗维生素 C 缺乏症、发热、慢性消耗性疾病等。

【用法与用量】以维生素 C 计。肌内、静脉注射：一次量，0.2~0.5g。

【不良反应】给予高剂量时，尿酸盐、草酸盐或胱氨酸结晶形成的风险增加。

【注意事项】①与水杨酸类和巴比妥合用能增加维生素 C 的排泄；②与维生素 K_3、维生素 B_2、碱性药物和铁离子等溶液配伍，可影响药效，不宜配伍；③大剂量应用时可酸化尿液，使某些有机碱类药物排泄增加；④对氨基糖苷类、β-内酰胺类、四环素类等多种抗生素具有不同程度的灭活作用，因此，不宜与这些抗生素混合注射。

【休药期】无需制订。

·维生素 D_2·

维生素 D_2 属于调节组织代谢药。维生素 D_2 对钙、磷代谢及幼羊骨骼生长有重要影响，主要生理功能是促进钙和磷在小肠内正常吸收。维生素 D_2 的代谢活性物质能调节肾小管对钙的重吸收，维持循环血液中钙的水平，并促进骨骼的正常发育。

【药物相互作用】①长期大量服用液状石蜡、新霉素可减少维生素 D 的吸收；②苯巴比妥等药酶诱导剂能加速维生素 D 的代谢。

维生素 D_2 胶性钙注射液　本品为维生素 D_2 与有机钙剂的灭菌胶状混悬液。

【作用与用途】维生素类药。适用于治疗因维生素 D 缺乏所引起的钙质代谢障碍，如软骨病与佝偻病等不适于口服给药者。

【用法与用量】临用前摇匀。皮下、肌内注射：一次量，2～4mL。

【不良反应】①过多的维生素 D 会直接影响钙和磷的代谢，减少骨的钙化作用，在软组织出现异位钙化，以及导致心律失常和神经功能紊乱等症状；②维生素 D 过多还会间接干扰其他脂溶性维生素（如维生素 A、维生素 E 和维生素 K）的代谢。

【注意事项】①维生素 D 过多会减少骨的钙化作用，软组织出现异位钙化，且易出现心律失常和神经功能紊乱等症状；②用维生素 D 时应注意补充钙剂，中毒时应立即停用本品和钙剂。

【休药期】无需制订。

· 维 生 素 D_3 ·

本品是维生素 D 的主要形式之一，对钙、磷代谢及幼畜骨骼生长有重要影响，其主要功能是促进钙、磷在小肠内正常吸收。其代谢活性物质能调节肾小管对钙的重吸收，维持循环血液中钙的水平，并促进骨骼的正常发育。维生素 D 缺乏时，动物肠道钙、磷吸收能力降低，血中钙、磷水平较低，以致钙、磷在骨骼组织沉积下降，成骨作用受阻，甚至沉积的骨盐再溶解。

【药物相互作用】同维生素 D_2。

维生素 D_3 注射液　本品为维生素 D_3 的灭菌油溶液。

【作用与用途】维生素类药，主要用于防治维生素 D 缺乏症，如佝偻病、骨软症等。

【用法与用量】以维生素 D_3 计。肌内注射：一次量，每千克体重 1 500～3 000U。

【不良反应】同维生素 D_2 胶性钙注射液。

【注意事项】使用时应注意补充钙剂，中毒时应立即停用本品和钙制剂。

【休药期】无需制订。

·维生素 E·

本品可阻止体内不饱和脂肪酸及其他易氧化物的氧化，保护细胞膜的完整性，维持其正常功能。维生素 E 与动物的繁殖机能也密切相关，具有促进性腺发育、促成受孕和防止流产等作用。另外，维生素 E 还能提高动物对疾病的抵抗力，增强抗应激能力。

动物缺乏维生素 E 时，会发生多种机能障碍。如处于生长期的羔羊表现为营养性肌肉萎缩，早期症状为僵硬和不愿走动，剖检尸体可见骨骼肌有变性的灰白色区域和心肌损害。

【药物相互作用】①维生素 E 和硒同用具有协同作用；②大剂量的维生素 E 可延迟抗缺铁性贫血药物的治疗效应；③本品与维生素 A 同服可防止后者的氧化，增强维生素 A 的作用；④液状石蜡、新霉素能减少本品的吸收。

维生素 E 注射液　本品为维生素 E 的灭菌油溶液。

【作用与用途】维生素类药。主要用于治疗维生素 E 缺乏所致不孕症、白肌病等。

【用法与用量】以维生素 E 计。皮下、肌内注射：一次量，羔羊

0.1～0.5g。

【注意事项】①维生素E和硒同用具有协同作用；②大剂量的维生素E可延迟抗缺铁性贫血药物的治疗效应；③液状石蜡、新霉素能减少本品的吸收；④偶尔可引起死亡、流产或早产等过敏反应，可立即注射肾上腺素或抗组胺药物治疗；⑤注射体积超过5mL时应分点注射。

【休药期】无需制订。

·烟　酰　胺·

本品与烟酸统称为维生素PP、抗癞皮病维生素。烟酰胺是辅酶Ⅰ和辅酶Ⅱ的组成部分，在体内氧化还原反应中起传递氢的作用。它与糖酵解、脂肪代谢、丙酮酸代谢，以及高能磷酸键的生成有着密切关系，在维持皮肤和消化器官正常功能方面亦起着重要作用。

动物烟酰胺缺乏症主要表现为代谢紊乱，尤其是被皮和消化系统疾病较多见。烟酰胺缺乏症在羊上不常见，但羊补充烟酰胺可提高氮的利用效率，促进生长及提高泌乳羊瘤胃内微生物蛋白质的合成和奶产量。

烟酰胺片　本品为白色片。

【作用与用途】维生素类药。主要用于治疗烟酸缺乏症。

【用法与用量】以烟酰胺计。内服：一次量，每千克体重3～5mg。

【休药期】无需制订。

烟酰胺注射液　本品为烟酰胺的灭菌水溶液。

【作用与用途】维生素类药。主要用于治疗烟酸缺乏症。

【用法与用量】以烟酰胺计。肌内注射：一次量，每千克体重，羊0.2～0.6mg，幼羊不得超过0.3mg。

【注意事项】肌内注射可引起注射部位疼痛。

【休药期】无需制订。

·烟　酸·

烟酸在体内转化成烟酰胺，进一步生成辅酶Ⅰ和辅酶Ⅱ，在体内氧化还原反应中起传递氢的作用。它与糖酵解、脂肪代谢、丙酮酸代谢，以及高能磷酸键的生成有着密切关系，在维持皮肤和消化器官正常功能方面亦起着重要作用。

烟酸片　本品为白色片。

【作用与用途】维生素类药。主要用于治疗烟酸缺乏症。

【用法与用量】内服：一次量，每千克体重 3～5g。

【休药期】无需制订。

（二）钙、磷与微量元素

钙和磷广泛分布于土壤和植物中，为动植物的生长所必需。在现代畜牧业生产中，钙和磷常以骨粉或钙、磷制剂的形式按适当比例混合添加在动物日粮中，以保证畜禽健康生长。动物机体所必需的微量元素有铁、硒、钴、铜、锰、锌等，它们对动物的生长代谢过程起着重要的调节作用，缺乏时可引起各种疾病，并影响动物生长和繁殖性能，但过多也会引起中毒，甚至死亡。

·氯　化　钙·

钙在动物体内具有广泛的生理和药理作用：①促进骨骼和牙齿正常发育，维持骨骼正常的结构和功能；②维持神经纤维和肌肉的正常兴奋性，参与神经递质的正常释放；③对抗镁离子的中枢抑制及神经肌肉兴奋传导阻滞作用；④降低毛细血管膜的通透性；⑤促进凝血等。

【药物相互作用】①在洋地黄治疗患羊期间静注钙剂易引起心律失常；②噻嗪类利尿药与大剂量的钙剂同时应用可引起高钙血症；

③静脉注射氯化钙可中和高镁血症或注射镁盐引起的毒性；④注射钙剂可对抗非去极化型神经肌肉阻断剂的作用；⑤维生素 A 摄入过量可促进骨钙的丢失，引起高钙血症；⑥钙剂与大剂量的维生素 D 同时应用可引起钙的吸收增加，并诱导高钙血症。

氯化钙注射液　本品为氯化钙的灭菌水溶液。

【**作用与用途**】钙补充药。用于治疗低血钙症以及毛细血管通透性增加所致疾病。

【**用法与用量**】以氯化钙计。静脉注射：一次量，1～5g。

【**不良反应**】①钙剂治疗可能诱发高血钙症，尤其在心、肾功能不良患羊；②静脉注射钙剂速度过快可引起低血压、心律失常和心跳停止。

【**注意事项**】①应用强心苷期间禁用本品；②本品刺激性强，不宜皮下或肌内注射，其5％溶液不可直接静脉注射，注射前应以10～20倍葡萄糖注射液稀释；③静脉注射宜缓慢；④勿漏出血管，若发生漏出，受影响局部可注射生理盐水、糖皮质激素和1％普鲁卡因。

【**休药期**】无需制订。

氯化钙葡萄糖注射液　本品为氯化钙与葡萄糖的灭菌水溶液。

【**作用与用途**】钙补充药。用于治疗低血钙症、心脏衰竭、荨麻疹、血管神经性水肿和其他毛细血管通透性增加的过敏性疾病。

【**用法与用量**】静脉注射：一次量，20～100mL。

【**不良反应**】【**注意事项**】【**休药期**】同氯化钙注射液。

·碳　酸　钙·

钙在动物体内具有广泛的生理和药理作用，同氯化钙。

【**药物相互作用**】①维生素 D、雌激素可增加对钙的吸收；②与噻嗪类利尿药同时应用，可增加肾脏对钙的重吸收，易发生高血钙症；③与四环素类药物或苯妥英钠同用，可减少二者从胃肠道吸收；④本药不易与洋地黄类药物合用，与含钾药物合用时，应注意心律失常的发生；⑤本药与氧化镁等有轻泻作用的抗酸药联用，可减少嗳气、便秘等不良反应；⑥与含铝抗酸药物合用，铝的吸收增多。

【作用与用途】钙补充药。

【用法与用量】内服：一次量，3～10g。

【注意事项】内服给药对胃肠道有一定的刺激性。

【休药期】无需制订。

·磷 酸 氢 钙·

钙磷补充药。钙和磷都是构成骨组织的重要元素，体内约85％的磷与钙以结合形式存在于骨和牙齿中。骨骼外的磷则具有更为广泛的作用，如参与构成细胞膜的结构物质，体内有机物的合成和降解代谢等。另外，磷以 $H_2PO_4^-$ 或 HPO_4^{2-} 形式存在于体液中，并可由尿排泄，对体液的酸碱平衡起着重要的调节作用。

磷酸氢钙片 本品为白色片。

【作用与用途】钙、磷补充药。用于治疗钙、磷缺乏症。

【用法与用量】以磷酸氢钙计。内服：一次量，2g。

【注意事项】①内服可减少四环素类、氟喹诺酮类药物从胃肠道吸收；②与维生素 D 类同用可促进钙吸收，但大量可诱导高钙血症。

【休药期】无需制订。

·布 他 磷·

矿物质补充药。以单纯的物理刺激模式增进机体各部位的同化作用。可促进肝脏功能；帮助肌肉运动系统恢复疲劳；降低应激反应。维生素 B_{12} 参与碳水化合物、脂肪等多种代谢；参与必需氨基酸和蛋白质的生物合成；促进红细胞的发育和成热。

复方布他磷注射液　本品为布他磷、维生素 B_{12} 与正丁醇等适宜辅料制成的灭菌水溶液。

【作用与用途】用于治疗动物急、慢性代谢紊乱疾病。

【用法与用量】以本品计。静脉、肌内或皮下注射：一次量，羊 2.5～8mL。羔羊相应减半。

【不良反应】对注射部位有较强的刺激性。

【注意事项】①严格控制用量，以免羊中毒；②请勿冷冻。

【休药期】0d。

·亚硒酸钠·

硒作为谷胱苷肽过氧化物酶的组成成分，在体内能清除脂质过氧化自由基中间产物，防止生物膜的脂质过氧化，维持细胞膜的正常结构和功能；硒还参与辅酶 A 和辅酶 Q 的合成，在体内三羧酸循环及电子传递过程中起重要作用。硒以硒半胱氨酸和硒蛋氨酸两种形式存在于硒蛋白中，通过硒蛋白影响动物机体的自由基代谢、抗氧化功能、免疫功能、生殖功能、细胞凋亡和内分泌系统等而发挥其生物学功能。

硒缺乏时羊可发生营养型肌肉萎缩，初期可能表现为呼吸困难，骨骼肌僵硬，幼羊发生白肌病。成年羊硒缺乏则对疾病的易感性增高，母羊易出现繁殖机能障碍等。

【药物相互作用】①硒与维生素 E 在羊体内防止氧化损伤方面具有协同作用；②硫、砷能影响羊对硒的吸收和代谢；③硒和铜在羊体内存在相互颉颃效应，可诱发饲喂低硒日粮的羊发生硒缺乏症。

亚硒酸钠注射液　本品为亚硒酸钠的灭菌水溶液。

【作用与用途】硒补充药。用于防治幼畜白肌病。

【用法与用量】以亚硒酸钠计。肌内注射：一次量，羔羊

1～2mg。

【不良反应】硒毒性较大，羔羊一次内服 10mg 亚硒酸钠将引起精神抑制、共济失调、呼吸困难、频尿、发绀、瞳孔扩大、膨胀和死亡，病理损伤包括水肿、充血和坏死。

【注意事项】①皮下或肌内注射有局部刺激性；②本品有较强毒性，中毒时表现为呕吐、呼吸抑制、虚弱、中枢抑制、昏迷等症状，严重可致死亡；③补硒同时添加维生素 E，则防治效果更好。

【休药期】无需制订。

亚硒酸钠维生素 E 注射液　本品为亚硒酸钠与维生素 E 的灭菌乳状液。

【作用与用途】维生素及硒补充药。用于治疗幼畜白肌病。

【用法与用量】肌内注射：一次量，羔羊 1～2mL。

【不良反应】【休药期】同亚硒酸钠注射液。

【注意事项】①皮下或肌内注射有局部刺激性；②硒毒性较大，超量肌内注射易致动物中毒，表现为呕吐、呼吸抑制、虚弱、中枢抑制、昏迷等症状，严重可致死亡。

亚硒酸钠维生素 E 预混剂

【作用与用途】【不良反应】与【休药期】同亚硒酸钠维生素 E 注射液。

【用法与用量】以本品计。混饲：每 1 000kg 饲料，500～1 000g。

二、体液补充药与电解质、酸碱平衡调节药

机体正常活动要求保持相对稳定的体液酸碱度，即体液 pH 的相对稳定性，称为酸碱平衡。动物机体在新陈代谢过程中不断产生大量的酸性物质，饲料中也可摄入各种酸碱物质，当肺、肾功能障碍，代谢异常、高热、缺氧、腹泻或其他重症疾病引起酸碱平衡紊乱时，使用酸碱平衡调节药进行对症治疗，可使紊乱恢复正常。同时要进行对

因治疗，才能使动物恢复健康。

(一) 体液补充药

· 右旋糖酐 40 ·

右旋糖酐 40 能提高血浆胶体渗透压，吸收血管外的水分而扩充血容量，维持血压；使已经聚积的红细胞和血小板解聚，降低血液黏滞性，从而改善微循环和组织灌注，使静脉回流量和心搏输出量增加；抑制凝血因子 Ⅱ 的激活，使凝血因子 Ⅰ 和 Ⅷ 活性降低，有抗血栓形成和渗透性利尿作用。

【药物相互作用】 与卡那霉素、庆大霉素合用可增加其毒性。

右旋糖酐 40 葡萄糖注射液 本品为右旋糖酐 40 与葡萄糖的灭菌水溶液。

【作用与用途】 血容量补充药。主要用于补充和维持血容量，治疗失血、创伤、烧伤及中毒性休克。

【用法与用量】 以本品计。静脉注射：一次量，250～500mL。

【不良反应】 ①偶见发热、荨麻疹等过敏反应；②增加出血倾向。

【注意事项】 ①静脉注射宜缓慢，用量过大可致出血，如鼻出血、创面渗血、血尿等，有出血倾向的患羊忌用；②充血性心力衰竭或有出血性疾病的患羊禁用，患有肝肾疾病的患羊慎用；③发生发热、荨麻疹等过敏反应时，应立即停止输入，必要时注射苯海拉明或肾上腺素解救；④失血量超过 35％ 时应用本品可继发严重贫血，需采用输血疗法。

【休药期】 无需制订。

右旋糖酐 40 氯化钠注射液 本品为右旋糖酐 40 与氯化钠的灭菌水溶液。

【作用与用途】【用法与用量】【不良反应】【注意事项】与【休药

期】同右旋糖酐 40 葡萄糖注射液。

· 右 旋 糖 酐 70 ·

右旋糖酐 70 的扩充血容量及抗血栓作用较右旋糖酐 40 强，能提高血浆胶体渗透压，吸收血管外的水分而扩充血容量，维持血压；使已经聚积的红细胞和血小板解聚，降低血液黏滞性，从而改善微循环和组织灌注，使静脉回流量和心搏输出量增加；抑制凝血因子 II 的激活，使凝血因子 I 和 VIII 活性降低，有抗血栓形成和渗透性利尿作用。

右旋糖酐 70 葡萄糖注射液 本品为右旋糖酐 70 与葡萄糖的灭菌水溶液。

【作用与用途】【用法与用量】【不良反应】【注意事项】与【休药期】同右旋糖酐 40 葡萄糖注射液。

右旋糖酐 70 氯化钠注射液 本品为右旋糖酐 70 与氯化钠的灭菌水溶液。

【作用与用途】【用法与用量】【不良反应】【注意事项】与【休药期】同右旋糖酐 40 葡萄糖注射液。

· 葡 萄 糖 ·

本品是机体所需能量的主要来源，在体内被氧化成二氧化碳和水并同时供给热量，或以糖原形式储存，对肝脏具有保护作用。5% 等渗葡萄糖注射液及葡萄糖氯化钠注射液有补充体液作用，高渗葡萄糖还可提高血液渗透压，使组织脱水并有短暂利尿作用。

葡萄糖注射液 本品为葡萄糖或无水葡萄糖的灭菌水溶液。

【作用与用途】体液补充剂。5% 等渗溶液用于补充营养和水分；10% 高渗溶液用于提高血液渗透压和利尿。

【用法与用量】以葡萄糖计。静脉注射：一次量，10～50g。

【不良反应】长期单纯补给葡萄糖可出现低钾、低钠血症等电解质紊乱状态。

【注意事项】高渗注射液应缓慢注射，以免加重心脏负担，且勿漏出血管外。

【休药期】无需制订。

葡萄糖氯化钠注射液 本品为葡萄糖或无水葡萄糖与氯化钠的灭菌水溶液。

【作用与用途】体液补充药。用于脱水症。

【用法与用量】静脉注射：一次量，250～500mL。

【不良反应】输注过多、过快，可致水钠潴留，引起水肿、血压升高、心率加快、胸闷、呼吸困难，甚至急性左心衰竭。

【注意事项】①低血钾症患病羊慎用；②易致肝、肾功能不全患病羊水钠潴留，应注意控制剂量。

【休药期】无需制订。

·葡萄糖酸钙·

钙在动物体内具有广泛的生理和药理作用，生长期羊对钙、磷需求比成年羊大，泌乳期羊对钙、磷的需求又比处于生长期的羊高。当羊摄取钙不足时，会出现急性或慢性钙缺乏症。慢性症状主要表现为骨软症、佝偻病。急性钙缺乏症主要与神经肌肉、心血管功能异常有关，如表现为分娩抽搐综合征、低镁血症等。

【药物相互作用】①用洋地黄治疗的患羊接受静脉注射钙易发生心律不齐；②噻嗪类利尿液与大剂量钙联合使用可能会引起高血钙症；③同时接受钙和镁补充有增加心律不齐的可能性。

葡萄糖酸钙注射液 本品为葡萄糖酸钙的灭菌水溶液。

【作用与用途】钙补充药。用于治疗钙缺乏症及过敏性疾病，亦可解除镁离子中毒引起的中枢抑制。

【用法与用量】以葡萄糖酸钙计。静脉注射：一次量，5～15g。

【不良反应】心脏或肾脏疾病的患羊，可能产生高血钙症。

【注意事项】本品注射宜缓慢，应用强心苷期间禁用。有刺激性，不宜皮下或者肌内注射。注射液不可漏出血管外，否则会导致疼痛及组织坏死。

【休药期】无需制订。

（二）电解质、酸碱平衡调节药

·氯 化 钠·

本品为电解质补充剂。在羊体内，钠是细胞外液中极为重要的阳离子，是保持细胞外液渗透压和容量的重要成分。钠离子在细胞外液中的正常浓度，是维持细胞的兴奋性、神经肌肉应激性的必要条件。体内大量丢失钠可引起低钠综合征，表现为全身虚弱、表情淡漠、肌肉痉挛、循环障碍等，重则昏迷直到死亡。另外，高渗氯化钠溶液静脉注射后能反射性兴奋迷走神经，使胃肠平滑肌兴奋，蠕动加强。

氯化钠注射液　本品为氯化钠的等渗灭菌水溶液。

【作用与用途】体液补充药。用于治疗脱水症。

【用法与用量】静脉注射：一次量，250～500mL。

【不良反应】①输注或内服过多、过快，可致水钠潴留，引起水肿，血压升高，心率加快；②过多、过快给予低渗氯化钠可致溶血、脑水肿等。

【注意事项】①肺水肿患羊禁用；②脑、肾、心脏功能不全及血浆蛋白过低患羊慎用；③本品所含有的氯离子比血浆氯离子浓度高，已发生酸中毒的羊，如大量应用，可引起高氯性酸中毒，此时可改用碳酸氢钠和生理盐水。

【休药期】无需制订。

复方氯化钠注射液　本品为氯化钠、氯化钾与氯化钙混合制成的灭菌水溶液。

【作用与用途】【用法与用量】【不良反应】【注意事项】与【休药期】同氯化钠注射液。

·氯 化 钾·

钾为细胞内主要阳离子，是维持细胞内渗透压的重要成分。钾离子通过与细胞外的氯离子交换参与酸碱平衡的调节；钾离子亦是心肌、骨骼肌、神经系统维持正常功能所必需。适当浓度的钾离子，可保持神经肌肉的兴奋性，缺钾则导致神经肌肉间的传导阻滞，心肌自律性增高。另外，钾还参与糖和蛋白质的合成及二磷酸腺苷转化为三磷酸腺苷的能量代谢。

【药物相互作用】①糖皮质激素可促进尿钾排泄，与钾盐合用时会降低疗效；②抗胆碱药能增强内服氯化钾的胃肠道刺激作用。

氯化钾注射液　本品为氯化钾的灭菌水溶液。

【作用与用途】体液补充药。主要用于治疗低血钾症，亦可用于强心苷中毒引起的阵发性心动过速等。

【用法与用量】静脉注射：一次量，5～10mL。使用时必须用5%葡萄糖注射液稀释成0.3%以下的溶液。

【不良反应】应用过量或滴注过快易引起高血钾症。

【注意事项】①无尿或血钾过高时禁用；②肾功能严重减退或尿少时慎用；③高浓度溶液或快速静脉注射可能会导致心跳骤停；④脱水病例一般先给不含钾的液体，等排尿后再补钾。

【休药期】无需制订。

·碳 酸 氢 钠·

本品内服后能迅速中和胃酸，减轻胃酸过多引起的疼痛，但作用持续时间短。内服碳酸氢钠能直接增加机体的碱储备，迅速纠正代谢性酸中毒，并碱化尿液。

【药物相互作用】①与糖皮质激素合用，易发生高血钠症和水肿；②与排钾利尿药合用，可增加发生低氯性碱中毒的危险；③本品可使尿液碱化，使弱有机碱药物排泄减慢，而使弱有机酸药物排泄加快；④可使内服铁剂的吸收减少。

碳酸氢钠片　本品为白色片。

【作用与用途】酸碱平衡调节药。用于治疗酸血症、胃肠卡他，也用于碱化尿液。

【用法与用量】以碳酸氢钠计。内服：一次量，5～10g。

【不良反应】①剂量过大或肾功能不全患羊可出现水肿、肌肉疼痛等症状；②内服时可在胃内产生大量 CO_2，引起胃肠臌气。

【注意事项】充血性心力衰竭、肾功能不全和水肿或缺钾等患羊慎用。

【休药期】无需制订。

碳酸氢钠注射液　本品为碳酸氢钠的灭菌水溶液。

【作用与用途】酸碱平衡调节药。用于治疗酸血症。

【用法与用量】以碳酸氢钠计。静脉注射：一次量，2～6g。

【不良反应】①大量静脉注射时可引起代谢性碱中毒、低血钾症，易出现心律失常、肌肉痉挛；②剂量过大或肾功能不全患羊可出现水肿、肌肉疼痛等症状。

【注意事项】①应避免与酸性药物、复方氯化钠、硫酸镁或盐酸氯丙嗪注射液等混合应用；②对组织有刺激性，静脉注射时勿漏出血管外；③用量要适当，纠正严重酸中毒时，应测定 CO_2 结合力作为用量依据；④患有充血性心力衰竭、肾功能不全和水肿或缺钾等患羊慎用。

【休药期】无需制订。

·乳 酸 钠·

本品为纠正酸血症的药物。其高渗溶液注入体内后，在有氧条件下经肝脏氧化代谢，转化成碳酸根离子，纠正血中过高的酸度，但其作用不及碳酸氢钠迅速和稳定。

乳酸钠注射液　本品为乳酸钠的灭菌水溶液。

【作用与用途】酸碱平衡调节药。用于治疗酸血症。

【用法与用量】静脉注射：一次量，40～60mL；用时稀释5倍。

【注意事项】①水肿患羊慎用；②患有肝功能障碍、休克、缺氧或心功能不全的羊慎用；③不宜用生理盐水或其他含氯化钠溶液稀释本品，以免成为高渗溶液。

【休药期】无需制订。

第七节　局部用药物

给药后不需要吸收进入全身血液循环，只在用药部位发挥作用的药物称局部用药物。本类药物主要有：①刺激药；②子宫腔内用药；③眼科用药。

一、刺激药

刺激药是指在皮肤、黏膜局部产生非特异性刺激作用而引起不同程度炎性反应的药物。当刺激药与皮肤或黏膜接触后，首先刺激感觉神经末梢，引起神经兴奋冲动，一方面向中枢传导，通过同一脊段的脑脊髓轴反射和轴突反射，使深层肌肉、肌腱和关节的炎症或相应内脏器官的疼痛得以消除或缓解。另一方面是沿着感觉神经纤维逆向传导至附近的血管，引起局部血管扩张（轴突反射），促进局部的血液循环，改善局部营养，增加慢性炎性产物的吸收，从而加速局部病变的消散。刺激药主要用于治疗四肢的各种慢性炎症，如慢性变形性骨关节炎、慢性关节周围炎、慢性屈腱炎等。在适宜剂量下，刺激药对局部皮肤和黏膜仅引起充血发红、发热等轻度刺激。如果药物的浓度过高或局部接触的时间过长，则可引起进一步的炎性反应，形成水疱、脓疱甚至溃疡，所以在用药时应注意药物的浓度和作用时间等。

· 浓 碘 酊 ·

本品对皮肤有较强刺激作用，可引起局部血管扩张，促进局部血液循环，改善局部营养，促进慢性炎症产物的吸收，从而加速局部病变的消散。

【作用与用途】刺激药。外用于局部慢性炎症。

【用法与用量】局部涂擦。

【不良反应】偶尔引起过敏反应。

【注意事项】本品刺激性强，皮肤局部反复涂擦可引起炎症反应。

【休药期】无需制订。

二、子宫腔内用药

子宫腔内用药是指将药物直接注入子宫腔内，治疗子宫及阴道感染性疾病以及多种原因引起的母羊不孕症的辅助治疗。这类药物包括抗菌药、消毒防腐药和激素类药物及其复方制剂。部分药物在相关章节已有叙述。

· 醋酸氯己定 ·

消毒药。醋酸氯己定为阳离子表面活性剂，对革兰氏阳性菌、阴性菌和真菌均有杀灭作用，但对结核分支杆菌、细菌芽孢及某些真菌仅有抑菌作用。醋酸氯己定不易被有机物灭活，但易被硬水中的阴离子沉淀而失去活性。

醋酸氯己定栓 本品为醋酸氯己定栓；为乳白色至微黄色栓。

【作用与用途】消毒防腐药。用于预防羊产后子宫、产道感染，以及由敏感菌引起的子宫内膜炎等。

【用法与用量】预防子宫、产道感染：产后隔日1次，一次1粒。连用2~3次。用于子宫内膜炎：每日1次，一次1粒。

【不良反应】偶见过敏反应，如接触性皮炎等。

【注意事项】①肥皂等碱性物质、阴离子表面活性剂及硬水中阴离子会可降低本品的杀菌效力，不宜配伍使用；②禁与汞、甲醛、碘酊、高锰酸钾等消毒剂配伍使用；③用药后待发情黏液变成蛋清色方可配种。

【休药期】无需制订。

三、眼科用药

眼科用药是指直接滴入眼结膜或眼部外用的药物，用于治疗结膜炎、虹膜炎、角膜炎、巩膜炎等。这类药物包括抗菌药和糖皮质激素类药物及其复方制剂。

·硫酸新霉素·

硫酸新霉素滴眼液 本品为无色至微黄色的澄明液体。

【作用与用途】氨基糖苷类抗生素。主要用于治疗结膜炎、角膜炎等。

【用法与用量】滴眼。

【休药期】无需制订。

·硫酸锌·

硫酸锌有收敛和抗菌作用。

【作用与用途】收敛药。主要用于治疗结膜炎。

【用法与用量】滴眼：配成 0.5%～1% 溶液。

【休药期】无需制订。

·醋酸氢化可的松·

醋酸氢化可的松滴眼液 参见"糖皮质激素类"中同类药物。

·醋酸泼尼松·

醋酸泼尼松 参见"糖皮质激素类"中同类药物。

醋酸泼尼松眼膏 本品为淡黄色软膏。

【作用与用途】糖皮质激素类药。用于治疗结膜炎、虹膜炎、角膜炎和巩膜炎等。

【用法与用量】眼部外用：每日 2～3 次。

【注意事项】①角膜溃疡禁用；②眼部细菌感染时，应与抗菌药物配伍使用。

【休药期】无需制订。

第八节 微生态制剂

·蜡样芽孢杆菌活菌制剂（DM423）·

【主要成分与含量】疫苗中含有蜡样芽孢杆菌 DM423 菌株，每克制剂含活芽孢数不得少于 5 亿。

【性状】粉剂为灰白色或灰褐色干燥粗粉或颗粒状；片剂为外观完整光滑，类白色，色泽均匀。

【作用与用途】用于羔羊腹泻的预防和治疗，并能促进生长。

【用法与用量】与少量饲料混合饲喂；预防用量：口服，羔羊出生后即灌服，每次 0.5g，日服 1 次，连服 3～5d；治疗用量：口服，羔羊，每次 1g，日服 2 次，连服 3d，病重可逐只喂服。

【注意事项】本品不得与抗菌药物和抗菌药物添加剂同时使用。

· 蜡样芽孢杆菌活菌制剂（SA38）·

【主要成分与含量】疫苗中含有蜡样芽孢杆菌 SA38 菌株，每克制剂含活芽孢数不得少于 5 亿。

【性状】粉剂为灰白色或灰褐色的干燥粗粉；片剂为外观完整光滑、类白色或白色片。

【作用与用途】【注意事项】同蜡样芽孢杆菌活菌制剂。

【用法与用量】口服。治疗用量，每千克体重羔羊 $0.1 \sim 0.15g$。预防用量减半，连服 7d。

· 双歧杆菌、乳酸杆菌、粪链球菌、酵母菌复合活菌制剂 ·

【主要成分与含量】疫苗中含有双歧杆菌、乳酸杆菌、粪链球菌和贝氏酵母菌，每克制剂中，双歧杆菌和乳酸杆菌均应不少于 $1.0 \times 10^7 CFU$，粪链球菌和贝氏酵母菌均应不少于 $1.0 \times 10^6 CFU$。

【性状】乳黄色均匀细粉。

【作用与用途】用于预防腹泻。

【用法与用量】将每次用药量拌入少量饲料、奶中饲喂或直接经口喂服，每日 2 次，连服 $5 \sim 7d$。每千克体重 0.5g。

【注意事项】①用药时，应现配现用；②服用本制剂时，应停止使用各类抗菌药物；③饮用时，用煮沸后的凉开水稀释，水温不得超过 30℃，不得用含氯自来水稀释，稀释后限当日用完；④幼羊出生后立即服用，效果更佳。

· 枯草芽孢杆菌活菌制剂（TY7210 株）·

【主要成分与含量】疫苗中含有枯草芽孢杆菌 TY7210 株，每毫升制剂含活芽孢数不得少于 5 亿。

【性状】为土黄色至黄褐色乳状液,久置后,有少量沉淀物。

【作用与用途】用于预防和治疗细菌性腹泻和促进生长。

【用法与用量】灌服或与少量饲料混合饲喂。预防用量:羔羊,每次 5mL,每日 1 次,共服用 1～3 次。治疗用量:羔羊,每次 10mL,每日 1 次,共服用 3 次。

【注意事项】①本品严禁注射;②本品不得与抗菌药物和抗菌药物添加剂同时使用;③打开内包装后,限当日用完;④出生后立即服用,效果更佳。

第九节　中兽药

一、清热类

·香　薷　散·

【处方】香薷 30g　黄芩 45g　黄连 30g　甘草 15g　柴胡 25g 当归 30g　连翘 30g　栀子 30g　天花粉 30g

【功能与主治】清热解暑。用于伤热,中暑。

【用法与用量】羊 30～60g。

·清　肺　散·

【处方】板蓝根 90g　葶苈子 50g　浙贝母 30g　桔梗 30g 甘草25g

【功能与主治】清肺平喘,化痰止咳。用于肺热咳喘,咽喉肿痛。

【用法与用量】羊 30～50g。

·清 暑 散·

【处方】香薷 30g　白扁豆 30g　麦冬 25g　薄荷 30g　木通 25g　猪牙皂 20g　藿香 30g　茵陈 25g　菊花 30g　石菖蒲 25g　金银花 60g　茯苓 25g　甘草 15g

【功能与主治】清热祛暑。用于伤热，中暑。

【用法与用量】羊 50～80g。

二、消食健胃类

·大 承 气 散·

【处方】大黄 60g　厚朴 30g　枳实 30g　玄明粉 180g

【功能与主治】攻下热结，破结通肠。用于结症，便秘。

【用法与用量】羊 60～120g。

【注意事项】孕羊禁用；气虚阴亏或表证未解者慎用。

·大 黄 酊·

本品为大黄经加工制成的酊剂。

【功能与主治】健胃，通便。用于食欲不振，大便秘结。

【用法与用量】羊 5～15mL。

【注意事项】孕羊慎用。

·大黄碳酸氢钠片·

【处方】大黄 150g　碳酸氢钠 150g

【功能与主治】健胃。用于食欲不振，消化不良。

【用法与用量】羊 15～30 片。

【注意事项】孕羊慎用。

·复方大黄酊·

【处方】大黄 100g　陈皮 20g　草豆蔻 20g

【功能与主治】健脾消食，理气开胃。用于慢草不食，食滞不化。

【用法与用量】羊 5～20mL。

·促反刍散·

【处方】马钱子 35g　龙胆 271g　干姜 239g　碳酸氢钠 255g

【功能与主治】健胃，消食，促反刍。用于前胃迟缓，瘤胃积食，反刍减少。

【用法与用量】羊 15～30g。

【注意事项】不宜多服、久服，孕羊禁用。

·健　胃　散·

【处方】山楂 15g　麦芽 15g　六神曲 15g　槟榔 3g

【功能与主治】消食下气，开胃宽肠。用于伤食积滞，消化不良。

【用法与用量】羊 30～60g。

·消　积　散·

【处方】炒山楂 15g　麦芽 30g　六神曲 15g　炒莱菔子 15g　大黄 10g　玄明粉 15g

【功能与主治】消积导滞，下气消胀。用于伤食积滞。

【用法与用量】羊 60～90g。

【注意事项】脾胃素虚或积滞日久，正气已伤者慎用。

三、理血类

·生 乳 散·

【处方】黄芪 30g　党参 30g　当归 45g　通草 15g　川芎 15g
白术 30g　续断 25g　木通 15g　甘草 15g　王不留行 30g　路路通 25g

【功能与主治】补气养血，通经下乳。用于气血不足的缺乳和乳少症。

【用法与用量】羊 60～90g。

·补 益 清 宫 散·

【处方】党参 40g　黄芪 50g　当归 50g　川芎 30g　桃仁 30g
红花 20g　炮姜 20g　炙甘草 20g　益母草 100g　白芍 30g　柴胡 30g
三棱 25g

【功能与主治】补气养血，活血化瘀。用于产后气血不足，胎衣不下，恶露不尽，血瘀腹痛。

【用法与用量】羊 30～100g。

·保 胎 无 忧 散·

【处方】当归 50g　川芎 20g　熟地黄 50g　白芍 30g　黄芪 30g
党参 40g　白术（炒焦）60g　枳壳 30g　陈皮 30g　黄芩 30g　紫苏梗 30g　艾叶 20g　甘草 20g

【功能与主治】养血，补气，安胎。用于胎动不安。

【用法与用量】羊 30～60g。

·泰 山 盘 石 散·

【处方】党参 30g　黄芪 30g　当归 30g　续断 30g　黄芩 30g

川芎 15g　白芍 30g　熟地黄 45g　白术 30g　砂仁 15g　炙甘草 12g

【功能与主治】补气血，安胎。用于气血两虚所致胎动不安，习惯性流产。

【用法与用量】羊 60～90g。

·益母生化合剂·

【处方】益母草 480g　当归 300g　川芎 120g　桃仁 120g　炮姜 60g　炙甘草 60g

【功能与主治】活血祛瘀，温经止痛。用于产后恶露不行，血瘀腹痛。

【用法与用量】羊 30～50mL。

·益母生化散·

【处方】益母草 120g　当归 75g　川芎 30g　桃仁 30g　炮姜 15g　炙甘草 15g

【功能与主治】同益母生化合剂。

【用法与用量】羊 30～60g。

【注意事项】孕羊慎用。

·通乳散·

【处方】当归 30g　王不留行 30g　黄芪 60g　路路通 30g　红花 25g　通草 20g　漏芦 20g　瓜蒌 25g　泽兰 20g　丹参 20g

【功能与主治】通经下乳。用于产后乳少，乳汁不下。

【用法与用量】羊 60～90g。

·催奶灵散·

【处方】王不留行 20g　黄芪 10g　皂角刺 10g　当归 20g　党参

10g　川芎 20g　漏芦 5g　路路通 5g

【功能与主治】补气养血，通经下乳。用于产后乳少，乳汁不下。

【用法与用量】羊 40～60g。

四、外用类

·松节油搽剂·

【处方】软皂 75g　樟脑 50g　松节油 650mL　蒸馏水 225mL

【功能与主治】局部刺激药。用于治疗肌肉风湿，腱鞘炎，关节炎，挫伤等。

【用法与用量】外用，涂擦患处。

·松馏油·

本品为松科松属植物的木材经干馏得到的沥青状液体。

【功能与主治】防腐消毒。用于治疗蹄叉腐烂。

【用法与用量】外用，涂擦患处。

【不良反应】刺激皮肤。

【注意事项】炎症或破损皮肤表面忌用。

第十节　生物制剂

·破伤风抗毒素·

【主要成分与含量】本品含破伤风抗毒素。每毫升不少于 2 400U。

【性状】清亮液体。长期储存后，可有微量能摇散的沉淀。

【作用与用途】用于预防和治疗羊破伤风。

【用法与用量】皮下、肌肉或静脉注射。预防用量：1 200～3 000U；治疗用量：5 000～20 000U。

【注意事项】①应防止冻结，如有沉淀，用前应摇匀；②注射时，应作局部消毒处理；③用过的疫苗瓶、器具和未用完的抗体等应进行无害化处理；④注射后，个别家畜可能出现过敏反应，应注意观察，必要时，采取注射肾上腺素等脱敏措施抢救。

·抗羔羊痢疾血清·

本品系用 B 型产气荚膜梭菌菌株的类毒素、毒素和强毒菌液分别多次接种绵羊，采血，分离血清，加适当防腐剂制成。

【性状】淡黄色或浅褐色澄明液体，久置后，瓶底有微量白色沉淀。

【作用与用途】用于预防及早期治疗产气荚膜梭菌引起的羔羊痢疾。

【用法与用量】在羔羊痢疾流行地区，预防用量：1～5 日龄羔羊皮下或肌内注射本品 1.0mL；治疗用量：对已患羔羊痢疾的病羔静脉或肌内注射本品 3.0～5.0mL，必要时于 4～5h 后再重复注射 1 次。

【注意事项】①注射时，应作局部消毒处理；②用过的疫苗瓶、器具和未用完的抗体等应进行无害化处理。

·抗 炭 疽 血 清·

本品系用炭疽弱毒芽孢疫苗接种马，采血分离血清，加适当防腐剂制成。

【性状】微带乳光的橙黄色澄明液体，久置后有少量沉淀。

【作用与用途】用于治疗或预防羊的炭疽。

【用法与用量】用于预防时作皮下注射，16～20mL/只；用于治疗时作静脉注射，50～120mL/只，并可增量或重复注射。

【注意事项】同抗羔羊痢疾血清。

第十一节 消毒防腐药物

消毒防腐药是杀灭病原微生物或抑制其生长繁殖的一类药物。其中，消毒药指能杀灭病原微生物的药物，主要用于环境、圈舍、排泄物、用具和器械等非生物物质表面的消毒；防腐药指能抑制病原微生物生长繁殖的药物，主要用于抑制局部皮肤、黏膜和创伤等生物体表微生物，也用于食品、生物制品的防腐。二者没有绝对的界限，高浓度的防腐药也具有杀菌作用，低浓度的消毒药也只有抑菌作用。

各类消毒防腐药的作用机理各不相同，可归纳为以下三种：①使菌体蛋白质变性、沉淀，故称为"一般原浆毒"，如酚类、醇类、醛类、重金属盐类；②改变菌体细胞膜通透性，如表面活性剂；③破坏或干扰生命必需的酶系统，如氧化剂、卤素类。

防腐消毒药的作用受病原微生物的种类、药物浓度和作用时间、环境温度和湿度、环境 pH、有机物以及水质等的影响，使用时应加以注意。

根据化学结构和药物作用，消毒防腐药主要分为酚类、醛类、季铵盐类、碱类、卤素类、氧化剂类等。

一、酚类

· 苯酚（酚或石炭酸）·

苯酚为原浆毒，使菌体蛋白凝固变性而呈现杀菌作用。0.1%～1%溶液有抑菌作用，1%～2%溶液有杀灭细菌和真菌作用，5%溶液可在 48h 内杀死炭疽芽孢，对病毒的作用较弱。碱性环境、脂类和皂类等能减弱其杀菌作用。

【作用与用途】用于器械、用具和环境等消毒。

【用法与用量】配成 2%～5%溶液。

【注意事项】①本品对皮肤和黏膜有腐蚀性，对动物和人有较强的毒性，不能用于创面和皮肤的消毒；②忌与碘、溴、高锰酸钾、过氧化氢等配伍应用。

【休药期】无需制订。

·复 合 酚·

为酚、醋酸及十二烷基苯磺酸等配制而成。

【作用与用途】能杀灭多种细菌和病毒，用于圈舍、器具、排泄物和车辆等消毒。

【用法与用量】喷洒：配成 0.3%～1%水溶液。浸涤：配成 1.6%水溶液。

【注意事项】①对皮肤、黏膜有刺激性和腐蚀性，对动物和人有较强的毒性，不能用于创面和皮肤的消毒；②禁与碱性药物或其他消毒剂混用。

【休药期】无需制订。

·甲 酚 皂 溶 液·

甲酚为原浆毒，使菌体蛋白凝固变性而呈现杀菌作用。抗菌作用比苯酚强 3～10 倍，毒性大致相等，但消毒作用比苯酚低，较苯酚安全。可杀灭一般繁殖型病原菌，对芽孢无效，对病毒作用较弱。

【作用与用途】用于器械、羊舍或排泄物等消毒。

【用法与用量】喷洒或浸泡：配成 5%～10%的水溶液。

【注意事项】①甲酚有特臭，不宜在肉联厂和食品加工厂等应用，以免影响食品质量；②由于色泽污染，不宜用于棉、毛纤制品的消毒；③对皮肤有刺激性，注意保护使用者的皮肤。

【休药期】无需制订。

·氯甲酚溶液·

氯甲酚对细菌繁殖体、真菌和结核分支杆菌均有较强的杀灭作用，但不能杀灭细菌芽孢。有机碱可减弱其杀菌效果。pH 值较低时，杀菌效果较好。

【作用与用途】用于圈舍及环境消毒。

【用法与用量】喷洒消毒：1：（33～100）稀释。

【注意事项】①本品对皮肤、黏膜有腐蚀性；②现用现配，稀释后不宜久存。

【休药期】无需制订。

二、醛类

·甲 醛 溶 液·

通常称为福尔马林，含甲醛不少于 36.0％。可与蛋白质中的氨基结合，是蛋白质凝固变性，其杀菌作用强，对细菌、芽孢、真菌、病毒都有效。

【作用与用途】用于圈舍熏蒸消毒。

【用法与用量】以本品计。空间熏蒸消毒：15mL/m³。器械消毒：配成 2％溶液。

【注意事项】①对皮肤、黏膜有强刺激性。药液污染皮肤，应立即用肥皂和水清洗；②甲醛气体有强致癌作用，尤其肺癌；③消毒后在物体表面形成一层具腐蚀作用的薄膜。

【休药期】无需制订。

· 复方甲醛溶液 ·

为甲醛、乙二醛、戊二醛和苯扎氯铵与适宜辅料配制而成。

【作用与用途】用于羊舍及器具消毒。

【用法与用量】羊舍、物品、运输工具消毒：1：（200～400）稀释；发生疫病时消毒：1：（100～200）稀释。

【注意事项】①对皮肤、黏膜有强刺激性，操作人员要做好防护措施；②温度低于 5℃时，可适当提高使用浓度；③忌与肥皂及其他阴离子表面活性剂、盐类消毒剂、碘化物和过氧化物等合用。

【休药期】无需制订。

· 浓戊二醛溶液 ·

戊二醛为灭菌剂，具有广谱、高效和速效消毒作用。对革兰氏阳性和阴性菌均具有迅速的杀灭作用，对细菌繁殖体、芽孢、病毒、结核分支杆菌和真菌等均有很好的杀灭作用。水溶液 pH 为 7.5～7.8 时，杀菌作用最佳。

【作用与用途】主要用于橡胶、塑料制品及手术器械消毒。

【用法与用量】以戊二醛计。配成 2％溶液。

【注意事项】①避免接触皮肤和黏膜，如接触后应及时用水冲洗干净；②不应接触金属器具。

【休药期】无需制订。

· 稀戊二醛溶液 ·

【作用与用途】用于橡胶、塑料制品及手术器械消毒。

【用法与用量】喷洒使浸透：配成 0.78％溶液，保持 5min 至干。

【注意事项】避免接触皮肤和黏膜。

【休药期】无需制订。

·复方戊二醛溶液·

为戊二醛和苯扎氯铵配制而成。

【作用与用途】用于羊舍及器具的消毒。

【用法与用量】喷洒：1∶150 稀释，9mL/m²；涂刷：1∶150 稀释，无孔材料表面 100mL/m²，有孔材料表面 300mL/m²。

【注意事项】①易燃，为避免被灼烧，避免接触皮肤和黏膜，避免吸入，使用时需谨慎，应配备防护衣、手套、护面和护眼用具等；②禁与阴离子表面活性剂及盐类消毒剂合用。

【休药期】无需制订。

·季铵盐戊二醛溶液·

为苯扎氯铵、癸甲溴铵和戊二醛配制而成。配有无水碳酸钠。

【作用与用途】用于羊舍日常环境消毒。可杀灭细菌、病毒、芽孢等。

【用法与用量】以本品计。临用前将消毒液碱化（每 100mL 消毒液加无水碳酸钠 2g，搅拌至无水碳酸钠完全溶解），再用自来水将碱化液稀释后喷雾或喷洒：200mL/m²，消毒 1h。日常消毒，1∶（250～500）稀释；杀灭病毒，1∶（100～200）稀释；杀灭芽孢，1∶（1～2）稀释。

【注意事项】①使用前将动物厩舍清理干净；②对具有碳钢或铝设备的厩舍进行消毒时，需在消毒 1h 后及时清洗残留的消毒液；③消毒液碱化后 3d 内用完；④产品发生冻结时，用前进行解冻，并充分摇匀。

【休药期】无需制订。

三、季铵盐类

·辛氨乙甘酸溶液·

为两性离子表面活性剂。对化脓球菌、肠道杆菌等及真菌有良好的杀灭作用，对细菌芽孢无杀灭作用。具有低毒、无残留特点，有较好的渗透性。

【作用与用途】用于羊舍、环境、器械和手的消毒。

【用法与用量】圈舍、环境、器械消毒：1∶（100～200）稀释；手消毒时1∶1 000稀释。

【注意事项】①忌与其他消毒药合用；②不宜用于粪便、污秽物及污水的消毒。

【休药期】无需制订。

·苯扎溴铵溶液·

为阳离子表面活性剂，对细菌如化脓球菌、肠道杆菌等有较好的杀灭作用，对革兰氏阳性菌的杀灭能力强于革兰氏阴性菌。对病毒的作用较弱，对亲脂性病毒有一定的杀灭作用，对亲水性病毒无效。对结核分支杆菌和真菌杀灭效果甚微。对细菌芽孢只能起到抑制作用。

【作用与用途】用于手术器械、皮肤和创面消毒。

【用法与用量】以苯扎溴铵计。创面消毒：配成0.01%溶液；皮肤、手术器械消毒：配成0.1%溶液。

【注意事项】①禁与肥皂或其他阴离子表面活性剂、盐类消毒药、碘化物和过氧化物等合用，经肥皂洗手后，务必用水冲洗干净后再用本品；②不宜用于眼科器械和合成橡胶制品的消毒；③手术器械浸泡消毒时需加入0.5%亚硝酸钠以防止生锈，其水溶液不得储存于聚乙烯材质的瓶内，以避免与增塑剂起反应而使药液失效；④不适用于粪便、污水和皮革等消毒；⑤可引起人的药物过敏。

【休药期】无需制订。

·癸甲溴铵溶液·

为阳离子表面活性剂，能吸附于细菌表面，改变菌体细胞膜的通透性，呈现杀菌作用。具有广谱、高效、无毒、抗硬水、抗有机物等特点，适用于环境、水体、器具等消毒。

【作用与用途】用于羊舍、饲喂器具和饮水等消毒。

【用法与用量】以癸甲溴铵计。圈舍、器具消毒：配成0.015％～0.05％溶液；饮水消毒：配成0.002 5％～0.005％溶液。

【注意事项】①原液对皮肤和眼睛有轻微刺激，避免接触眼睛、皮肤和黏膜，如溅及眼睛和皮肤，立即以大量清水冲洗至少15min；②内服有毒性，如误食立即用大量清水或牛奶洗胃。

【休药期】无需制订。

·度 米 芬·

为阳离子表面活性剂，可用作消毒剂、除臭剂和杀菌防霉剂。对革兰氏阳性和阴性菌均有杀灭作用，但对阴性菌需较高浓度。对细菌芽孢、耐酸细菌和病毒效果不显著。有抗真菌作用。在中性或弱碱性溶液中效果更好，在酸性溶液中效果下降。

【作用与用途】用于创面、黏膜、皮肤和器械消毒。

【用法与用量】创面、黏膜消毒：0.02％～0.05％溶液；皮肤、器械消毒：0.05％～0.1％溶液。

【不良反应】可引起人接触性皮炎。

【注意事项】①禁与肥皂、盐类和其他合成洗涤剂、无机碱合用，避免使用铝制容器；②消毒金属器械需加0.5％亚硝酸钠防锈。

【休药期】无需制订。

·醋 酸 氯 己 定·

为阳离子表面活性剂，对革兰氏阳性、阴性菌和真菌均有杀灭作用，但对结核分支杆菌、细菌芽孢及某些真菌仅有抑制作用。杀菌作用强于苯扎溴铵，迅速且持久，毒性低，无局部刺激作用。不易被有机物灭活，但易被硬水中的阴离子沉淀而失去活性。

【作用与用途】用于皮肤、黏膜、手术创面、手及器械等消毒。

【用法与用量】皮肤消毒：配成 0.5%醇溶液（以 70%乙醇配制）；黏膜及创面消毒：配成 0.05%溶液；手消毒：配成 0.02%溶液；器械消毒：配成 0.1%溶液。

【注意事项】①禁与肥皂、碱性物质和其他阳离子表面活性剂混合使用，金属器械消毒时加 0.5%亚硝酸钠防锈；②禁与汞、甲醛、碘酊、高锰酸钾等消毒剂配伍应用；③本品遇硬水可形成不溶性盐，遇软木（塞）可失去药物活性。

【休药期】无需制订。

·月苄三甲氯铵溶液·

【作用与用途】用于羊舍及器具消毒。

【用法与用量】羊舍消毒，喷洒：1：300 稀释；器具消毒，浸洗：1：（1 000～1 500）稀释。

【注意事项】禁与肥皂、酚类、原酸盐类、酸类、碘化物等合用。

【休药期】无需制订。

四、碱类

·氢氧化钠（苛性钠）·

为一种高效消毒剂。属原浆毒，能杀灭细菌、芽孢和病毒。2%～4%溶液可杀死病毒和细菌；30%溶液 10min 可杀死芽孢；4%溶液 45min 可杀死芽孢。

【作用与用途】用于羊舍、仓库地面、墙壁、工作间、入口处、运输车船和饲饮具等消毒。

【用法与用量】消毒：配成 1%～2%热溶液用于喷洒或洗刷消

毒。2%～4%溶液用于病毒、细菌的消毒。5%溶液用于养殖场消毒池及对进出车辆的消毒。

【注意事项】①遇有机物可使其杀灭病原微生物的能力降低；②消毒羊舍前应驱出羊群；③对组织有强腐蚀性，能损坏织物和铝制品等；④消毒时应注意防护，消毒后适时用清水冲洗。

【休药期】无需制订。

五、卤素类

·含氯石灰（漂白粉）·

遇水生成次氯酸，释放活性氯和新生态氧而呈现杀菌作用。杀菌作用强但不持久。对细菌繁殖体、芽孢、病毒及真菌都有杀灭作用，并可破坏肉毒梭菌毒素。1%溶液作用0.5～1min即可抑制多数繁殖型细菌的生长，1～5min可抑制葡萄球菌和链球菌的生长，但对结核分支杆菌和鼻疽杆菌效果较差。30%混悬液作用7min，炭疽芽孢即停止生长。杀菌作用受有机物的影响，实际消毒时，与被消毒物的接触至少需15～20min。含氯石灰中所含的氯可与氨和硫化氢发生反应，故有除臭作用。

【作用与用途】用于饮水、厩舍、场地、车辆及排泄物的消毒。

【用法与用量】5%～20%混悬液用于厩舍、地面和排泄物的消毒。饮水消毒：每50L水加本品1g，30min后即可饮用。

【注意事项】①对皮肤和黏膜有刺激作用，消毒人员应注意防护；②对金属有腐蚀作用，不能用于金属制品；③可使有色棉织物褪色，不可用于有色衣物的消毒；④现配现用，长久储存易失效，保存于阴凉干燥处。

【休药期】无需制订。

·次氯酸钠溶液·

【作用与用途】用于羊舍、器具及环境的消毒。

【用法与用量】以本品计。羊舍、器具消毒，1：（50～100）稀释。常规消毒，1：1 000 稀释。

【注意事项】①本品对金属有腐蚀性，对织物有漂白作用；②可伤害皮肤，置于儿童不能触及处；③包装物用后集中销毁。

【休药期】无需制订。

·复合次氯酸钙粉·

由次氯酸钙和丁二酸配合而成。遇水生成次氯酸，释放活性氯和新生态氧而呈现杀菌作用。

【作用与用途】用于空舍、周边环境喷雾消毒和羊群饲养全过程的带羊喷雾消毒，饲养器具的浸泡消毒和物体表面的擦洗消毒。

【用法与用量】①配制消毒母液：打开外包装后，先将 A 包内容物溶解到 10L 水中，待搅拌完全溶解后，再加入 B 包内容物，搅拌，至完全溶解；②喷雾：空圈舍和环境消毒，1：（15～20）稀释，按 $150～200mL/m^3$ 作用 30min，带羊消毒，预防和发病时分别按 1：20 和 1：15 稀释，按 $50mL/m^3$ 作用 30min；③浸泡、擦洗饲养器具，1：30 稀释，按实际需要量作用 20min；④对特定病原体，如大肠杆菌、金黄色葡萄球菌 1：140 稀释，巴氏杆菌 1：30 稀释，口蹄疫病毒 1：2 100 稀释。

【注意事项】①配制消毒母液时，袋内的 A 包与 B 包必须按顺序一次性全部溶解，不得增减使用量，配制好的消毒液应在密封非金属容器中储存；②配制消毒液的水温不得超过 50℃和低于 25℃；③若母液不能一次用完，应放于 10L 桶内，密闭，置凉暗处，可保存 60d；④禁止内服。

【休药期】无需制订。

·复合亚氯酸钠·

与盐酸可生产二氧化氯而发挥杀菌作用。对细菌繁殖体、芽孢、病毒及真菌都有杀灭作用，并可破坏肉毒梭菌毒素。二氧化氯形成的多少与溶液的 pH 有关，pH 越低，二氧化氯形成越多，杀菌作用越强。

【作用与用途】用于羊舍、饲喂器具及饮水等消毒，并有除臭作用。

【用法与用量】本品 1g 加水 10mL 溶解，加活化剂 1.5mL 活化后，加水至 150mL 备用。羊舍、饲喂器具消毒：1∶（15～20）稀释；饮水消毒：1∶（200～1 700）稀释。

【注意事项】①避免与强还原剂及酸性物质接触，注意防爆；②本品浓度为 0.01% 时对铜、铝有轻度腐蚀性，对碳钢有中度腐蚀；③现配现用。

【休药期】无需制订。

·二氯异氰尿酸钠粉·

含氯消毒剂。在水中分解为次氯酸和氯脲酸，次氯酸释放活性氯和新生态氧，对细菌原浆蛋白产生氯化和氧化反应而呈现杀菌作用。

【作用与用途】主要用于圈舍、畜栏、器具等消毒。

【用法与用量】以有效氯计。器具消毒：每升水 0.1～1g；疫源地消毒：每升水 0.2g。

【注意事项】所需消毒溶液现配现用，对金属有轻微腐蚀，可使有色棉织品褪色。

【休药期】无需制订。

·三氯异氰脲酸粉·

含氯消毒剂。在水中分解为次氯酸和氯脲酸，次氯酸释放活性氯和新生态氧，对细菌原浆蛋白产生氯化和氧化反应而呈现杀菌作用。

【作用与用途】主要用于圈舍、畜栏、器具及饮水消毒。

【用法与用量】以有效氯计。喷洒、冲洗、浸泡：饲养场地的消毒，配成 0.16% 溶液；饲养用具，配成 0.04% 溶液；饮水消毒，每升水 0.4mg，作用 30min。

【注意事项】本品对人的皮肤与黏膜有刺激作用，对织物、金属有漂白或腐蚀作用，使用时注意防护。

【休药期】无需制订。

· 溴 氯 海 因 粉 ·

为有机溴氯复合型消毒剂，能同时解离出溴和氯分别形成次氯酸和次溴酸，有协调增效作用。溴氯海因具广谱杀菌作用，对细菌繁殖型芽孢、真菌和病毒有杀灭作用。

【作用与用途】用于动物厩舍、运输工具等的消毒。

【用法与用量】以本品计。喷洒、擦洗或浸泡：环境或运载工具消毒，病毒类疾病按 1：333 稀释，细菌类疾病按 1：1 333 稀释。

【注意事项】①本品对炭疽芽孢无效；②禁用金属容器盛放。

【休药期】无需制订。

· 碘 ·

碘能引起蛋白质变性而具有极强的杀菌力，能杀死细菌、芽孢、霉菌、病毒和部分原虫。碘难溶于水，在水中不易水解形成次碘酸。在碘水溶液中具有杀菌作用的成分为元素碘（I_2）、三碘化物的离子（I_3^-）和次碘酸（HIO），其中次碘酸的量较少，但作用最强，I_2 次之，解离的 I_3^- 杀菌作用极微弱。在酸性条件下，游离碘增多，杀菌作用较强；在碱性条件下则相反。商品化碘消毒剂较多。

【药物相互作用】与含汞化合物相遇，产生碘化汞而呈现毒性作用。

【不良反应】使用时偶尔引起过敏反应。

【注意事项】①对碘过敏的羊禁用；②禁与含汞化合物配伍；③必须涂于干的皮肤上，如涂于湿皮肤上不仅杀菌效力降低，且易引起发泡和皮炎；④配制碘液时，若碘化物过量加入，可使游离碘变为碘化物，反而导致碘失去杀菌作用，配制的碘溶液应存放在密闭容器内；⑤若存放时间过久，颜色变淡，应测定碘含量，并将碘浓度补足后再使用；⑥碘可着色，沾有碘液的天然纤维织物不易洗除；⑦长时间浸泡金属器械会产生腐蚀性。

·碘　酊·

碘酊是常用最有效的皮肤消毒药。含碘 2%，碘化钾 1.5%，加水适量，以 50% 乙醇配制。

【作用与用途】用于手术前和注射前皮肤消毒和术野消毒。

【用法与用量】外用：涂擦皮肤。

【不良反应】与【注意事项】同碘。

·碘　甘　油·

碘甘油刺激性较小，含碘 1%，碘化钾 1%，加甘油适量配制而成。

【作用与用途】用于黏膜表面消毒，治疗口腔、舌、齿龈、阴道等黏膜炎症与溃疡。

【用法与用量】外用：涂擦皮肤。

【不良反应】与【注意事项】同碘。

·碘　附·

碘附由碘、碘化钾、硫酸、磷酸等配制而成。

【作用与用途】用于手术部位和手术器械消毒剂厩舍、饲喂器具。

【用法与用量】以本品计。喷洒、冲洗、浸泡：手术部位和手术器械消毒，用水1：（3～6）稀释；厩舍、饲喂器具消毒，用水1：（100～200）稀释。

【不良反应】与【注意事项】同碘。

·碘酸混合溶液·

【作用与用途】用于羊舍、肉羊产品加工场所、用具及饮水的消毒。

【用法与用量】病毒类消毒：配成0.66%～2%溶液；羊舍及用具消毒：配成0.33%～0.50%溶液；饮水消毒：配成0.08%溶液。

【不良反应】与【注意事项】同碘。

·聚维酮碘溶液·

通过释放游离碘，破坏菌体新陈代谢，对细菌、病毒和真菌均有良好的杀灭作用。

【作用与用途】常用于手术部位、皮肤和黏膜消毒。

【用法与用量】以聚维酮碘计。皮肤消毒及治疗皮肤病：配成5%溶液；黏膜及创面冲洗：配成0.1%溶液。

【注意事项】①当溶液变为白色或淡黄色即失去消毒活性；②勿用金属容器盛装；③勿与强碱类物质及重金属物质混用。

·蛋氨酸碘溶液·

为蛋氨酸与碘的络合物。通过释放游离碘，破坏菌体新陈代谢，对细菌、病毒和真菌均有良好的杀灭作用。

【作用与用途】主要用于羊舍消毒。

【用法与用量】以本品计。厩舍消毒：取本品以1：（500～2 000）稀释后喷洒。

【注意事项】勿与维生素C类强还原物同时使用。

六、氧化剂类

·过氧乙酸溶液·

为强氧化剂，遇有机物放出初生态氧产生氧化作用而杀灭病原微生物。

【作用与用途】用于杀灭羊舍、用具（食槽、水槽）、场地的喷雾消毒及羊舍内空气消毒。也可用于饲养人员手臂消毒。

【用法与用量】以本品计。喷雾消毒：羊舍1∶（200～400）稀释；熏蒸消毒：5～15mL/m³；浸泡消毒：器具等1∶500稀释。饮水消毒：每10L水加本品1mL。

【注意事项】①使用前将A、B液混合反应10h生产过氧乙酸消毒液；②本品腐蚀性强，操作时戴上防护手套，避免药液灼伤皮肤；③稀释时避免使用金属器具；④稀释液易分解，宜现用现配；⑤配好的溶液应低温、避光、密闭保存，置玻璃瓶内或硬质塑料瓶内。

【休药期】无需制订。

·过硫酸氢钾复合物粉·

【作用与用途】用于羊舍、空气和饮水等消毒。

【用法与用量】浸泡、喷雾：用于羊舍环境、饮水设备及空气消毒、终末消毒、设备等消毒1∶200稀释；饮用水消毒1∶1 000稀释。用于特定病原体，大肠杆菌、金黄色葡萄球菌1∶400稀释；链球菌1∶800稀释。

【注意事项】①不得与碱类物质混存或合并使用；②产品用尽后，包装不得乱丢，应集中处理；③现配现用。

【休药期】无需制订。

第三章

羊场常见疾病的临床用药

在羊群的饲养管理过程中，应注重饲养管理质量，对羊群的精神、食欲及粪便等情况进行仔细观察。当出现异常情况时，要及时检查，做好患病羊与正常羊的隔离工作，合理使用药物进行治疗。

对于羊传染病的防治，应坚持免疫预防为主，强化饲养管理、环境卫生，监测检疫等综合预防措施。针对传染病流行过程的三个基本要素，即传染源、传播途径和易感动物，采取诊断、检疫、隔离和封锁、消毒、免疫接种和药物预防等措施，以达到预防疾病的目的。针对羊重大动物疫病（如口蹄疫、小反刍兽疫等一类动物疫病）和人兽共患病（如炭疽、布鲁氏菌病、包虫病等），以控制和消灭疫病为目标，应制订长期、科学、合理的防疫规划，坚持免疫等综合防控措施，同时推行疫病的区域化管理，在规模化羊场大力推进"动物疫病净化"，在有条件的地方建设"生物安全隔离区"，进一步建设"无规定疫病区"。

羊群一旦发生传染病，要迅速隔离病羊，做好环境、用具消毒，对已死亡的病羊尸体未经检查严禁剖检，经诊断如果是重大动物疫病或人兽共患病，应按规定及时上报疫情，划定疫点、疫区和受威胁区，实施隔离和封锁措施，严格执行扑杀措施，病羊尸体做无害化处理。同时对污染环境应严格、彻底消毒，对疫区和受威胁区未发病羊进行紧急免疫接种。

第一节 羊的病毒性传染病

一、羊痘

羊痘是由羊痘病毒引起的一种以皮肤和黏膜发生特殊丘疹和疱疹为特征的急性、热性、接触性人兽共患传染病，又名羊"天花"，包括绵羊痘和山羊痘。不同品种、性别、年龄的羊都易感，羔羊比成年羊易感，病死率也更高，妊娠母羊感染易引起流产。本病一年四季均可发生，多发于冬末春初，常呈地方性流行或广泛流行。绵羊痘与山羊痘感染后症状相似。本病的潜伏期为4~8d，发病1~4d后出现本病的特征性病变，在眼周围、唇、鼻、四肢内侧、尾内侧、外生殖器、乳房和腋下等无毛及少毛的皮肤和黏膜处形成痘疹，随后形成丘疹并逐步扩大成灰白色或淡红色半球状的结节，继而转变为脓性水疱。干燥结痂后留下一个红斑，颜色逐渐变淡，机体慢慢恢复健康。

【预防】我国将羊痘列为一类动物疫病，一经发现，应按照《羊痘防治技术规范》进行处置。健康羊群接种羊痘疫苗能有效防控山羊痘和绵羊痘的发生。目前，我国批准生产的羊痘疫苗有2种。

(1)山羊痘活疫苗 尾根内侧或股内侧皮内注射，按瓶签注明头份，用灭菌生理盐水稀释至0.5mL/头份，不论羊只大小，每只0.5mL，免疫期1年。

(2)绵羊痘活疫苗 尾根内侧或股内侧皮内注射，按瓶签注明头份，用灭菌生理盐水稀释至0.5mL/头份，不论羊只大小，每只0.5mL/头份，免疫期1年。3月龄以内的哺乳羔羊，在断乳后应再接种1次。

二、口蹄疫

口蹄疫是由口蹄疫病毒引起偶蹄动物的一种急性、热性和高度接触性人兽共患传染病，俗称"口疮""蹄癀"。羊的感染率较低，羔羊比成年羊易感，哺乳羔羊最易感，病死率也更高，妊娠母羊感染易引起流产。本病传播途径多，一年四季均可发生，一般以冬、春季发病严重。一旦发生，常呈大流行性。羊感染口蹄疫的潜伏期为 1 周左右，典型症状是发热，口腔黏膜、蹄部及乳房等处皮肤出现水疱、溃疡和糜烂，跛行。绵羊蹄部症状明显，口黏膜病变较轻。山羊症状多见于口腔，水疱见于硬腭和舌面，呈弥漫性口黏膜炎，蹄部病变较轻。

【预防】世界动物卫生组织将口蹄疫列为必须报告的动物传染病，我国规定为一类动物疫病。当羊场暴发口蹄疫时，应按《口蹄疫防治技术规范》进行处置，包括口蹄疫疫情的确认、疫情处置、疫情监测、免疫、检疫监督等。疫苗免疫接种是防控口蹄疫的关键措施。目前，我国批准生产的羊用口蹄疫疫苗如下。

（1）口蹄疫 O 型灭活疫苗（OS 株）　肌内注射，羊每只 1mL，免疫期为 4～6 个月。

（2）口蹄疫 O 型灭活疫苗（OHM/02 株）　肌内注射，羊每只 1mL，免疫期为 4～6 个月。

（3）口蹄疫 O 型灭活疫苗（OJMS 株）　肌内注射，羊每只 1mL，免疫期为 6 个月。

（4）口蹄疫 O 型、亚洲 I 型二价灭活疫苗（空衣壳复合型）　羊后肢肌内注射，每只 1mL，注射疫苗后 15d 产生免疫力，免疫持续期为 4 个月。

（5）口蹄疫 O 型、A 型、亚洲 I 型三价灭活疫苗（OHM/02 株＋AKT-III 株＋Asia 1 KZ/03 株）（悬浮培养工艺）　颈部肌内注射，羊每只 1mL，免疫期为 6 个月。

（6）口蹄疫 O 型、A 型二价灭活疫苗（O/MYA98/BY/2010 株＋Re-A/WH/09 株）　颈部肌内注射，羊每只 0.5mL，免疫期为 6 个月。

三、羊传染性脓疱

羊传染性脓疱是由传染性脓疱病毒引起绵羊、山羊的一种急性接触性、嗜上皮性的人兽共患传染病，俗称"羊口疮"。各年龄段的羊均易感，3～6 月龄羔羊最易感。本病传播途径包括自然感染和伤口感染等接触性感染。一年四季均可发生，多发于干燥的春、秋两季，羔羊感染常呈群发性流行，成年羊感染常呈散发性流行。潜伏期 4～8d，发病主要表现为口唇、鼻孔、乳头、口腔黏膜、眼睛、外阴及蹄等处的皮肤和黏膜上出现散在的小红斑点，随后形成丘疹或水疱，继而形成脓疱、溃疡，最后结成桑葚状的厚痂块。成年羊一般 4～12周可以自行痊愈。

【预防】我国目前批准生产的疫苗为羊传染性脓疱皮炎 HCE 株冻干苗和 GO－BT 株冻干苗。HCE 冻干苗在下唇黏膜划痕免疫；GO－BT 冻干苗在口唇黏膜内注射。适用于各种年龄的绵羊、山羊。免疫剂量均为 0.2mL。对于有本病流行的羊群，可用本苗股内侧划痕免疫，剂量为 0.2mL。

四、小反刍兽疫

小反刍兽疫是由小反刍兽疫病毒引起小反刍动物的一种急性接触性和高度致死性的烈性传染病，俗称"羊瘟""伪牛瘟"。主要感染幼年绵羊和山羊，山羊比绵羊更易感，易感羊群的发病率和死亡率可达100%。本病传染源主要为患病动物和隐性感染动物的分泌物和排泄物，主要通过直接接触传播或呼吸道飞沫传播。一年四季均可发生，以多雨和干燥寒冷的季节多发。潜伏期一般为 4～5d，山羊临床症状比较典型，表现为急性高热并持续 3～5d、口腔黏膜弥漫性溃烂、眼鼻分泌物增多、肺炎、腹泻及流产等，通常在发病后 5～10d 内死亡。

【预防】我国将小反刍兽疫列为一类动物疫病，一经发生，应按照《小反刍兽疫防治技术规范》进行处置。我国目前批准生产的疫苗有2种。

（1）小反刍兽疫活疫苗（Clone 9株），按瓶签注明头份，用无菌生理盐水稀释至1mL/头份，每只羊颈部皮下注射1mL，免疫持续期为36个月。

（2）小反刍兽疫、羊痘二联活疫苗，按瓶签注明头份，用无菌生理盐水稀释至0.5mL/头份。每只羊皮内注射0.5mL，最小免疫月龄为1月龄，免疫期12个月。

五、感冒（羊副流行性感冒）

感冒（羊副流行性感冒）是由呼吸道病属的牛副流感病毒3型所致羊的一种呼吸道疾病。各月龄羊只均易感。主要经呼吸道感染，呈散发或地方性流行。秋冬寒冷季节多发，发病率较高，病死率低；表现高热、流涕、流泪、咳嗽与呼吸困难；多数病例体温升高，精神不振，食欲减少；初流浆液性鼻液，后变为黄色黏稠状，鼻黏膜肿胀显著；羞明流泪，可视黏膜潮红，肿胀；脉搏、呼吸增数，咳嗽，胸部听诊肺泡音增强；皮温不匀，四肢末端和耳尖发凉。

【治疗】

（1）解热镇痛可内服阿司匹林片或安乃近片；或肌内注射安乃近注射液、安痛定注射液或复方氨基比林注射液。

（2）全身应用抗生素或磺胺类药物，如青霉素、链霉素、庆大霉素等。

（3）止咳祛痰可内服氯化铵；此外，可用碘甘油涂擦鼻孔。

（4）增进食欲可内服维生素 B_1 片或皮下、肌内注射维生素 B_1 注射液。

第二节 羊的细菌性传染病

一、炭疽

炭疽是炭疽芽孢杆菌引起的动物源性传染病。山羊和绵羊均可发生，无年龄差异。主要经过消化道和呼吸道传染，也可以通过昆虫叮咬后，经皮肤、黏膜的创口而感染。多表现为最急性（猝死）病症，摇摆、磨牙、抽搐、挣扎、突然倒毙，有的可见从天然孔流出带气泡的黑红色血液。病程稍长者也只持续数小时后死亡。

【预防】当暴发疫情时，应对疫点、疫区、受威胁区按规定采取封锁、隔离、扑杀、销毁、消毒、无害化处理、紧急免疫接种等强制性处置措施。我国目前批准生产的疫苗有3种。

（1）兽用炭疽油乳剂疫苗　经颈部皮下注射接种半岁以上山羊，每只2.0mL。

（2）Ⅱ号炭疽芽孢疫苗　经皮内注射接种山羊，每只0.2mL。

（3）无荚膜炭疽芽孢疫苗　经皮下注射接种绵羊，每只0.5mL。

二、布鲁氏菌病

布鲁氏菌病是由布鲁氏菌引起人兽共患的一种慢性传染病，主要侵害生殖系统。山羊、绵羊均可感染发病。本病的传染源是患病羊及带菌者，最危险的是受感染的妊娠母羊。本病的主要传播途径是消化道，即经过食用被污染的饲料和饮水感染；此外还可经皮肤、黏膜、交媾感染；吸血昆虫可传播此病。本病特征为生殖器官和胎膜发炎，引起流产、不育和各种组织的局部病灶。还可能出现乳房炎、支气管炎以及关节炎、滑液囊炎引起的跛行。公羊睾丸炎、乳山羊乳房炎常较早出现，乳汁有结块，乳量可能减少，乳腺组织有结节性变硬。绵羊布鲁氏菌可引起绵羊附睾炎。

【预防】我国将布鲁氏菌病列为动物二类传染病，一经发现必须根据《中华人民共和国动物防疫法》进行严格的控制措施，强制扑杀并做无害化处理以防止病原扩散。扑杀后的尸体、流产的胎儿、排泄物都要进行集中无害化处理，如在指定地点深埋或者焚烧，从而消灭传染源、切断传播途径。我国目前批准生产的疫苗有2种。

（1）布鲁氏菌病活疫苗（M5株或M590株）　经皮下注射接种1头份、滴鼻接种1头份或口服25头份。

（2）布鲁氏菌病活疫苗（S2株）　经口服，每只羊1头份；经皮下或肌内注射接种，山羊每只0.25头份，绵羊每只0.5头份。

三、羊传染性胸膜肺炎

羊传染性胸膜肺炎又称羊支原体性肺炎，是由多种支原体（丝状支原体山羊亚种、丝状支原体丝状亚种、山羊支原体山羊肺炎亚种和绵羊肺炎支原体）引起的一种高度接触性传染病。本病常呈地方流行性，接触传染性很强，主要通过呼吸道传染，传染源是病羊。冬季和早春枯草季节多发。临床特征为高热，咳嗽，胸和胸膜发生浆液性和纤维素性炎症，病死率很高，可分为最急性、急性和慢性3类。

【预防】我国目前批准生产的疫苗有3种。

（1）山羊传染性胸膜肺炎灭活疫苗　经皮下或肌内注射接种。成年羊，每只5.0mL；6月龄以下羔羊，每只3.0mL。

（2）山羊支原体肺炎灭活疫苗（MoGH3-3株＋M87-1株）经颈部皮下注射接种山羊，每只3.0mL。

（3）山羊传染性胸膜肺炎灭活疫苗（山羊支原体山羊肺炎亚种M1601株）　经颈部皮下注射接种2月龄及以上山羊（含妊娠母羊），每只3.0mL。

【治疗】给药前最好先分离病原菌进行药敏试验，根据检测结果选用高效药物治疗或调整用药。传染性胸膜肺炎可用四环素类抗生素、大环内酯类抗生素、氟喹诺酮类抗菌药治疗。

使用抗生素的同时可对症静脉注射葡萄糖氯化钠注射液和维生素C注射液。

四、羊梭菌病

羊梭菌性疾病是由梭状芽孢杆菌属中的细菌所致的一类疾病。包括羊快疫、羊肠毒血症、羊猝疽、羊黑疫、羔羊痢疾等。绵羊对羊快疫最易感，年龄多发于在6～18个月；羊猝疽发生于成年绵羊，以1～2岁绵羊发病居多；绵羊、山羊均可感染羊肠毒血症，绵羊较多山羊较少，2～12月龄的羊最易发病，发病羊多见膘情较好；羊黑疫能使1岁以上绵羊感染，2～4岁的绵羊发生最多；羔羊痢疾主要危害7日龄以内的羔羊，其中又以2～3日龄发病最多。羊梭菌病一般经消化道感染。羊快疫以真胃出血性炎症为特征。羊猝疽以溃疡性肠炎和腹膜炎为特征。羊肠毒血症潜伏期很短，多为突然发病，很少见到临床症状，往往在出现临床症状后便很快死去。羊黑疫的特征是肝实质的坏死病灶，临床症状与羊快疫、羊肠毒血症类似，病羊突然发病，往往来不及出现临床症状就突然死亡，病尸皮下静脉显著充血，皮肤呈暗黑色；羔羊痢疾以剧烈腹泻、小肠发生溃疡和羔羊发生大批死亡为特征，自然感染潜伏期为1～2d。

【预防】我国目前批准生产的疫苗有4种。

（1）羊黑疫、快疫二联灭活疫苗　经肌肉或皮下注射接种。每只5.0mL。

（2）羊快疫、猝疽、肠毒血症三联灭活疫苗　经肌肉或皮下注射接种。每只5.0mL。

（3）羊快疫、猝疽、羔羊痢疾、肠毒血症三联四防灭活疫苗　经肌肉或皮下注射接种。每只5.0mL。

（4）羊快疫、猝疽、羔羊痢疾、肠毒血症、黑疫、肉毒梭菌（C

型）中毒症、破伤风七联干粉灭活疫苗　经肌肉或皮下注射接种。按瓶签注明头份，临用时以20%氢氧化铝胶生理盐水溶液溶稀释成1.0mL/头份，充分摇匀，每只1.0mL。

【治疗】给药前最好先分离病原菌进行药敏试验，根据检测结果选用高效药物治疗或调整用药。梭菌病可用大环内酯类抗生素、林可霉素治疗。

对症治疗为减轻痛症可用安乃近注射液，羊只衰弱可用安钠咖注射液，防止脱水可用葡萄糖氯化钠注射液。

五、链球菌病

羊链球菌病是由溶血链球菌引起羊的急性热性败血性传染病。主要发生于绵羊。羊感染本病一般于冬、春季节气候寒冷、草质不良时多发。自然感染主要通过呼吸道途径，也可通过损伤的皮肤、黏膜以及羊虱蝇等吸血昆虫叮咬传播。病死羊的肉、骨、皮、毛等也可散播病原。新发病常呈流行性发生，老疫区则呈地方性流行或散发性流行。该病传播方式多样，既可通过分娩、哺乳等方式垂直传播给幼龄羊，又可经病羊口、鼻、皮肤伤口等水平传播。临床上以全身出血性败血症及浆液性肺炎与纤维素胸膜肺炎为特征，也可见乳房炎与关节炎。

【预防】我国目前批准生产的疫苗有1种。

羊败血性链球菌病活疫苗　经尾根皮下（不得在其他部位）注射接种。按瓶签注明头份，用生理盐水稀释，6月龄以上羊，每只1.0mL（1头份）。

【治疗】给药前最好先分离病原菌进行药敏试验，根据检测结果选用高效药物治疗或调整用药。链球菌病可用β-内酰胺类抗生素、大环内酯类抗生素、磺胺类抗菌药治疗。

对于出现心脏衰弱、呼吸抑制的羊只可使用樟脑磺酸钠注射液。

六、羊巴氏杆菌病

羊巴氏杆菌病是由多杀性巴氏杆菌和溶血性巴氏杆菌共同引起羊的传染病。以羔羊和体弱羊易感，发病无明显的季节性。主要经过消化道和呼吸道感染，也可以通过昆虫叮咬后，经皮肤、黏膜的创口而感染。发病特征是败血症和肺炎。

【治疗】给药前最好先分离病原菌进行药敏试验，根据检测结果选用高效药物治疗或调整用药。羊巴氏杆菌病可用氨基糖苷类抗生素、四环素类抗生素、氟喹诺酮类抗菌药治疗。

使用抗生素的同时可对症静脉注射葡萄糖氯化钠注射液和碳酸氢钠注射液。

七、羊大肠杆菌病

羊大肠杆菌病是由致病性大肠杆菌引起羔羊及幼龄羊的急性致死性传染病。低龄绵羊及山羊均易感，出生后6d至6周多发。本病的主要传染源是患病羊和带菌羊，主要传播途径为消化道。发病时呈地方流行性或散发性，多发生于冬春舍饲期间。该病分为肠炎型和败血型。肠炎型多发生于7日龄内新生羔羊。败血型多发生于2~6周龄的羔羊。

【预防】我国目前批准生产的疫苗有1种。

羊大肠杆菌病灭活疫苗　经皮下注射接种，3月龄以上的绵羊或山羊，每只2.0mL；3月龄以下的绵羊或山羊，每只0.5~1.0mL。

【治疗】给药前最好先分离病原菌进行药敏试验，根据检测结果选用高效药物治疗或调整用药。羊大肠杆菌病可用氨基糖苷类抗生素、四环素类抗生素、酰胺醇类抗生素、磺胺类抗菌药、氟喹诺酮类抗菌药治疗。

对心脏衰弱的羔羊，可用安钠咖注射液；对脱水严重的羔羊，可用葡萄糖氯化钠注射液；可使用碳酸氢钠注射液防止酸中毒。

八、破伤风

破伤风又名锁口风、耳直风，是一种由破伤风梭菌经伤口深部感染引起的一种急性中毒性传染病。绵羊与山羊均易感，多发生于新生羔羊。病原广泛存在于自然界，人和动物粪便都可带有。感染常见于各种创伤，如断脐、去势、手术、断尾、穿鼻、产后感染。该病以骨骼肌持续性痉挛和对外界刺激反射兴奋性增高为特征。病初症状不明显，常表现卧下后不能起立，或者站立时不能卧下，逐渐发展为全身性强直痉挛，四肢强直，运步困难。由于咬肌的强直收缩，牙关紧闭，流涎吐沫，饮食困难。常发生角弓反张和瘤胃臌气，步行时呈现高跷样步态。羔羊常伴有腹泻，病死率极高。

【预防】我国目前批准生产的疫苗有以下 2 种。

（1）破伤风类毒素　经皮下注射接种，绵羊、山羊每只 0.5mL，免疫期为 12 个月。

（2）羊快疫、猝疽、羔羊痢疾、肠毒血症、黑疫、肉毒梭菌（C 型）中毒症、破伤风七联干粉灭活疫苗　经肌内或皮下注射接种。按瓶签注明头份，临用时以 20%氢氧化铝胶生理盐水溶液溶稀释成 1.0mL/头份，充分摇匀，每只 1.0mL。

【治疗】可采用破伤风抗毒素进行治疗。

给药前最好先分离病原菌进行药敏试验，根据检测结果选用高效药物治疗或调整用药。注射用苯巴比妥钠、硫酸镁注射液可用于缓解破伤风所致的痉挛；对创伤的处理应尽快查明感染的创伤和进行外科处理，清除创内的浓汁、异物、坏死组织及痂皮，对创深、创口小的要扩创，以浓碘酊消毒，同时用 β-内酰胺类抗生素做全身治疗；当病羊兴奋不安和强直痉挛时，可用盐酸氯丙嗪注射液。

九、结核病

结核病是由结核分支杆菌所引起一种慢性传染性疾病。山羊、绵羊均可感染发病。主要经过消化道、呼吸道和生殖道感染。山羊轻度无症状，重度全身消瘦、食欲减退、精神不振、皮毛干燥、奶量下降，常排黄色稠鼻涕，有时带血色，呼吸带痰音，常有湿性咳嗽，个别病羊前肢或腕关节会发生慢性浮肿，乳房肿大溃疡，后期体温升高、贫血、呼吸带臭，死前高声惨叫。绵羊病情发展缓慢，病羊身体消瘦、体质衰弱，一般无咳嗽等症状。

【预防】目前国内对于结核病尚无疫苗可用，我国将其列为动物二类传染病，一经发现必须根据《中华人民共和国动物防疫法》进行严格的控制措施，强制扑杀并做无害化处理。定期对羊进行临床检查，发现阳性者，应立即扑杀，及时采取隔离消毒措施。

十、羊衣原体病

羊衣原体病是由鹦鹉热衣原体引起绵羊、山羊的一种传染病。羊衣原体性流产常呈地方流行性，山羊和绵羊均可发生。本病主要经呼吸道、消化道及损伤的皮肤、黏膜感染；也可通过交配或用患病公羊的精液人工授精发生感染，子宫内感染也有可能；蜱、螨等吸血昆虫叮咬也可传播本病。羊只在流产前有减食现象，个别羊有难产现象。母羊在流产后很快消瘦，甚至死亡，流产胎儿皮下胶冻样水肿。母羊的病变主要在子宫，内膜水肿、增厚，子叶紫红色，子叶间充满黄色糊状分泌物。

【预防】我国目前批准生产的疫苗有以下 2 种。

（1）羊衣原体病灭活疫苗　经皮下注射接种，每只 3.0mL。

（2）羊衣原体病基因工程亚单位疫苗　经颈部皮下注射接种配种后 10d 左右母羊，每只 2.0mL。

【治疗】给药前最好先分离病原菌进行药敏试验，根据检测结果选用高效药物治疗或调整用药。羊衣原体病可用四环素类抗生素进行治疗。

出现腹痛的母羊可使用黄体酮注射液预防流产。

第三节 羊的寄生虫病

一、线虫病

羊线虫病主要包括消化道线虫病和肺线虫病。消化道线虫种类繁多，主要有捻转血矛线虫、仰口线虫、食道口线虫、毛尾线虫、奥斯特线虫、细颈线虫等，引起胃肠炎、消化机能障碍、营养不良、消瘦、贫血等，是引起羊只每年春乏死亡的重要原因之一。肺线虫病是由网尾科和原圆科的线虫寄生在气管、支气管、细支气管及肺实质所致，主要引起支气管炎和肺炎，主要症状为剧烈咳嗽。各种年龄的羊均可感染线虫病，但其对老龄羊和羔羊危害更为严重。

【治疗】宜选用伊维菌素或阿维菌素，一次口服或皮下注射，泌乳期的羊禁用。阿苯达唑，口服，对肺线虫效果好。左旋咪唑，混饲或皮下、肌内注射，泌乳羊禁用。枸橼酸乙胺嗪，口服，用于肺线虫病治疗，尤其适合对感染早期童虫的治疗。

二、肝和胰吸虫病

肝吸虫病是由片形属的吸虫（肝片吸虫或大片形吸虫）和/或歧腔属的吸虫（矛形歧腔吸虫和中华歧腔吸虫）寄生于羊肝脏胆管或胆囊，引起急性或慢性肝炎和胆管炎为特征的疾病。羊感染吸虫后表现代谢和营养障碍，严重时可导致幼龄羊及绵羊大批死亡。肝片吸虫常和双腔吸虫混合感染，危害更甚。这两属的吸虫可感染包括人在内的多种动物，是一种重要的人兽共患病。

胰吸虫病是由双腔科阔盘属的多种吸虫（主要为胰阔盘吸虫、腔阔盘吸虫和枝睾阔盘吸虫）寄生于牛、羊等反刍动物的胰管中所引起，以营养障碍、腹泻、消瘦、贫血、水肿为特征，严重可引起大批死亡。

【治疗】

（1）片形吸虫的治疗药物，宜选用阿苯达唑，口服，驱片形吸虫成虫。硝氯酚，口服，高效驱片形吸虫成虫。三氯苯达唑（肝蛭净），口服，对片形吸虫成虫、幼虫和童虫均有高效驱杀作用。碘醚柳胺，口服，对片形吸虫成虫和 6～12 周的未成熟童虫均有效。

（2）歧腔吸虫和胰吸虫的治疗药物宜选用吡喹酮，口服。

三、血吸虫病

血吸虫病是由分体科分体属和东毕属的吸虫寄生在门静脉、肠系膜静脉和盆腔静脉内，引起贫血、消瘦与营养障碍等疾患的一种蠕虫病。

分体属的血吸虫在我国仅有日本分体吸虫 1 种，绵羊和山羊感染日本分体吸虫时症状较轻，大量感染时，病羊出现腹泻，粪中带有黏液、血液，体温升高，黏膜苍白，日渐消瘦，生长发育受阻，可导致不妊或流产。

羊感染东毕吸虫主要表现为下颌、腹下水肿，贫血，黄疸，消瘦，发育障碍及流产等，如饲养管理不善，最终可导致死亡。

【治疗】 宜选用吡喹酮，口服。

四、绦虫蚴病

羊绦虫蚴病主要包括脑包虫病（脑多头蚴病）、棘球蚴病（包虫病）、羊囊尾蚴病及细颈囊尾蚴病，是由不同绦虫的幼虫寄生在羊不同组织器官所致。

脑包虫病也称脑多头蚴病，是由多头带绦虫的幼虫——脑多头蚴寄生在绵羊、山羊的脑、脊髓内，引起的脑炎、脑膜炎及一系列神经症状，甚至死亡的严重寄生虫病。该病散布于全国各地，并多见于犬活动频繁的地区。

棘球蚴病也称包虫病，是由数种棘球绦虫的幼虫——棘球蚴寄生于绵羊、山羊、牛、马、猪、骆驼及人的肝、肺等脏器组织中所引起的一种严重的人兽共患寄生虫病。轻度感染和感染初期通常无明显症状，严重感染时表现为消瘦、营养不良，在肺部寄生时有明显的咳嗽症状。

羊囊尾蚴病是由羊带绦虫的幼虫——羊囊尾蚴寄生于绵羊和山羊各种组织中所引起的一种绦虫蚴病，寄生组织包括皮下、全身肌肉、心肌、膈肌、咬肌、舌肌、肺、肝、脑等。羊感染囊尾蚴感染通常无明显症状，急性期可有发热、肌肉肿痛、末梢血液酸性粒细胞数明显增多等临床表现。

细颈囊尾蚴病是由泡状带绦虫的幼虫——细颈囊尾蚴寄生于绵羊、山羊等多种家畜的肝脏浆膜、网膜及肠系膜所引起的一种绦虫蚴病。主要引起羔羊的生长发育受阻，体重减轻，当大量感染时可因肝脏严重受损而导致死亡。羊发病多见于与犬接触较为密切的广大牧区。

【预防】我国目前批准生产的棘球蚴病疫苗有羊棘球蚴病（包虫病）基因工程疫苗，可用于免疫预防。该疫苗按瓶签注明头份用灭菌生理盐水稀释，每只羊颈部皮下注射 1mL。未接种过该疫苗的羊，间隔四周应加强免疫一次。妊娠母羊也可以免疫。羔羊通过初乳获得免疫力。免疫母羊所产羔羊应在 16 周龄进行首次免疫，20 周龄进行 2 次免疫。没有免疫过的母羊所产羔羊应分别在 8 周龄和 12 周龄进行两次免疫。已经用该疫苗免疫过的羊每 12 个月需加强免疫 1 次。

【治疗】宜选用吡喹酮，口服，可用于所有绦虫蚴病治疗。阿苯达唑，口服，但需要加大剂量才有效。

五、绦虫病

羊绦虫病是由莫尼茨绦虫、曲子宫绦虫及无卵黄腺绦虫寄生于绵羊、山羊的小肠所引起。其中莫尼茨绦虫危害最为严重，羔羊感染时，不仅影响生长发育，甚至可引起死亡。这三种绦虫既可单独感染，也可混合感染，症状一般表现为食欲减退，饮欲增加，消瘦，精神不振，贫血与水肿，若虫体阻塞肠管时，则出现肠臌胀和腹痛表现，甚至因肠破裂而死亡。该病在全国广泛分布，但在东北、华北和西北牧区流行更为普遍。

【治疗】宜选用吡喹酮、氯硝柳胺、阿苯达唑等口服驱虫。

六、外寄生虫病

羊外寄生虫主要有蜱、螨、虱、蚤等。蜱、虱、蚤长期或暂时寄生在羊的体表，吸食血液时分泌毒素，造成局部发痒，影响采食和休息，还可传播多种疾病。外寄生虫传播方式为直接接触感染，既可由患病羊与健康羊直接接触感染，也可因由外寄生虫及其虫卵污染的畜舍、用具及活动场所等间接接触而感染。此外，工作人员的衣服、手及诊断治疗器械也可传播。

【治疗】宜选用伊维菌素或阿维菌素进行治疗，一次口服或皮下注射；也可使用3％敌百虫溶液、双甲醚、溴氰菊酯、巴胺磷、辛硫磷等局部涂擦、喷淋及药浴等。

七、羊鼻蝇蛆病

羊鼻蝇蛆病是由羊狂蝇（也称羊鼻蝇）的幼虫寄生在羊的鼻腔及附近腔窦内所引起的疾病。主要危害绵羊，对山羊危害较轻。病羊鼻液量多，鼻液初为浆液性，后为黏液性和脓性，有时混有血液；同时患羊烦躁不安，打喷嚏，时常摇头，摩鼻，流泪，食欲减退，日渐消瘦，甚至发生死亡；有时，当个别幼虫进入颅腔或因鼻窦发炎波及脑膜时，可引起神经症状，运动失调，转圈，头弯向一侧或麻痹。该病在我国西北、东北、华北地区较为常见，流行严重的地区感染率可高达 80%，每年尤以 7—9 月发生率最高。

【治疗】宜选用伊维菌素或阿维菌素进行治疗。

八、羊血液原虫病

羊血液原虫病主要是由泰勒科和巴贝斯科的各种梨形虫引起。羊泰勒虫和莫氏巴贝斯虫是我国绵羊和山羊致病的主要病原体，由硬蜱吸血时传播。病羊的主要症状为体温升高至 $41 \sim 42℃$，稽留数日或直至死亡；呼吸急迫，精神沉郁，食欲减退乃至废绝；黏膜苍白、黄染；泰勒虫病体表淋巴结肿大，而巴贝斯虫病出现血红蛋白尿。羊血液原虫病发生于 4—6 月，5 月为高峰；1～6 月龄羔羊发病率和死亡率高，1～2 岁羊次之，3～4 岁羊很少发病；该病在我国甘肃、青海和四川等地均有发生，危害严重。

【治疗】宜选用三氮脒、硫酸喹啉脲进行治疗。

九、羊孢子虫病

羊孢子虫病主要分为弓形虫病和球虫病。妊娠母羊感染弓形虫常于正常分娩前 4～6 周出现流产；少数病例表现为呼吸困难，运动失调，体温 41℃ 以上等。本病在全世界广泛存在和流行，是一种重要的人兽共患病。

羊球虫病是由艾美耳属的多种球虫寄生于绵羊或山羊的肠道上皮细胞内所致，发病可引起急性或慢性肠炎，消瘦，贫血和发育不良，严重的可造成羊只死亡，本病对羔羊危害较大。多发于春、夏、秋三季，温暖潮湿的环境易造成本病的流行。

【治疗】弓形虫病宜选用磺胺嘧啶＋甲氧苄啶、磺胺氯吡嗪＋甲氧苄啶、磺胺对甲氧嘧啶（可配合甲氧苄啶）进行治疗。

球虫病宜选用氨丙啉、磺胺喹噁啉进行治疗，也可用盐霉素、莫能菌素混饲喂养。

第四节 其他疾病

一、产科病

（一）乳腺炎

乳腺炎泛指乳腺组织的各类炎症。多发于分娩后数日内，无明显的季节性。特急性乳腺炎多发于分娩后数日内，乳房组织形成大面积坏疽，导致败血症而引起严重的全身症状，常可导致死亡。急性乳腺炎乳房患部有不同程度的充血、肿胀、温热和疼痛，乳房上淋巴结肿大，乳汁排出不通畅或困难，泌乳减少或停止。乳汁稀薄，严重时，伴有食欲不振、精神萎靡等全身症状。慢性乳腺炎乳腺患部弹性降低，硬结，泌乳量减少，基础的乳汁变稠并带黄色，有时内含乳凝块。多无全身症状，少数病例体温略高，食欲降低。

【治疗】

（1）局部治疗　乳导管插入乳腺，可注入青霉素类、头孢菌素类药物。初期可用冷敷，中后期用热敷。

（2）全身疗法　生理盐水加青霉素钾、地塞米松磷酸钠注射液，混合静脉注射；或用青霉素、链霉素，肌内注射。

（二）子宫内膜炎

子宫内膜炎是指子宫内膜的化脓性和坏死性炎症。临床表现有急性和慢性两种情况。急性病羊表现体温升高，食欲减少，反刍停止，精神萎靡。常从阴门流出污红色腥臭的排出物，阴门周围及尾部有干痂附着。慢性者多由急性转变而来，食欲稍差，阴门排出少量卡他性或脓性渗出物，发情不规律或停止发情，不易受胎。卡他性子宫内膜炎有时可以变为子宫积水，造成长期不孕。

【治疗】

（1）子宫冲洗及灌注　可用聚维酮碘溶液冲洗子宫或碘甘油涂抹子宫内膜，在子宫内有较多分泌物时，可用 3％盐水冲洗。

（2）宜选用抗菌谱广的药物　如土霉素注射液等。

（三）胎衣不下

胎衣不下是指胎儿出生以后，母羊在分娩后超过 14h 胎衣仍不排出，绵羊和山羊都可发生。全部胎衣不下：停滞的胎衣悬垂于阴门之外，呈红色→灰红色→灰褐色的绳索状，且常被粪污染。部分胎衣不下：残存在母羊胎盘上的胎儿胎盘仍存留于子宫内。胎衣不下能伴发子宫炎和子宫颈延迟封闭，且其腐败分解产物可被机体吸收而引起全身性反应。

【治疗】

（1）药物疗法　皮下或肌内注射垂体后叶注射液。也可肌内注射马来酸麦角新碱注射液。

（2）手术剥离　以既不残存胎儿胎盘，又不损伤母体胎盘为原则。术后应灌注适量抗菌药，如四环素和多西环素等。

（四）产后瘫痪

产后瘫痪又称乳热症，是母羊产羔后突发的一种急性代谢性疾病，病因主要是母羊血糖和血钙降低。本病 3～6 岁舍饲、产乳量高、营养良好的羊多发。病羊初期精神差、头颈姿势异常，常呈 S 状弯曲，食欲不振，反刍停止，步态或站立不稳，排粪减少。随着病情加重，病羊四肢瘫痪，卧地昏睡，知觉丧失，有的伴有四肢痉挛，咽、舌及肠道麻痹。体温一般正常。多数病例在产后1～3d内发病，最急性的病程不足12h，如不及时抢救则很快死亡。

【治疗】

（1）静脉注射葡萄糖酸钙注射液。

（2）乳房送风疗法　可以将空气打入乳房，使乳腺受压而减少或停止泌乳，以减少血钙流失。同时应注意补充葡萄糖。若心脏衰弱，应注射强心针。

（五）持久黄体

性周期或分娩后的卵巢中黄体超过25～30d不消退者称为持久黄体，前者为周期黄体，后者为妊娠黄体。主要表现为性周期停止，母畜不发情，个别母羊出现很不明显的发情。本病3～6岁舍饲、产乳量高、营养良好的羊多发，主要发生在母羊产羔后。直肠检查可发现卵巢增大，检查子宫无妊娠现象。超过应当发情的时间而不发情，间隔5～7d，进行2～3次直肠检查。若黄体的位置、大小、形状及硬度均无变化，即可确诊为持久黄体。

【治疗】肌内注射垂体促卵泡素注射液或甲基前列腺素$F2\alpha$注射液。

（六）卵巢囊肿

羊卵巢囊肿是指卵巢中形成了顽固的球形腔体，外面盖着上皮包膜，内容物为水状或黏液状液体，包括卵泡囊肿和黄体囊肿。此病容易发生于高产山羊群。患卵泡囊肿时，不断分泌雌激素，因为分泌过量的雌激素，羊的表现反常，尤其性欲特别旺盛。一般都是在最初发情时间延长，抑制期和均衡期缩短，以后兴奋期更长，以致不断表现出发情症状。病羊愿意接受交配，但屡配不能受孕。

【治疗】肌内注射绒促性素注射液。

（七）卵巢静止

卵巢静止是卵巢功能不全的一种表现。卵巢机能不全是由于卵巢机能暂时性扰乱，机能减退，处于静止状态，不出现周期性活动。本病常发生于高产母羊。冬春季节是母羊怀孕概率较高的季节，也是母羊流产容易出现的季节。症状表现通常是性周期延长或不出现周期性的性活动，即产后长期不发情或发情表现不明显。有的虽然发情明显，但不排卵，表现为无排卵性周期。直肠检查，卵巢表面光滑，质地、大小正常、无卵泡；子宫小而柔软；无黄体、或有陈旧的黄体痕迹。

【治疗】宜选用垂体促卵泡素注射液。

（八）排卵延迟

排卵延迟是卵泡发育至成熟、排出卵子超过正常时限的产科疾病。严重时可不排卵而形成卵泡闭锁。多见于绵羊。发情时间和排卵时间都超过正常范围，临床一般无明显变化，若不经过反复的检查很难发现。该病主要造成繁殖母羊空怀期延长，泌乳下降或无乳，给养殖业带来重大损失。

【治疗】宜选用绒促性素注射液、血促性素注射液或垂体促卵泡素注射液使卵泡发育，促进排卵。

（九）流产与死胎

流产又称妊娠中断，是指由于胎儿或母体异常而导致的生理过程发生扰乱，或它们之间的正常关系受到破坏而导致的妊娠中断。冬春季节是母羊怀孕概率较高的季节，也是母羊流产容易出现的季节。临床表现为排出不足月的胎儿或死胎，或胎儿在体内干尸化或腐败等。妊娠初期产出死胎时，常不易被发现，妊娠后期往往伴发难产，直肠检查摸不到胎动，妊娠脉搏变弱，阴道检查子宫颈口开张，黏液稀薄。妊娠期胎儿死亡后长久不排出体外，发生胎儿干尸化和胎儿浸溶。胎儿干尸化后，直肠检查可摸到子宫内有硬固胎体存在。胎儿浸润时，可表现出败血症和腹膜炎症状。

【治疗】

（1）先兆性流产　肌内注射孕酮，或肌内、皮下注射硫酸阿托品注射液；同时可给予镇静剂，如盐酸氯丙嗪注射液，也可在妊娠的一定时期内使用孕酮。经上述处理后，如阴道排出物继续增多，起卧不安加剧，阴道检查时，子宫颈口已开放，胎囊已进入阴道或已破水，流产不可避免，应尽快促使胎儿排出；必要时，进行助产，如引出困难，可行截胎术。引出胎儿后，进行子宫冲洗，并向子宫内注入土霉素类药物。

（2）胎儿干尸化　如母体子宫颈已开张，可向子宫内灌入大量温肥皂水，然后抽出干尸化胎儿；如子宫颈尚未开张，可肌内注射甲苯酸雌二醇注射液，多数病例于2～5h后可排出胎儿。经上述方法处理无效时，应反复注射，或用手指将子宫颈扩张，再试行抽出胎儿；最后用消毒液冲洗子宫，或投入土霉素类药物。

（3）胎儿浸溶　肌内注射甲苯酸雌二醇注射液，扩张子宫颈，必要时隔日重注一次。子宫颈扩张后向子宫内注入温的聚维酮碘溶液，反复冲洗，并用手指取出骨头。最后再用 5%～10% 盐水等冲洗子宫，并注射子宫收缩药，促使液体排出，投入抗生素。必要时采取适当的对症疗法。

（4）胎儿腐败分解　可切开胎儿皮肤放气，取出胎儿。必要时，可行截胎术。用消毒液反复冲洗子宫，并投入土霉素类药物。

二、内科病

（一）支气管炎

支气管炎也称小叶性肺炎，以细支气管为中心的个别肺小叶或几个肺小叶的炎症。临床特征为弛张热型、湿性咳嗽、呼吸增数，叩诊有散在的局灶性浊音区，听诊有啰音和捻发音。幼龄和老龄羊比较常见。主要经呼吸道感染，呈散发或地方性流行。病羊初期表现干而短的痛性咳嗽，逐渐变为湿而长的咳嗽，体温升高达 40℃以上，呈弛张热型；呼吸浅表、增数，食欲下降或废绝，可视黏膜潮红或发绀。病死羊剖检，气管、支气管和肺泡含有大量的渗出物，先是浆液性的，后是黏液性或纤维素性的。肺脏出现充血水肿期、红色肝变期、灰色肝变期等病理变化。肺质地变硬，重量增加，切面流出泡沫样液体。

【治疗】

（1）消炎 宜用磺胺嘧啶或青霉素、链霉素，肌内注射。

（2）解热镇痛 可内服阿司匹林片或安乃近片；或肌内注射安乃近注射液、安痛定注射液或复方氨基比林注射液。

（3）强心 可用樟脑磺酸钠注射液，静脉、肌内或皮下注射。

（二）大叶性肺炎

大叶性肺炎是肺泡内以纤维蛋白渗出为主的急性炎症，又称纤维素性肺炎，是一种急性、高热、且多呈定型经过，病变起于局部肺泡，并迅速波及整个或多个大叶甚至一侧或整个肺脏的炎症过程。主要经呼吸道感染，呈散发或地方性流行。病羊体温迅速升高（40～41℃），并高热稽留 6～9d，以后渐退或骤退至常温。呼吸迫促，严重时呈混合性呼吸困难，鼻孔开张，呼出气体温度较高。黏膜潮红或发绀。疾病初期，有浆液性、黏液性或黏液脓性鼻液，病羊精神沉郁，食欲减退或废绝，反刍停止，泌乳降低，因呼吸困难而采取站立姿势，并发出呻吟或磨牙。一般只侵害单侧肺脏，有时可侵害两侧，多见于左肺尖叶、心叶和膈叶。同时侵犯胸膜，引起浆液-纤维素渗出物蓄积。液体吸收后，胸膜表面的纤维蛋白渗出物也可因机化而使胸膜肥厚或粘连。化脓菌感染时，可引起肺脓肿、脓胸或脓气胸，甚至出现败血症、脓毒血症或感染性休克。

【治疗】

（1）宜选用四环素类或磺胺类药物。

（2）对症治疗　体温过高可用解热镇痛药，剧烈咳嗽，可选用祛痰止咳药，严重呼吸困难可输入氧气，心力衰竭时用强心剂。

（三）口炎

口炎是口腔黏膜发炎的总称，病羊表现为口腔疼痛，采食和咀嚼困难，流口水。主要临床症状为食欲减少，口内流涎。当继发细菌感染时有口臭，同时口腔黏膜发红。卡他性口炎，表现为口腔黏膜发红、充血、肿胀、疼痛，特别在唇内、齿龈、颊部明显。上下唇出现水疱、溃疡。水疱性口炎，病羊的上下唇内有很多大小不等的、充满透明或黄色液体的水疱。溃疡性口炎，在黏膜上出现有溃疡性病灶，口内恶臭，体温升高。

【治疗】

（1）排除异物等病因　清除口腔异物，改善饲养管理条件，喂给柔软富含营养易消化的草料，有条件的要补喂牛奶或羊奶。

（2）清洗口轻黏膜　轻度口炎的病羊，可涂碘甘油，直至痊愈为止。

（3）抗菌消炎　病羊体温升高、继发细菌感染时需注射抗生素，可用青霉素、链霉素，肌内注射；或内服或注射磺胺类药物。

（4）补充维生素　若由于营养因素，维生素缺乏等，可注射或口服维生素 B_2。

（四）瘤胃积食

瘤胃积食又称急性瘤胃扩张，是反刍动物贪食大量粗纤维饲料或容易臌胀的饲料引起瘤胃扩张,瘤胃容积增大,内容物停滞和阻塞以及整个前胃机能障碍,形成脱水和毒血症的一种严重疾病。病羊在发病初期,食欲、反刍、嗳气减少或停止;鼻镜干燥,排粪困难,腹痛,不安摇尾,弓背,回头顾腹,呻吟哞叫,腹围增大;呼吸急促,脉搏加快,结膜发绀;听诊瘤胃蠕动音减弱、消失;触诊瘤胃胀满、硬实。后期由于过食造成胃中食物腐败发酵,导致酸中毒和胃炎,精神极度沉郁,全身症状加剧,四肢颤抖,常卧地不起,呈现昏迷状态。

【治疗】治疗羊的瘤胃积食以排出瘤胃内容物、止酵防腐、促进瘤胃蠕动、解除酸中毒为宗旨。可内服液状石蜡或促反刍散。

(五)前胃迟缓

前胃迟缓是由各种病因导致前胃神经兴奋性减低,肌肉收缩力减弱,瘤胃内容物运转缓慢,微生物区系失调,产生大量发酵和腐败的物质,引起消化障碍,食欲、反刍减退,乃至全身机能紊乱的一种疾病。急性型发病初期表现为病羊食欲减退,以后逐渐消失;反刍和瘤胃蠕动次数减少或消失;瘤胃触诊,内容物较空虚。慢性型表现为病羊精神沉郁、消瘦,食欲时好时坏,喜卧,瘤胃蠕动次数减少、无力,反刍减少而不规则,嗳气减弱或停止,排出的气体带有臭味。同时粪便干燥或稀薄。该病后期常伴发瓣胃阻塞,鼻镜干燥或龟裂,不愿走动或卧地不起,食欲、反刍停止,瓣胃蠕动音消失,脉搏加快,呼吸困难。最后严重脱水,眼球下陷,结膜发绀,全身衰竭而死。

【治疗】先采用饥饿疗法禁食1~2d,每天人工按摩瘤胃数次,每次10~20min,并给以极少量易消化的青绿多汁饲料。然后进行药物疗法:当瘤胃内容物过多时,可内服液状石蜡或促反刍散。为加强胃肠蠕动,恢复胃肠功能,可用瘤胃兴奋药,如静注浓氯化钠注射液。

（六）皱胃阻塞

皱胃阻塞又称皱胃积食，是由于迷走神经调节机能紊乱或受损，导致皱胃迟缓，内容物滞留，胃壁扩张而形成阻塞的一种疾病。初期前胃迟缓，食欲减退或消失，尿量少、粪便干燥，随着病情发展，反刍停止，肚腹显著增大，肠音微弱有时排少量糊状棕褐色恶臭粪便，混有少量黏液。

【治疗】早期可内服液状石蜡或促反刍散；后期防脱水，忌用泻药。

（七）瓣胃阻塞

羊瓣胃阻塞又称百叶干，是由于羊瓣胃的收缩力减弱，食物通过瓣胃时积聚，不能后移，充满叶瓣之间，水分被吸收，内容物变干而致病。病羊发病初期，鼻镜干燥，食欲废绝，反刍缓慢，嗳气减少，粪便干少、色黑。后期反刍、排粪停止。听诊瘤胃蠕动音减弱，瓣胃蠕动音消失，常可继发瘤胃积食和臌气。触诊瓣胃区（羊右侧第7～9肋的肩关节水平线上），病羊表现疼痛不安。随着病情发展，瓣胃小叶可发生坏死，引起败血症，体温升高，呼吸、脉搏加快，全身症状恶化而死。

【治疗】采用瓣胃注射。先注入生理盐水 20～30mL，随即吸出一部分，如液体中有食物或液体被污染时，证明已刺入瓣胃内。然后注入25％硫酸镁 30～40mL、石蜡 100mL、5％葡萄糖生理盐水150～300mL，混合后静脉一次注射。等瓣胃内容物松软后，可用瘤胃兴奋药。

（八）创伤性网胃炎和心包炎

创伤性网胃炎是羊误食了尖锐、坚硬物，刺穿了网胃而引起的炎症，并可引起心包炎。一般发病缓慢，初期无明显变化，日久则表现精神不振，食欲、反刍减少，瘤胃蠕动减弱或停止，并常出现反刍性臌气。病情较重时患羊行动小心，常有拱背、呻吟等疼痛表现。触诊网胃部，发生疼痛并抵抗，腹肌紧缩。当发生创伤性心包炎时，病羊全身症状加重，体温升高，心跳明显加快，颈静脉怒张，颌下、胸前水肿。病后期常导致腹膜粘连、心包化脓和脓毒败血症。

【治疗】患病初期，停止活动和放牧，减少饲草喂量，降低腹腔脏器对网胃的压力。抗菌消炎可肌内注射青霉素、链霉素，也可用磺胺嘧啶。

（九）胃肠炎

胃肠炎是胃肠黏膜发生出血性或坏死性炎症的一种疾病。病初多呈急性消化不良，病羊磨牙，弓背，口渴喜饮水，出现前胃迟缓症状；而后食欲、反刍停止，体温升高，口腔干燥发臭且有黄白色舌苔。肠音初期增强，后期减弱甚或消失，不时排出稀粪或水样粪便，并伴有腹痛。严重病例，结膜黄染，粪中带血，色黑恶臭，似煤焦油样；病羊消瘦，四肢末端发凉，脉搏微弱，极度衰竭，卧地不起，呈昏睡状态，最后抽搐死亡。

【治疗】

（1）早期单纯消化不良　可内服碱式硝酸铋或碱式碳酸铋。

（2）脱水严重　需输液，可用5%葡萄糖静脉注射，亦可加入土霉素或四环素。

（3）心力衰竭　可用强心剂。

（十）肝炎

肝炎是肝细胞出现不同程度的弥漫性变形、坏死和炎性细胞浸润的肝脏疾病。主要症状为厌食，常伴有便秘或腹泻。可见黏膜出现黄疸，特别从结膜上容易看到。在严重病例，当分开被毛时亦可见皮肤发黄，皮肤瘙痒，脉搏徐缓，精神沉郁或兴奋，共济失调，抽搐或痉挛，或呈昏睡状态，甚至发生肝昏迷。在肝脏上发生坏死和脓肿时，亦可能不显症状，如果出现症状，则表现全身障碍，如体温升高、食欲消失、精神沉郁及衰弱，最后僵卧而死。

【治疗】

（1）改善管理　给予富含糖类和维生素等易消化饲料，并保持羊舍安静，让患羊充分饮食和休息，可内服人工矿泉盐用于健胃。

（2）保肝利胆　可静脉注射葡萄糖注射液，同时可加 B 族维生素和维生素 C。

（3）对症治疗　用肾上腺皮质激素制剂可抑制短期炎症；脑内压升高可用甘露醇；清肠制酵，可用硫酸镁（钠）；同时进行强心、补液、解毒、驱虫、利尿等措施。

（十一）肾炎

肾炎是肾小球、肾小管或肾间质组织发生炎症病理变化的统称。肾炎的主要特征是肾区敏感和疼痛，尿量减少，尿液检验有特殊的病理产物。临床表现为少尿和蛋白尿，食欲减退，精神沉郁，低热。站立时背腰拱起，后肢叉开，不愿行走，触诊肾区敏感疼痛。后期，眼睑、胸腹下水肿。少尿或无尿，尿色浓暗，当混有血液时，尿色变红。重症者，由于尿中毒，导致昏迷，衰竭而死亡。尿液检验发现红细胞。急、慢性肾炎，尿液检验科发现尿中蛋白质含量增加，尿沉渣中有多量的肾上皮细胞、管型和少量的红细胞、白细胞。

【治疗】

（1）给予青绿饲料　特别是富含维生素 A 和蛋白质的饲料，饮水充足，同时适当限制食盐的补充。

（2）抗菌消炎，消除感染　可用青霉素、链霉素，肌内注射。也可选用庆大霉素、恩诺沙星等药物。

（3）利尿消肿　可用呋塞米和氢氯噻嗪等利尿药。

（4）非甾体类抗炎药疗法　可选用地塞米松、强的松、氢化可的松，肌内或静脉注射。

（5）输液和补糖　对于肾病侧重于输液和补糖，以解除各种毒物的中毒。

（6）对症疗法　根据病情发展，心脏功能降低可注射强心剂。呼吸困难可使用呼吸兴奋剂，如氨茶碱等。对于尿毒症的治疗，应进行补液，补液而同时放血，可减轻症状。

（十二）胸膜炎

胸膜炎是胸膜发生以纤维蛋白沉着和胸腔积聚大量炎性渗出物为特征的一种炎症性疾病。发病初期，病羊体温升高，精神沉郁，食欲减退或废绝。由于胸膜的疼痛，使病羊呈浅表的腹式呼吸。常常发生痛苦的咳嗽。触诊胸壁表现疼痛不安。当胸腔内大量积聚渗出液时，由于压迫肺和心脏，使呼吸困难，心跳加快。肺部听诊肺泡呼吸音减弱，心音模糊不清，脉搏细弱频数，胸壁叩诊能出现水平浊音区。当患纤维素性胸膜炎时，随着呼吸或心跳而出现摩擦音。临床表现弛张热型，胸腔积液，当积液多时叩诊呈水平浊音。

【治疗】

（1）胸腔穿刺排除积液后进行冲洗，注入普鲁卡因青霉素。

（2）松节油搽剂涂擦胸壁。

（3）复方磺胺对甲氧嘧啶注射液，肌内注射。

（十三）腹膜炎

腹膜炎是腹膜壁层和脏层各种炎症的统称，由感染、化学物质或损伤引起的腹膜炎症，多由细菌感染引起，临床上腹壁疼痛和腹腔积有炎性渗出液为特征。病羊精神极度沉郁，食欲废绝，口渴贪饮，腹围增大，腹部僵硬，由于腹部疼痛，因而腰背弓起，腹围紧缩，行动小心。当腹腔内液体增多时，则腹下部呈对称性增大，触诊敏感，叩诊有水平浊音。体温升高达 40℃ 以上，脉搏增数微弱，呼吸浅快，且为胸式呼吸。

【治疗】

（1）护理　使病畜保持安静。病初减饲 1～2d，以减轻肠胃的负担，而后少量多次饲喂优质易消化的草料，如麦麸粥、优质干草等。

（2）抗菌消炎　以广谱抗生素或多种抗生素联合应用效果好。如单独应用氟苯尼考或庆大霉素等；或青霉素、链霉素合并应用。若腹腔内有大量液体积聚时，可在腹腔穿刺排液后，以青霉素、链霉素溶于生理盐水，腹腔内注射，效果较好。

（3）制止渗出　为了减少渗出，降低腹腔内压力，以减轻对心、肺的压迫，可静脉注射 10％氯化钙溶液。

（4）增强全身机能　为了增强全身机能，可采用强心、补液、缓泻等综合措施，以改善心、肺机能，防止脱水，矫正电解质和酸碱平衡失调。条件许可时，可少量输给血浆或全血，以矫正血浆胶体渗透压。

（5）补液、矫正电解质与酸碱平衡失调　可用 5％葡萄糖生理盐水或复方氯化钠液、5％碳酸氢钠液，静脉注射。对出现心律失常、全身无力及肠迟缓等缺钾现象的腹膜炎病畜，可在糖盐水内加 10％氯化钾（25mL/L），静脉滴注。

（十四）膀胱炎

膀胱炎是膀胱黏膜及其黏膜下层的炎症。多发于母羊，以卡他性膀胱炎多见。主要症状是排尿频繁，时常努责，但每次只能排出少量尿液，甚至完全无尿。尿中含有蛋白和脓细胞。压迫膀胱时，羊有敏感表现（弓背）。如果变为慢性，症状不太明显。

【治疗】

（1）急性膀胱炎　让病羊完全休息，给以无刺激性的饲料和大量饮水。最好喂给青草、青干草、麸皮和萝卜等饲料。对于较严重的病例，可以注射庆大霉素、恩诺沙星或磺胺类药物（如磺胺嘧啶、磺胺甲基嘧啶）。为了对尿路进行防腐消毒，可以内服乌洛托品。

（2）慢性膀胱炎　可应用尿道防腐消毒剂，如口服乌洛托品，也可用利尿剂。

（十五）瘤胃酸中毒

瘤胃酸中毒是因采食大量的谷类或其他富含碳水化合物的饲料后，导致瘤胃内产生大量乳酸而引起的一种急性代谢性酸中毒。其特征为消化障碍、瘤胃运动停滞、脱水、酸血症、运动失调、衰弱，常导致死亡。急性病例，病羊行动迟缓，步态不稳，呼吸急促，心跳加快，气喘，常于发病后 $1 \sim 3h$ 死亡。病情较缓的，病羊表现精神高度沉郁，食欲废绝，反刍停止，鼻镜干燥，无汗，眼球下陷，肌肉震颤，走路摇晃。有的排黄褐色或黑色、黏性稀粪，有时含有血液，少尿或无尿。

【治疗】

（1）中和胃液酸度　用 5% 碳酸氢钠胃管洗胃或口服氢氧化钙溶液。

（2）补充体液　同时补加 5% 碳酸氢钠溶液，以解除体内积存的酸性物质。

（3）消除炎症　可注射青霉素和链霉素，或氟苯尼考等抗生素。

（4）当病羊不安，严重气喘或休克时，可静脉注射山梨醇注射液。

（5）病羊全身中毒减轻，脱水有所缓解，但仍卧地不起时，可适当注射水杨酸类和低浓度的钙制剂。

（6）因进食大量谷物或精料而致病的，可施行瘤胃切开术，取出食物。

三、外科病

（一）结膜角膜炎

羊传染性角膜结膜炎又称红眼病，是由多种病原引起羊眼角膜结膜发炎的一种传染病。一年四季都有流行，春、秋发病较多，潜伏期一般为 2～7d，1 周之内可迅速波及全群。传播途径主要是直接或密切接触传染。病初呈结膜炎症状，流泪、羞明、疼痛、眼睑半闭，眼内角流出多量浆液性或黏液性分泌物，之后可转变成脓性分泌物。上下眼睑肿胀，结膜和瞬膜潮红，甚至有出血斑点。随着病情发展，炎症可蔓延到角膜和虹膜，严重者形成溃疡或角膜瘢痕。病程一般为20d 左右，长者可达 40d。绝大多数病例能自愈，即使角膜混浊者也多能逐渐复明。本病很少引起死亡，少数病羊多因结膜、角膜白斑双目失明而被淘汰。

【治疗】可用醋酸氢化可的松滴眼液点眼。用前宜振摇成均匀的乳白色混悬液。有细菌感染时应与抗菌药物配伍使用。

（二）蹄叶炎

羊蹄叶炎是角质蹄壁下层和蹄底肉样血管组织的一种急性或慢性炎症。本病多发生于奶山羊，其发病率可高达 10% 以上。急性蹄叶炎多发生于分娩时或突然变换饲料之后，或者伴发于肠毒血症、肺炎、乳房炎、子宫炎或过敏反应等情况下，病羊体温升高达 41℃ 左右，强迫起立和行走时，表现极度痛苦，触摸蹄时有热感。慢性蹄叶炎常发生于精料过食或肠毒血症轻度发作之后。春季的草含蛋白量高，也可能成为病因之一。

【治疗】

（1）急性蹄叶炎　治疗措施包括给止痛剂、消炎剂、抗内毒素疗法、扩血管药、抗血栓疗法，合理削蹄和装蹄，以及必要时的手术疗法。

（2）慢性蹄叶炎　首先应注意护蹄，并预防急性型或亚急性型蹄叶炎的再发（如限制饲料、控制运动等）。应注意清理蹄部腐烂的角质以预防感染。

（三）关节炎

关节炎主要是由外伤和病原微生物感染所引起的关节腔和关节囊等组织的炎症，多发生于膝关节、腕关节、指（趾）关节和跗关节等四肢关节，可表现为急性或慢性过程。急性时关节腔有浆液性、纤维素性或化脓性渗出物，关节面糜烂，周围组织充血、水肿，关节疼痛。慢性时关节囊结缔组织增生，关节囊表面的间皮与软组织也增生，甚至两关节面发生纤维性或骨性黏连，终致关节僵硬和固着。

【治疗】

（1）急性炎症初期　应用冷却疗法，装压迫绷带，之后改用温热疗法，或装关节加压绷带，如布绷带或石膏绷带。全省应用磺胺制剂，每天一次，有良好的效果。关节也可装湿绷带（饱和盐水、10%硫酸镁液、樟脑酒精等）。用10%氯化钙注射液、水杨酸钠注射液静脉注射。

（2）慢性炎症时，无菌操作放出关节液，注入普鲁卡因青霉素或可的松，并装着压迫绷带。

（3）可用醋酸氢化可的松进行治疗，肌内注射。

（四）中耳炎

中耳炎是指鼓室及耳咽管的炎症。常继发于上呼吸道感染，其炎症蔓延至耳咽管，再蔓延至中耳而引起。外耳炎、鼓膜穿孔也可引起中耳炎。链球菌和葡萄球菌是中耳炎常见的病原菌。单侧性时，头倾向患侧，使患耳朝下，有时出现转圈运动；两侧性时，低头伸颈。化脓性炎时，常呈体温升高，食欲不振，精神沉郁，有时横卧或出现阵发性痉挛等，如有脓汁贮留，听觉迟钝。

【治疗】首先局部和全身应用红霉素治疗。充分清洗外耳道后滴入药液，并配合全身应用，以便药物进入中耳腔，用药前最好能对耳分泌物做细菌培养和药敏试验。如果临床症状未能改善，可采用中耳腔冲洗治疗。羊全身麻醉，充分清洗外耳道后用耳镜检查鼓膜，若鼓膜已穿孔或无鼓膜，可将细吸管插入中耳深部冲洗，若鼓膜未破，用细长的灭菌穿刺针穿通鼓膜，放出中耳内积液，用普鲁卡因青霉素洗涤，直至排出液清亮透明。

（五）腐蹄病

腐蹄病也称蹄间腐烂或趾间腐烂，羊腐蹄病有传染性和非传染性两类，是由坏死杆菌侵入羊蹄缝内，造成蹄质变软、烂伤流出脓性分泌物。其特征是局部组织发炎、坏死。患腐蹄病的羊食欲降低，精神不振，喜卧，走路跛。病初轻度跛行，多为一肢患病，蹄间隙、蹄匣和蹄冠红肿、发热，有疼痛反应，之后溃烂，挤压时有恶臭的脓液流出。严重可引起蹄部深层组织坏死，蹄匣脱落，病羊常跪下采食。秋季易发病，在西北的广大牧区常呈地方性流行，病程比较缓慢，多数病羊跛行达数十日甚至数月。

【治疗】

（1）用 1‰ 高锰酸钾液，浸泡患处 5～10min。每日早、晚各一次。

（2）若脓肿部分未破，应切开排脓，然后用1%高锰酸钾洗涤，再涂擦浓福尔马林，或撒以高锰酸钾粉。

（3）除去患部坏死组织，到出现干净创面时，用4%醋酸、1%高锰酸钾、3%来苏儿或双氧水冲洗，再用10%硫酸铜或6%福尔马林进行浴蹄。如为大批发生，可每日用10%龙胆紫或松馏油涂抹患部。

（4）除去坏死组织后，涂以青霉素水剂或油乳剂。对于严重的病羊，如有继发性感染时，在局部用药的同时，应全身用磺胺类药物或抗生素，其中以注射磺胺嘧啶或土霉素效果最好。

（5）在肉芽形成期，可用土霉素、甘油进行治疗；肉芽过度增生时，可涂用10%卤碱软膏或撒用卤碱粉。为了防止硬物的刺激，可给病蹄包上绷带。

（六）皮肤脓肿

羊皮肤脓肿是皮肤或黏膜损伤后感染，以及局部炎症、血肿的皮肤化脓性疾病。组织或器官内形成外有包膜，内有脓汁的脓腔。肿胀病初局部肿胀，增温、发红。疼痛、肿胀部位坚硬。随后，肿胀部位突起，中部逐渐变软，皮肤变薄，被毛脱落，自行破溃流出脓汁。深部脓肿不明显，皮下水肿，疼痛明显，局部增温。脓肿炎症扩散后，可经血液循环或淋巴循环进入全身，形成脓毒败血症或脓毒转移症，全身症状明显。

【治疗】

（1）局部肿胀处于急性炎性细胞浸润阶段时，用冷疗法或局部涂擦樟脑软膏；当炎性渗出停止后，可用温热疗法。必要时配合全身应用土霉素或磺胺类药物。

（2）用热敷法或局部涂布5%鱼石脂软膏，以促进脓肿的成熟。

（3）脓肿处方　3％过氧化氢溶液冲洗，碘甘油浸纱布引流，也可用0.1％高锰酸钾溶液冲洗，用土霉素鱼肝油引流。

（4）对成熟的脓肿采用手术治疗。

（七）绵羊湿疹

绵羊湿疹是以表皮变化为主的一种皮炎。主要病变在表皮，羊只瘙痒不安。急性者有糜烂、渗出液、结痂（剥去痂块时可以看到潮湿面）及鳞屑等症状，慢性者皮肤变粗硬，鳞屑增多。羊舍潮湿而污秽时较容易发生。急性湿疹多发生于背部、荐部和臀部。患部鲜红而潮湿，有大量浆液性渗出液和痂垢，表现瘙痒，有的区域龟裂、肿胀而有疼痛，以后羊毛脱落，羊体逐渐消瘦。蹄弯的湿疹最初发生小结节和小水疱，以后皮肤增厚、龟裂，形成痂块，可引起运动不便。当结缔组织收缩时，可造成蹄子后屈，行走时向后弯曲成弧形。

【治疗】

（1）**急性病例**　①病初潮红有丘疹的，应用鱼石脂10g，水杨酸10g，氧化锌软膏300g，配好后进行涂擦，每日1次；②渗出液较多时，可涂用3％～5％龙胆紫酒精溶液，或撒以硼酸和鞣酸等混合的粉剂；③化脓时，可用消毒液洗净，撒以磺胺粉。

（2）**慢性病例**　可用醋酸氟轻松涂患处。局部治疗，可先用温肥皂水洗净患部，然后涂擦10％硫黄煤焦油软膏。对于角化过度和鳞屑形成的慢性湿疹，应先用5％～10％水杨酸软膏，使角质层变薄，然后再改用硫黄煤焦油软膏。

（八）脱毛症

脱毛症是皮肤和毛乳头萎缩过程所引起的被毛脱落现象。绵羊和山羊均可发生。可分为原发性脱毛症和症状性脱毛症。脱毛一般先从颈侧开始，逐渐波及体侧、四肢以至全身。原发性脱毛症多表现为脱毛部分皮肤无光泽，亦无炎症变化，仍然具有弹性，不痛不痒。山羊因为梳刷不够而发生的脱毛症，大多见于公羊。其特征是皮肤表面积有大量尘土，变为土黄色，摸起来比较粗糙，但并不甚硬，皮肤弹性稍差。症状性脱毛症，可以检查出原发病的特有变化。

【治疗】

（1）鱼石脂 10g，酒精 50mL，蒸馏水 100mL，制成溶液，每日早、晚各涂擦一次。

（2）碘酊 1mL，樟脑酊 30mL，配成溶液，用作搽剂。

（九）风湿病

风湿病是一种常反复发作的急性或慢性非化脓性炎症，以胶原纤维发生纤维素样变性为特征。在我国各地均有发生，但以东北、华北、西北等地发病率较高。本病有全身发生的，也有局部发生的。一般表现四肢僵硬，行动不便，或者呈十字形跛行。有时关节肿大，体温升高。急性病例常突然跌倒，不能起立。发生于颈部时，头偏向一侧，颈部不能自由运动。如为肌肉风湿，可摸到患部肌肉发硬。

【治疗】松节油或樟脑酊涂擦 2~3 次。行动自如后，将水杨酸钠用温水混合，调入饲料中喂服，每日 2 次，连用数日。也可以静脉注射水杨酸钠注射液。对于部位较广泛的风湿，除了应用水杨酸钠注射液以外，还可以肌内注射醋酸氢化可的松。

四、营养代谢病

（一）维生素 A 缺乏症

维生素 A 缺乏症是由维生素 A 或其前体胡萝卜素缺乏或不足所引起的一种营养代谢疾病，多见于舍饲绒山羊、妊娠母羊及幼羊。其特征为角膜及结膜干燥，视力衰退，失明，母羊流产、死胎。患羊初期畏光，视力减退，在阴暗的光线中不能视物。结膜发炎，角膜增厚角化，形成云雾状，有时有溃疡和羞明流泪。食欲不振，间或有腹泻、咳嗽、肺炎，被毛粗乱，鳞片皮症。

【治疗】

（1）注意改善饲养条件　多喂青绿饲料、鲜树叶、青干草，加喂胡萝卜、黄玉米，以补充维生素 A 的不足。特别对孕羊和舍饲羊更应重视冬季青干草、青贮料、胡萝卜等青绿饲料的储备和供应。

（2）病羊可采取肌内注射维生素 A。

（3）根据不同的症状进行对症治疗　结膜炎可用红霉素、四环素等眼药膏；腹泻时，给予呋喃唑酮、四环素等广谱抗生素。

（4）对有流产先兆的母羊，可肌内注射黄体酮注射液。

（二）软骨病

软骨病是发生在软骨内骨化作用已经完成的成年羊的一种骨营养不良，主要原因是钙磷缺乏及二者的比例不当。本病常发生于绵羊，山羊的"骨软病"通常以纤维性骨营养不良为特征。病羊初期表现生长缓慢，有异嗜癖，喜卧，不愿活动，起卧缓慢，跛行。下颌骨肿胀，长骨变形，前后肢常呈 O 形腿，软弱无力。关节肿大（特别是腕关节、跗关节），肋骨近胸骨端呈念珠状肿大，触诊有痛感。后期表现腕关节着地爬行，脉搏、呼吸次数增多，体温一般正常。

【治疗】

（1）本病应以预防为主，预防原则是加强饲养管理，在不同生理时期供给全价日粮，特别是高产奶山羊。平时注意饲料配比合理，特别是钙、磷比例。发病早期，通过在饲料中补充骨粉和磷酸氢钙治疗，每日在精饲料中添加 20g 骨粉，5~7d 为 1 个疗程。严重时，可静脉注射磷酸氢钙注射液或磷酸钙注射液。在上述治疗中如同时肌内注射维生素 D 可提高治疗效果。

（2）对于因吞食塑料薄膜引起的消化不良，可多次给予健胃药物，或应用盐类泻剂，促进排出塑料薄膜及长期滞留在胃肠道内腐败的有害物质。如治疗无效，在羊体状态允许的情况下，可以施行瘤胃切开术，去除积留的塑料膜团块。

（三）绵羊妊娠毒血症

绵羊妊娠毒血症是绵羊妊娠晚期的一种代谢病。其主要特征是食欲减退、运动失调、呆滞凝视、卧地不起，以致昏睡而死。本病主要发生于怀双羔和三羔的羊，多见于 5～6 岁，一般都发生于妊娠的最后一个月之内。病羊食欲减退，反刍停止，瘤胃迟缓，以后食欲废绝，离群独处。排粪少，粪球硬小，常有黏液，有时带血。可见黏膜苍白，以后黄染。呼吸浅表，呼气带有醋酮气味。严重时，精神沉郁，对周围刺激缺乏反应，对人或障碍物不知躲避。当强迫运动时，步态蹒跚，或做圆圈运动，或头抵障碍物呆立。后期出现神经症状，唇肌抽搐，磨牙、流涎。站立时，因颈部肌肉阵挛性收缩，而头颈高举或高抑，呈望星姿态。有时头向下弯或前伸。严重者卧地不起，胸部着地，头高举凝视。如不抓紧治疗，大部分经 1～2d 昏迷而死。死后剖检，见怀有多胎，肝脏肿大、脆弱和脂肪变性，羔羊处于不同浸溶阶段。

【治疗】

（1）供给能迅速利用的能量　静脉注射 25%～50% 葡萄糖溶液，直到痊愈为止。

（2）促进恢复食欲　可用氢化可的松，或肌内注射醋酸波尼松或地塞米松。亦可注射促皮质素（ACTH），促进皮质激素的生物合成。

（3）纠正酸中毒　可用碳酸氢钠静脉注射，也可口服碳酸氢钠。

（4）人工引产　胎儿的存在，仍然要消耗给予母羊的能量，不利于病的治愈。应根据胎儿的死活、怀孕时期、羔羊价值和母羊体况，选用引产术或剖腹产术。

（四）醋酮血症

羊酮血症又称酮中毒、酮尿病，是碳水化合物和脂肪代谢紊乱所引起的一种全身功能失调性疾病。本病的特征是酮血症、酮尿症、酮乳症、低血糖症、血浆游离性脂肪酸升高、脂肪肝、肝糖原水平降低等。该病在每年的 6—8 月高发。各年龄段的羊均可发病，以 3~6 胎母羊发病率最高。酮病通常发生在怀孕 3 个月以后或于产后的 3~6 周，产前和分娩后 6 周内也可能发病。主要症状是食欲减退、体况下降、产奶量减少。神经症状表现为先兴奋后抑制。后期多见营养衰竭、消瘦，四肢瘫痪，卧地不起，有时呈半昏睡状态。病畜呼出的气体及乳、尿中均含有酮类气味。

【治疗】 主要是提升病羊的血糖，改善病羊的代谢。针对不同程度病症的羊进行治疗：

（1）对于病症较轻的羊 在喂料前静脉注射葡萄糖液与地塞米松磷酸钠，并且将葡萄糖拌于饲料内进行饲喂。

（2）对于重症羊 需要联合水合氯醛进行治疗，改善病羊的血糖含量与代谢机能。静脉注射 10% 氯化钙或葡萄糖酸钙溶液。

（3）促进糖异生 使用糖皮质激素（如氢化可的松、醋酸可的松）等，从而减少脂肪的消耗，促进糖异生。

（4）保护肝脏 用氨基酸等药物保护肝脏。

为了避免病羊的醋酮血病，需加强对病羊的护理，改善饲料喂养方式，增加饲料中的糖类物质，如胡萝卜、优质干草、甜菜，而减少精饲料的喂养。

（五）低镁血症

低镁血症又称为青草抽搐、青草蹒跚、麦类牧草中毒。羊由舍饲转为草地放牧时期，采食了大量的青绿牧草或谷苗而引起，以血中镁、钙浓度降低、强直性和阵发性肌肉痉挛、抽搐、呼吸困难和急性死亡为特征。主要发生于泌乳母羊。本病一年四季都可发生，但大多在春季，气候条件恶劣时可加速发病。

根据临床表现和病程，可分为急性型、亚急性型和慢性型。急性型在采食过程中突然停止采食，甩头、吼叫，盲目乱走，肌肉抽搐，行走时摇晃，最终跌倒，四肢强直，随后阵发性痉挛。大部分病例由于神经过度兴奋而引起心力衰竭，通常于 30～60min 内死亡，死后在其躺卧的地方可发现挣扎和划水样的痕迹。亚急性型病程 3～4d，病的发展呈渐进性，开始时，病羊食欲略有下降，甩头，四肢运动步样强据，拒绝驱赶，对触诊和声音敏感，频频排尿、排粪是亚急性型病例的典型特征。瘤胃运动减弱，乳产量下降，肌肉震颤，牙关紧闭，状似破伤风，后肢和尾巴震颤或轻微抽搐，针刺可引起强力惊厥。慢性型除有血镁浓度下降外，不表现临床症状。有时也有反应迟钝，不活泼，无选择的采食，可能转化为急性或亚急性，也可能在亚急性的恢复过程中出现。临床病理学变化为血镁浓度下降，血钙、血磷浓度也下降，血钾浓度升高。

【治疗】对亚急性病例或尚未来得及救治的急性病例，在病的早期用20％硫酸镁溶液，皮下多点注射，可使血镁浓度很快升高，效果很好。但3～6h又恢复到注射前水平，可反复注射。除上述药物治疗外，可针对心脏、肝脏、肠道机能紊乱等情况进行对症治疗，以强心保肝、止泻为主。在护理上应将病羊置于安静、无强光和任何刺激的环境饲养。对不能站立的病羊，应多垫褥草，经常翻转卧位，防止褥疮发生。

（六）铜缺乏症

羊铜缺乏症是由于机体铜摄入量不足而引起的一种营养代谢病，

其特征为贫血、腹泻、神经功能紊乱、运动障碍等。本病在我国宁夏、吉林等地相继报道。病羊表现贫血、红细胞减少。由于运动发生障碍而走路摇摆，故也称摆腰病或地方性共济失调，严重时后肢麻痹呈犬坐姿势或卧地不起。骨与关节发生变形，被毛褪色，毛质下降。心功能障碍，易突发心力衰竭而死亡。绵羊毛弯曲度下降，黑色毛变为灰白色。羔羊出现消化不良、消瘦、腹泻等症状。

【治疗】本病应以预防为主，如在饲料中添加硫酸铜，或经口投服含硒、铜、钴等微量元素的长效缓释丸，可有效预防本病。对于缺铜地区应施以含铜的肥料，或对动物补以含铜饲料。对于发病动物，可口服硫酸铜。如铜与钴合并应用，效果更好。

（七）碘缺乏症

碘缺乏症是动物机体摄入碘不足引起的一种以甲状腺机能减退、甲状腺肿大、流产和死产为特征的慢性疾病，又称甲状腺肿。本病发病率绵羊占 60%、山羊占 35%～70%。碘缺乏时，甲状腺激素合成受阻，致甲状腺组织增生，腺体明显肿大，生长发育缓慢、脱毛、消瘦、贫血、繁殖力下降。羊缺碘时，甲状腺肿大，流产，发情率与受胎率下降。其他症状不明显，新生羔羊表现虚弱、脱毛，不能吮乳，呼吸困难。触诊可见甲状腺增大为 5.0～15g，正常的甲状腺重 1.3～2.0g。皮下轻度水肿，四肢弯曲，站立困难，以至不能站立。山羊症状与绵羊类似，但山羊羔甲状腺肿和脱毛更明显，脱毛可分为完全脱落，周身被毛纤化，或外观基本正常三种类型。

【治疗】用含碘的盐砖让动物自由舔食，或者饲料中掺入海藻、海草类物质，或将碘化钾或碘酸钾与硬脂酸混合后，掺入饲料或盐砖内，浓度达 0.01%，能预防碘缺乏。

羔羊生后四周，一次给予碘化钾或碘酸钾，或在妊娠 4 月龄或产羔前 2～3 周时，以同样剂量给母羊一次口服，可预防新生羔羊死亡。

亦可在母羊妊娠后期，于饮水中加入 1～2 滴碘酊，产羔后 3％碘酊涂擦乳头，让仔畜吮乳时吃进碘，有较好的预防作用。

（八）锌缺乏症

锌缺乏症是由于饲料中锌的含量绝对或相对不足所引起的一种营养缺乏症。各种动物均可发生。锌缺乏可出现食欲减少，生长发育缓慢，生产性能减退，生殖机能下降，骨骼发育障碍，骨短、粗，长骨弯曲，关节僵硬，皮肤角化不全，皮肤增厚、皮屑增多、掉毛、擦痒，被毛、羽毛异常，免疫功能缺陷及胚胎畸形等。绵羊羊毛变直，变细，易脱落，皮肤增厚，皲裂。羔羊生长缓慢，流涎，跗关节肿胀，眼、蹄冠皮肤肿胀、皲裂。公羔羊睾丸萎缩，精子生成完全停止，当饲料中锌达 32.4mg/kg，可恢复精子生成。母羊缺锌时，繁殖力下降。山羊实验性缺锌引起生长缓慢，食物摄入减少，睾丸萎缩，被毛粗乱，脱落，在后躯、阴囊、头、颈部出现皮肤角质化增生。四肢下部出现裂痕、渗出。

【治疗】一旦出现本病，应迅速调整饲料锌含量。补锌后食欲迅速恢复，3～5 周内皮肤症状消失。

应保证日粮中含有足够的锌，使 Ca：Zn＝100：1，各种动物对锌的需要量一般在 35～45mg/kg，但因饲料中干扰因素影响，常在此基础上再增加 50％的量可防止锌缺乏症。如增加一倍量还可提高机体抵抗力，增重加快。

第四章

兽药残留与食品安全

　　兽药残留是指食品动物在应用兽药后残存在动物产品的任何食用部分（包括动物的细胞、组织或器官，泌乳动物的乳或产蛋家禽的蛋）中与所用药物有关的物质的残留，包括药物原形或/和其代谢产物。食品中兽药残留问题在国内外影响广泛和颇受关注，与公众的健康息息相关，也直接关系到养殖业的经济利益和可持续发展，影响国家的对外经贸往来和国际形象。兽药残留是动物用药后普遍存在的问题，又是一个特殊的问题。

一、兽药残留的来源

　　兽药残留主要是指化学药物的残留，生物制品一般不存在残留问题。中兽药在我国已经有几千年的应用历史，一般毒性较低，有的可以药食同源；虽然对中兽药一些活性成分的主要作用包括药理毒理作用尚不明晰，但因其有效成分含量较低，所以，中兽药的残留问题一般暂不考虑。

　　食品动物用药途径一般包括饲料、饮水、口服、喷雾、注射等方式，常常因为用药不规范而导致兽药残留。此外，环境污染或其他途径进入动物体内的药物或其他化学物质也可能导致残留。

二、兽药残留的主要原因

发生兽药残留的原因较多，但主要是因为不规范使用导致的。常见的原因主要是：

（1）不按照兽医师处方、兽药标签和说明书用药　兽药的适应证、给药途径、使用剂量、疗程都有明确规定，也都在标签和说明书载明。但有的养殖场（户）没有执业兽医师服务，或者有执业兽医师但不执行处方药制度，或不在执业兽医师监管下用药，或者不按照兽药标签和说明书用药。

（2）不遵守休药期规定　休药期（Withdrawal Period）是指食品动物最后一次使用兽药后到动物可以屠宰或其产品（蛋、奶）可以供人消费的间隔时间。这是兽药制剂产品的一项重要规定，食品动物在使用兽药后，需要有足够的时间让兽药从动物体内尽量排出，最终动物性产品（肉、蛋、奶）中兽药残留量不会超过法定标准。不遵守休药期，动物组织中的兽药残留极易超标。

（3）使用未批准在该食品动物使用的药物　未经批准的药物，一般都没有明确的用法、用量、疗程和休药期等规定，使用后难以避免残留超标。

（4）饲料中添加药物且不标明　有的饲料中可能已经添加了药物，但却不在标签中标明药物品种和浓度，养殖者在不知情时重复用药，造成残留超标。

（5）非法使用国家禁止使用的物质　如使用违禁物质克仑特罗作为促生长剂，运输动物时使用镇静药物防止动物斗殴等。这些也是造成动物性食品中有害物质残留的原因，属国家严厉打击的范围。

三、兽药残留的危害

兽药残留对人体健康和公共卫生的危害主要有如下几方面：

（1）一般毒性作用　一些兽药或添加剂都有一定的毒性作用，如氨基糖苷类抗生素有较强的肾毒性和耳毒性等。人若长期摄入含有该类药物残留的动物性食品，随着药物在体内的蓄积，可能产生急性或（和）慢性毒性作用。

（2）特殊毒性作用　一般指致畸作用、致突变作用、致癌作用和生殖毒性作用等。一些撤销的兽药（如硝基咪唑类、喹乙醇、卡巴氧、砷制剂等）有致癌作用，苯并咪唑类、氯羟吡啶等有致畸和致突变作用。特殊毒性作用对人体健康危害极大。

（3）过敏反应　如青霉素等在牛奶中的残留可引起人体过敏反应，严重者可出现过敏性休克并危及生命。

（4）激素样作用　使用雌激素、同化激素等作为动物的促生长剂，其残留物除有致癌作用外，还对人体产生其他有害作用，超量残留可能干扰人的内分泌功能，破坏人体正常激素平衡，甚至致畸、引起儿童性早熟等。

（5）对人胃肠道菌群的影响　含有抗菌药物残留的动物性食品可能对人胃肠道的正常菌群产生不良的影响，致使平衡被破坏，病原菌大量繁殖，损害人体健康。另外，胃肠道菌群在残留抗菌药的选择压力下可能产生耐药性，使胃肠道成为细菌耐药基因的重要贮藏库。

第二节　兽药残留的控制与避免

兽药残留是现代养殖业中普遍存在的问题，但是残留的发生并非不可控制与避免。实际上，只要在养殖生产中严格按照标签或说明书规定的用法与用量使用，不随意加大剂量，不随意延长用药时间，不使用未批准的药物等，兽药残留的超标是可以避免的。然而，就目前我国养殖条件下，把兽药残留降低到最低限度还需要下很大力气。保证动物性产品的食品安全是一项长期而艰巨的任务，关系到各方面的工作。

一、规范兽药使用

在养殖生产中规范使用兽药方面，严格遵守相关规范。

（1）**严格禁用违禁物质** 为了保证动物性食品的安全，我国兽医行政管理部门制定发布了《食品动物禁用的兽药及其他化合物清单》，兽医师和食品动物饲养场均应严格执行这些规定。出口企业还应当熟知进口国对食品动物禁用药物的规定，并遵照执行。

（2）**严格执行处方药管理制度** 所谓兽用处方药，是指凭兽医师开写处方方可购买和使用的兽药。处方药管理的一个最基本的原则就是兽药要凭兽医的处方方可购买和使用。因此，未经兽医开具处方，任何人不得销售、购买和使用处方药。通过兽医开具处方后购买和使用兽药，可防止滥用兽药尤其抗菌药，避免或减少动物产品中发生兽药残留等问题。

（3）**严格依病用药** 就是要在动物发生疾病并诊断准确的前提下才使用药物。与过去相比，我国养殖业在养殖规模、养殖条件、管理水平、人员素质方面都有很大的进步。但是规模小、条件差、管理落后的小型养殖场（户）仍然占较大的比例。这些养殖场依靠使用药物来维持动物的健康，存在过度用药，滥用药物严重问题，发生兽药残留的风险极大，也带来较大的药物费用，应当摒弃这种思维和做法。

（4）**严格用药记录制度** 要避免兽药残留必须从源头抓起，严格执行兽药使用记录制度。兽医及养殖人员必须对使用的兽药品种、剂型、剂量、给药途径、疗程或给药时间等进行登记，以备检查与溯源。

二、兽药残留避免

兽药残留是动物用药后普遍存在的问题，要想避免动物性产品中发生兽药残留，需要做好以下工作。

（1）加强对饲料加药的管控　现代养殖业的动物养殖数量都比较大，因此用药途径多为群体给药，饲料和饮水给药是最为方便、简捷、实用、有效的方法。然而，通过饲料添加方式给药的兽药品种需要经过政府主管部门的审批，饲料厂和养殖场都不得私自在饲料中添加未经批准的兽药。其次，某些饲料生产厂生产的商品饲料中不标明添加的药物，因而可能导致养殖场的重复用药，从而带来兽药残留超标的风险。

（2）加强对非法添加物的检测　目前，兽药行业仍然存在良莠不齐、同质化严重的现象，兽药产品在销售竞争中仍然以价格低而取胜，因此兽药产品中处方外添加药物的现象仍然较为多见。此外，一些兽药企业非法生产未经批准的复方产品也属于非法添加产品。这些产品因为没有经过临床疗效、残留消除试验获得正式批准，所以其休药期是不确定的，增加了发生残留的风险。

（3）严格执行休药期规定　兽药残留产生的主要原因是没有遵守休药期规定，因此严格执行休药期规定是减少兽药残留发生的关键措施。药物的休药期受剂型、剂量和给药途径的影响。此外，联合用药由于药动学的相互作用会影响药物在体内的消除时间，兽医师和其他用药者对此要有足够的认识，必要时要适当延长休药期，以保证动物性食品的安全。

（4）杜绝不合理用药　不合理用药的情形包括不按标签或说明书的规定用药以及盲目超剂量、超疗程用药等，其极易导致兽药残留超标的发生。因为动物代谢药物的能力有限，加大剂量可能会延长药物在动物体内的消除时间，出现残留超标。

三、实施残留监控

为保障动物性食品安全，农业部 1999 年启动动物及动物性产品兽药残留监控计划，自 2004 年起建立了残留超标样品追溯制度，建立了 4 个国家兽药残留基准实验室。至今，我国残留监控计划逐步完善，检测能力和检测水平不断提高，残留监控工作取得长足进步。实践证明，全面实施残留监控计划是提高我国动物性食品质量、保证消费者安全的重要手段和有效措施。

做好我国兽药残留监控工作，一是要强化兽药使用监管，严格执行处方药制度，执业兽医师要正确使用兽药。二是要加强兽药残留检测实验室的能力建设，完善实验室质量保证体系。三是要以风险分析结果为依据，准确掌握兽药使用动态和残留趋势，确定合理的抽检范围和数量，科学制定残留监控年度计划。四是要系统开展残留标准制定和修订工作，为残留监控提供有力的技术支撑。

政府发布的动物性产品中允许的最高残留限量标准是一个法定的标准，其限量是不允许超过的。科学上来讲，这个最高残留限量标准是经过对兽药测定未观察到副作用的剂量（No Observed Effect Level，NOEL），依此评价推断出每日允许摄入量（Acceptable Daily Intake，ADI），再根据每人每日消费的食物系数，计算出动物性产品中最高残留限量（Maximum Residue Limits，MRL）。每日允许摄入量是指人一生每天都摄入后也不产生任何危害的量，是科学评判兽药残留是否危害健康的量。

第五章

抗菌药物耐药性控制

自青霉素被发现以来，抗菌药物已经成为减少人和动物感染性疾病发病率和死亡率不可缺少的药物。抗菌药物引入兽医后，显著地提高了动物的健康和生产力。但是，随着细菌耐药性在许多病原菌的出现、传播和持久存在，使抗菌药物的疗效降低，这已成为一个普遍的医学难题，严重威胁到医学临床和兽医临床对感染性疾病的治疗。细菌对抗菌药物耐药性的出现并不意外，青霉素发明者 Alexander Fleming 在 1945 年获诺贝尔奖的演讲中就警告人们不要滥用青霉素。

目前应用于医学和兽医临床的所有抗生素的耐药机制都有报道。由耐药菌导致的感染会比敏感菌导致的感染更加频繁地引起高发病率和高死亡率。耐药菌的存在导致治疗时间延长、治疗费用增加，特殊情况下会导致感染无法治愈。尽管在过去不断有新型或者老药的改进型药物被研发出来，但耐药机制的系统出现增加了新药的研发难度，增加了研发费用和时间。所以，做好对现有抗菌药物的可持续管理以及新抗菌药物的研发，对保护人类和动物抵御传染性病原微生物感染非常重要。

第一节　细菌耐药性产生原因及危害

一、耐药机制与耐药类型

已经发现和确定的耐药机制，主要分为四类：①通过减少药物渗透到细菌内而阻止抗菌药物到达作用靶点；②药物被特异或普通的外排泵驱出细胞外；③药物在细胞外或进入细胞后，被降解或者通过修饰作用改变药物结构，使其失去活性；④抗菌药物的作用位点被改变或者被其他小分子所保护，从而阻止抗菌药物与作用靶点的结合，抗菌药物因此不能发挥作用，或者抗菌药物的作用位点被微生物以其他方式捕获和激活。

细菌对抗生素的耐药性主要有三个基本类型：分别是敏感型、固有耐药型和获得性耐药型。

固有耐药型是与生俱来的对抗菌药物的耐药性，一个特定细菌组（如属、种、亚种）内的所有细菌都是天然耐药，主要是因为细菌固有的结构或者生化特征而产生的耐药作用。如革兰氏阴性菌对大环内酯类药物具有固有耐药性，因为大环内酯类药物太大，不能到达细胞质内的作用位点。厌氧菌对氨基糖苷类具有固有耐药性，因为在厌氧环境下氨基糖苷类不能渗透到细胞内。革兰氏阳性菌的细胞质膜中缺乏胆胺磷脂，从而对多黏菌素类药物具有固有耐药性。

获得性耐药型可以显示从只针对某一种药物、同一类药物中的几种、对同类药物的全部，到甚至对多种不同类别药物的耐药。通常一个耐药决定簇只编码一类药物（如氨基糖苷类、β-内酰胺类、氟喹诺酮类药物）中的一种或者几种药物的耐药性或者编码几类相关药物（如大环内酯类-林可胺类-链阳菌素类药物）的耐药性。但是也有一些耐药决定簇编码多类药物的耐药性。

二、耐药性的获得

细菌对抗生素产生耐药性主要有以下三种方式：与生理过程和细胞结构相关的基因发生突变、外源耐药基因的获得以及这两种方式的共同作用。通常情况下，细菌以低频率持续发生内在突变，由此导致偶然的耐药性突变。但是当微生物受到压力（如病原微生物受到宿主免疫防御和抗菌药物的胁迫）时，细菌群体突变的频率就会增大。

细菌可以通过三种不同方式获得外源 DNA。①转化作用：天然的感受态细胞摄取外界环境中的游离的 DNA 片段；②转导作用：通过噬菌体将遗传物质从一个细菌转移到另一个细菌中；③接合作用：像交配一样通过质粒实现细菌间遗传物质的转移。

能够在细胞内或细胞间的基因组内转移的遗传元件，可以分为四类：①质粒；②转座子；③噬菌体；④可自我剪接的小分子寄生虫。

三、耐药性的传播和稳定性

耐药性的流行和传播是自然选择的结果。在大量细菌中，只有具有抵抗有毒物质特性的少量细菌才能存活；而那些不含有这一优势特征的敏感菌株则会被淘汰，留下来的都是耐药性群体。在一个特定环境中，随着抗菌药物的长期使用，细菌的生态平衡会发生剧烈的变化，不太敏感的菌株会成为主体。当上述情况发生的时候，在多种宿主体内，耐药性共生菌和条件致病菌会快速替代原有敏感菌群定植成为优势菌群。当新的抗菌药物上市或对现有抗菌药物使用实施限制时，细菌的耐药性发生频率就会出现改变。

当细菌暴露于一种抗生素时，会共同选择产生对其他不相关的药物也产生耐药性。在细菌对抗生素产生耐药性的过程中可能还会存在非抗生素的选择压力。越来越多的证据表明，消毒剂和杀虫剂也可以促进细菌耐药性的产生。以上不仅可以导致细菌对多种抗生素的耐药决定簇的聚集，还可能形成对重金属及消毒剂等非抗生素物质的抗性基因丛，其至还会产生毒力基因。

当细菌不需要携带的抗生素耐药基因时，对其而言就是一种负担，因此当细菌菌群不面对抗生素选择压力时，无耐药基因的敏感菌会成为优势菌群，那么整个菌群就会慢慢地逆转回到一个对抗生素敏感的状态。

四、耐药性对公共卫生的影响

20 世纪 60 年代英国发布的报告中就提出，在兽医临床和食用动物生产过程中使用抗生素是造成食源性致病菌耐药性的重要原因。在农业生产中，抗生素的使用可能会帮助筛选耐药菌株，这些耐药菌株可能通过直接接触或摄入被耐药菌污染的食物及水传播给人。关于耐药菌在动物和处于风险之中的人（农民、屠宰工人和兽医）之间传播的例子有许多。除了养殖场的动物，还有人与其密切接触的宠物，也会成为耐药菌及耐药基因传播的重要来源。因为人们认为动物性食品是具有耐药性的人肠道外致病性大肠杆菌的储库，导致人发生疾病甚至难以治愈的风险。因此，动物性食品生产中使用抗菌药物，特别是作促生长使用受到极大关注。

随着抗菌药物在动物中使用及人畜共患病病原菌耐药性的增强，抗菌药物耐药性问题已经成为一个全球性公共卫生和动物卫生焦点。因为耐药性的发生、传播和持续存在，细菌中普遍存在的耐药性，让人觉得抗菌药物的益处将会消失，人们怀疑在未来几年里临床是否还有可以使用的抗菌药物。虽然耐药性的产生是一个不可避免的生物学现象，我们面对的挑战就是如何阻止耐药性的进一步发展和持续存在，并防止它成为现代医学发展的障碍。

在动物上使用抗生素会对人类病原菌耐药性产生负面影响，是有确切的数据的。因为动物性食品如沙门氏菌、弯曲杆菌的污染导致人们消费这些产品而发生腹泻的病例时有发生，甚至有这些细菌的耐药菌株感染病例发生。因此，需要加强在动物上使用抗生素对人类致病菌产生耐药性的风险管控，并制定相应的预防措施。

第二节　遏制抗菌药物耐药性

一、抗菌药物耐药性监测

为了遏制细菌耐药性的进一步发展与蔓延，世界卫生组织（WHO）、联合国粮农组织（FAO）和世界动物卫生组织（OIE）都要求成员开展耐药性监测，涉及三个领域：人医临床耐药性监测、食品动物细菌耐药性监测和食源性细菌耐药性监测。涵盖了从动物、动物产品到人的食品链过程。动物源细菌耐药性监测主要针对公共卫生菌包括，大肠杆菌、肠球菌、金黄色葡萄球菌、沙门氏菌和弯曲杆菌开展，也可以针对动物病原菌开展。其中大肠杆菌和肠球菌为指示菌，分别代表 G^- 菌指示菌和 G^+ 菌指示菌。金黄色葡萄球菌、沙门氏菌和弯曲杆菌则为食源性公共卫生菌。通常在养殖场（生产环节）动物肛拭子获得大肠杆菌、肠球菌以及在屠宰厂采集动物胴体、盲肠分离沙门氏菌和弯曲杆菌，经过加有标准菌株作为对照的药物敏感性测试系统，获得动物性食品生产、屠宰加工环节的动物源细菌的耐药性变化情况。

目前，耐药性判定标准有欧盟抗菌药物敏感性检测委员会（EU-CAST）制订的流行病学折点（Ecoff）和美国临床化验所（CLSI）制订的临床折点。细菌获得耐药性，常使最小抑菌浓度（Minimum inhibitory concentration，MIC）值发生改变，但它并不能导致临床相关的耐药性水平。作为耐药性监测，反映的是药物与细菌之间的关系，采用流行病学折点作为判定标准更加科学。而作为用药指导，则应采用临床折点。由于细菌获得性耐药机制的存在，导致对抗菌药物的敏感性和临床疗效降低。因此，应确定感染动物的每种细菌针对每一个抗菌药物的流行病学临界值、PK/PD 临界值和临床折点。

二、抗菌药物使用监测

当细菌暴露于抗菌药物时，因为面临抗菌药物的压力就会选择产生耐药性。那么，人们自然而然地就会认为如果不使用抗菌药物，也就自然地不会发生耐药性！道理是这样的。但是养殖实际中完全不使用抗菌药物是不现实的，也是不可能的，关键是合理使用抗菌药物。只在动物发生感染性疾病时才使用抗菌药物，尽可能地减少抗菌药物的使用量，或者以其他替代办法如加强生物安全、疫苗免疫、卫生消毒等基本措施。

近年来，许多国家都制定了抗菌药物谨慎使用的指导原则。总结起来，关于抗菌药物的谨慎负责任使用，也可以用以下 5R 原则予以概括。

负责任（Responsibility）：处方兽医要承担决定使用抗菌药物的责任，并且要充分认识到这种使用可能会产生超出预期的不良后果。处方兽医要知道这种使用所带来的利益，以及推荐的风险管理措施，以减少发生任何即时或长期不利影响的可能性。

减少（Reduction）：任何可能情况下都应实施减少抗菌药物使用的措施，包括加强感染控制，生物安全、免疫接种、动物个体的精准治疗或减少治疗持续时间。

优化（Refinement）：每次使用抗菌药物都应考虑给药方案的设计，利用所有关于病畜、病原菌、流行病学、抗菌药物（特别是动物特异性药代动力学和药效动力学特性）的信息，确保选用的抗菌药物产生耐药性的可能性最小化。负责任地使用就是正确选用药物、正确的给药时间、正确的给药剂量和正确的给药持续时间。

替代（Replacement）：任何时候有证据支持替代物安全有效，处方兽医经过评价权衡利弊后认为，替代物比抗菌药物有优势，就应该使用替代物。

评估（Review）：对抗菌药物管理的举措必须定期予以评估，并持续改进，以保证抗菌药物的使用规范适用并反映目前的最佳选择。

许多国家特别是欧盟国家，根据动物产品的产量，规定每生产1t肉使用抗菌药物50g，甚至北欧国家已经达到20g。我国关于抗菌药物的实际使用情况还不明了。根据对兽药企业的生产调查情况来看，抗菌药物使用总量和每吨肉使用量均居世界首位。需要尽快建立抗菌药物使用的监测网络和体系。

使用监测数据一般包括两个方面：抗菌药物使用总量和各种类药物的使用量。抗菌药物使用总量可以了解每生产1t肉使用的抗菌药物量。按抗菌药物类别进行划分归属，统计每个药物的使用量，可以帮助了解与耐药性发生之间的关系。通常统计养殖场年度采购后库房中抗菌药物制剂的进货（或出货）总量，根据制剂的含量（抗生素以效价单位标示时需要转换成重量含量）和规格计算出药物成分的总量，从而可以获得抗菌药物使用总量。再以年度动物生产量为基数，统计出每吨肉使用抗菌药物的量。

三、抗菌药物耐药性风险评估

兽药风险评估是一个现代意义上对上市前后兽药进行的评价、再评价工作。它是系统地采用科学技术及信息，在特定条件下，对动植物和人或环境暴露于新兽药后产生或将产生不良效应的可能性和严重性的科学评价。风险评估一般有定性评估和定量评估之分。包括四个步骤：危害识别、危害特征描述、暴露评估、风险特征描述。抗菌药物耐药性风险评估属于上市之后兽药的再评价工作。

过去几十年里，使用低浓度的抗菌药物可以有效地提高饲料转化率、促进动物增重，而且还减少了食品动物在运输过程中的应激反应。大多数用于动物的抗菌药物在人类医学上都有相应的类似物，并能为人医抗生素选择耐药性。欧盟于 20 世纪 90 年代取消了抗菌药物作动物促生长使用，但并未开展风险评估。欧盟于 1999 年开展了氟喹诺酮类药物对伤寒沙门氏菌的定性风险评估。美国首先于 2004 年开展了动物使用链阳菌素类药物（维吉尼亚霉素）在屎肠球菌耐药性的定量风险评估。依据风险评估于 2007 年撤销了在家禽使用恩诺沙星。

为防止动物源细菌耐药性进一步恶化，全球性禁止抗菌促长剂的使用已经势在必行。然而，截至目前我国仍然允许土霉素钙、金霉素、吉他霉素、杆菌肽、那西肽、阿维拉霉素、恩拉霉素、维吉尼亚霉素、黄霉素 9 种抗生素作为动物促生长使用。其中，前 3 种属于人兽共用抗生素，后 6 种为动物专用抗生素。兽药主管部门认识到抗菌药物作动物促生长使用带来的耐药性恶化的风险，已经安排进行耐药性监测，并根据耐药性变化趋势经过风险评估后做出是否退出的决定。

四、抗菌药物耐药性风险管理

为了延缓动物源细菌的耐药性恶化，促进养殖业健康发展，避免出现无抗菌药物可选择的窘境，需要有区别地针对促生长使用的抗菌药物做出不同的限制措施。作为控制抗生素耐药性措施的一部分，2012 年美国 FDA 颁布了 209 号制药工业指南，即"医疗重要的抗生素在食品动物的谨慎使用"；主要集中于两个方面：①限制医学上重要的抗生素在食品动物使用，除非保证食品动物健康有必要；②抗生素在食品动物中的限制使用需要兽医的监督和指导。过去 10 多年来，我国兽药主管部门采取了一系列控制措施，早在 2001 年就以 168 号公告发布《饲料药物添加剂使用规范》。将通过饲料添加的药物分为不需要兽医处方可自行添加的（附录一）和需要兽医处方才可添加的（附录二）。2013 年，以 1997 号公告发布了第一批兽用处方药品种目录，目前兽医临床允许使用的各种抗菌药物都收录其中。2015 年，以 2292 号公告发布规定，禁止在食品动物中使用洛美沙星、培氟沙星、氧氟沙星、诺氟沙星 4 种抗菌药。2015 年 7 月发布了《全国兽药（抗菌药）综合治理五年行动方案》，计划用五年时间开展系统、全面的兽用抗菌药滥用及非法兽药综合治理活动，以进一步加强兽用抗菌药（包括水产用抗菌药）的监管，提高兽用抗菌药科学规范使用水平。2016 年 7 月，以 2428 号公告发布规定，停止硫酸黏菌素用于动物促生长，只允许治疗使用。2016 年 7 月起，农业部实施兽药产品电子追溯码（二维码）标识，我国生产、进口的所有兽药产品需赋"二维码"上市销售，实现全程追溯。2017 年 5 月成立了"全国兽药残留与耐药性控制专家委员会"，为推进兽药残留控制、动物源细菌耐药性防控工作提供技术支撑。

对抗菌药物作动物促生长使用，通过风险评估后要分别采取不同的风险管理措施。如果属于人类医疗极为重要的抗菌药物，则需要停止作动物的促生长使用；属于动物专用的抗菌药物促生长剂，如果极易产生耐药性甚至与其他抗菌药物交叉耐药，也需停止作动物的促生长使用；属于动物专用的抗球虫抗生素，由于与人类健康没有太大关系，可以继续作动物的促生长使用。

总体来讲，遏制细菌耐药性的进一步恶化，需要采取多种综合措施，包括生物安全、环境卫生消毒、厩舍通风、动物福利、加强营养、防止饲料霉变与酸化处理等，保障养殖的动物舒适健康。从动物使用抗菌药物方面来讲，动物诊疗机构、养殖场需要严格执行处方药管理制度，加强对抗菌药物遴选、采购、处方、兽医临床应用和效果评价的管理，并根据细菌培养及药敏试验结果选择使用抗菌药物。

羊生理生化参数表

一、生理指标

1. 体温

体温（℃）

动物种类	平均体温	变动范围
山羊	39.1	38.5～39.7

2. 呼吸频率

呼吸频率（次/min）

动物种类	机体状态	呼吸频率	变动范围
绵羊	站立	19	16～22
山羊	站立	15	10～22

3. 心率

心率（次/min）

动物种类	心率
山羊、绵羊	60～80

4. 血压

血压 (mmHg)

动物种类	麻醉情况	血压	
		收缩压	舒张压
山羊	不麻醉	120 (112~126)	84 (76~90)
绵羊	局麻	114 (90~140)	

注：1mmHg=133.32Pa。

二、血液参数

(一) 血常规

1. 红细胞数量

红细胞数量 ($\times 10^{12}$/L)

动物种类	红细胞数量
绵羊	9.4~11.1
山羊	9~16

2. 白细胞数量及分类计数

白细胞总数 ($\times 10^9$/L)

动物种类	白细胞数量
羊	5~13

动物白细胞分类平均值 (%)

动物种类	白细胞分类				
	嗜碱性粒细胞	嗜酸性粒细胞	中性粒细胞	淋巴细胞	单核细胞
绵羊	0~10	0~3	10~50	40~75	0~6
山羊	0~1	1~8	30~48	50~70	0~4

3. 血小板数量

血小板数量（$\times 10^9$/L）

动物种类	血小板数量
绵羊	170~980
山羊	250~600

4. 血红蛋白含量

血红蛋白含量（g/dL）

动物种类	血红蛋白含量
羊	8~6

5. 红细胞脆性和沉降速度

红细胞脆性和沉降速度

实验动物	红细胞脆性（%NaCl）			红细胞沉降速度（mm）			
	最小抵抗	最大抵抗	抵抗幅	1h	2h	10h	24h
绵羊	0.80~0.76	0.50~0.46	0.80~0.46	0.6~1.8			
山羊				1.2~3.7			

6. 红细胞压积

红细胞压积（%）

动物种类	红细胞压积
羊	27~50

7. 血液温度、pH、黏稠度和相对密度

血液温度、pH、黏稠度和相对密度

实验动物	血液温度（℃）	血液 pH	血液黏稠度	血液相对密度		
				全血	血浆	血细胞
绵羊	39.1	7.44 (7.32~7.54)	5.2 (4.4~6.0)	1.042	1.029~1.034	

8. 全血、血浆、红细胞容量和静脉血比容

动物全血、血浆、红细胞容量和静脉血比容

实验动物	全血容量 （mL）	血浆容量 （mL）	红细胞 容量（mL）	静脉血比容
绵羊	66.4（59.7～73.8）	46.7（43.4～52.9）	19.7（16.3～23.8）	
山羊	70.5（56.8～89.4）	55.9（42.6～75.1）	14.7（9.7～19.3）	24.3（18.5～30.8）

（二）羊血液生化参数

1. 血浆总蛋白、白蛋白、球蛋白和纤维蛋白含量

血浆总蛋白、白蛋白、球蛋白和纤维蛋白含量

动物	血浆总蛋白 （g/dL）	白蛋白 （g/dL）	球蛋白 （g/dL）	纤维蛋白原 （mg/dL）	白蛋白/ 球蛋白
绵羊	7.4～7.5			360	
山羊	7.5			600	

2. 血浆蛋白分值（重量百分率）

动物血浆蛋白分值（重量百分率）

动物 种类	白蛋白 （%）	球蛋白（%）										
		$\alpha1$	$\alpha2$	$\alpha3$	总 α	$\beta1$	$\beta2$	$\beta3$	总 β	$\gamma1$	$\gamma2$	总 γ
绵羊	53.6±	4.7±	9.9±	6.9±	21.1±				16.3±			9.4±

3. 血中氧含量、CO_2 含量、CO_2 压力，Na^+、Cl^- 浓度，水和蛋白质含量

血中氧含量、CO_2 含量、CO_2 压力，Na^+、Cl^- 浓度，水和蛋白质含量

动物 种类	血氧含量 （mL/dL）	CO_2 含量 （mL/L）	CO_2 压力 （mmHg）	Na^+ （mol/L）	Cl^- （mol/L）	H_2O （g/L）	蛋白质 （g/L）
绵羊		26.2 （21～28）	38	153 （146～161）	103 （98～109）	947	57

4. 血液中维生素 A、胡萝卜素、维生素 C、维生素 D、胆碱、肌醇含量

动物血液中维生素 A、胡萝卜素、维生素 C、维生素 D、胆碱、肌醇含量

动物种类	维生素 A (μg/dL)	胡萝卜素 (μg/dL)	维生素 C (μg/dL)	维生素 D (μg/dL)	胆碱 (mg/dL)		肌醇 (mg/dL)
					游离型	总值	
绵羊	S 26.6~41	S 7~12	S 1.05±1.55	S 46~67	P 1.11~1.57	P 12.1~14.1	B 1.04~2.06

注：P. 血浆；S. 血清；B. 血液。

5. 血液中钾、钠、钙、氯、镁含量

血液中钾、钠、钙、氯、镁含量 (mg/dL)

动物种类	钾 (K)	钠 (Na)	钙 (Ca)	氯 (Cl)	镁 (Mg)
山羊	12.6~19.8	335~454	8.6~10.6		S 2.19~2.81

注：S. 血清。

6. 血液中碘、铜、锌、钴含量

血液中碘、铜、锌、钴含量

动物种类	碘 (μg/dL)		铜 (μg/dL)	锌 (μg/dL)	钴 (μg/dL)
	蛋白结合碘	总量			
绵羊	S 2.62~5.06		B 5~197		0.38~0.68

注：P. 血浆；S. 血清；B. 血液。

7. 血清胆红素、胆固醇、肌酐、葡萄糖、尿素氮含量

血清胆红素、胆固醇、肌酐、葡萄糖、尿素氮含量 (mg%)

动物种类	胆红素	胆固醇	肌酐	葡萄糖	尿素氮
绵羊	0.00~0.10	0.60~3.00	0.60~3.00	55.0~131	15.0~36.0
山羊	0.00~0.10	0.20~2.21	0.20~2.21	43~100	13~44

注：mg% 指每 100mg 血清中所含毫克数。

8. 血中脂肪、高级脂肪酸、甘油酯、胆固醇、胆固醇酯含量

血中脂肪、高级脂肪酸、甘油酯、胆固醇、胆固醇酯含量（mg/dL）

动物种类	脂肪总量	高级脂肪酸总量	甘油酯	胆固醇	胆固醇酯	胆固醇酯/胆固醇
绵羊		P 138～142		S 65		

注：P. 血浆；S. 血清；B. 血液。

9. 血清酶活性的正常范围

血清酶活性的正常范围（IU/L）

血清酶活性指标	动物种类	
	绵羊	山羊
碱性磷酸酶	0～14	93～387
酸性磷酸酶	4～15	
丙氨酸转氨酶	33～49	24～38
肌酸激酶	42～62	38
天冬氨酸转氨酶		167～513
γ-谷氨酰转肽酶	20～52	20～56
乙酰胆碱酯酶	270	
淀粉酶	177～240	
丁酰胆碱酯酶	0～70	110
精氨酸酶	0～14	
乳酸脱氢酶	61～89	

10. 血清中乳酸脱氢酶同工酶参数

血清中乳酸脱氢酶同工酶参数（%）

动物种类	同工酶种类				
	LDH1	LDH2	LDH3	LDH4	LDH5
绵羊	45.7～63.6	0～3.0	16.4～29.9	4.3～7.3	10.5～29.1
山羊	29.3～51.8	0～5.40	24.4～39.9	0～5.5	14.1～36.8

三、尿液与粪便参数

1. 排便量和排尿量

排便量和排尿量

动物种类	排便量（kg/d）
绵羊（成年）	1.4~2.7
山羊（成年）	1.4~2.7

2. 尿的颜色、相对密度及 pH

尿的颜色、相对密度及 pH

动物种类	颜色	相对密度	pH
绵羊	淡黄色甚至无色	1.015~1.070	6.4~8.5
山羊	淡黄色甚至无色	1.025~1.070	6.4~8.5

四、饲料量、饮水量、产热量

饲料量、饮水量、产热量的平均数及正常范围

动物种类	饲料量（kg/d）	饮水量（L/d）	产热量（J/h）
绵羊（成年）	0.9~2.0	0.5~1.4	13 054.1
山羊（成年）	0.7~4.5	1~41	5 711.2~8 974.7

五、肠道正常值

肠道长度正常值范围

动物种类	肠道长度（m）			
	全长	小肠	盲肠	大肠
绵羊	22.5~39.5	18.35	0.3	4~5

六、动物繁殖生理数据

性成熟年龄、繁殖适龄期、成熟时体重、性周期和发情持续周期

动物种类	性成熟年龄（生后）	繁殖适龄期（生后）	成熟时体重（kg）	性周期（d）	发情持续时间（d）
绵羊	7～8个月	8～10个月	♀80	16（14～20）	1.5（1～3）
山羊	6个月	1～2年	♀75	21（15～24）	2.5（2～3）

发情季节、发情后排卵时间、妊娠期、哺乳期、产仔数

动物种类	发情季节	发情后排卵时间（h）	妊娠期（d）	哺乳期	产仔数（只）
绵羊	多发情，秋季	12～18	150（140～160）	4个月	1～2
山羊	多发情，秋季	9～19	151（140～160）	3个月	1～3

平均寿命和最长寿命（年）

动物种类	最长寿命	平均寿命
山羊	18	9

我国禁止使用兽药及化合物清单

一、禁止在饲料和动物饮用水中使用的药物品种目录（农业部公告第 176 号，2002 年）

（一）肾上腺素受体激动剂

1. 盐酸克仑特罗（Clenbuterol Hydrochloride）：中华人民共和国药典（以下简称"药典"）2000 年二部 P605。$\beta2$ 肾上腺素受体激动药。

2. 沙丁胺醇（Salbutamol）：药典 2000 年二部 P316。$\beta2$ 肾上腺素受体激动药。

3. 硫酸沙丁胺醇（Salbutamol Sulfate）：药典 2000 年二部 P870。$\beta2$ 肾上腺素受体激动药。

4. 莱克多巴胺（Ractopamine）：一种 β 兴奋剂，美国食品和药物管理局（FDA）已批准，中国未批准。

5. 盐酸多巴胺（Dopamine Hydrochloride）：药典 2000 年二部 P591。多巴胺受体激动药。

6. 西巴特罗（Cimaterol）：美国氰胺公司开发的产品，一种 β 兴奋剂，FDA 未批准。

7. 硫酸特布他林（Terbutaline Sulfate）：药典 2000 年二部

P890。β2 肾上腺受体激动药。

（二）性激素

8. 己烯雌酚（Diethylstibestrol）：药典 2000 年二部 P42。雌激素类药。

9. 雌二醇（Estradiol）：药典 2000 年二部 P1005。雌激素类药。

10. 戊酸雌二醇（Estradiol Valcrate）：药典 2000 年二部 P124。雌激素类药。

11. 苯甲酸雌二醇（Estradiol Benzoate）：药典 2000 年二部 P369。雌激素类药。中华人民共和国兽药典（以下简称"兽药典"）2000 年版一部 P109。雌激素类药。用于发情不明显动物的催情及胎衣滞留、死胎的排出。

12. 氯烯雌醚（Chlorotrianisene）：药典 2000 年二部 P919。

13. 炔诺醇（Ethinylestradiol）：药典 2000 年二部 P422。

14. 炔诺醚（Quinestml）：药典 2000 年二部 P424。

15. 醋酸氯地孕酮（Chlormadinone acetate）：药典 2000 年二部 P1037。

16. 左炔诺孕酮（Levonorgestrel）：药典 2000 年二部 P107。

17. 炔诺酮（Norethisterone）：药典 2000 年二部 P420。

18. 绒毛膜促性腺激素（绒促性素）（Chorionic Conadotrophin）：药典 2000 年二部 P534。促性腺激素药。兽药典 2000 年版一部 P146。激素类药。用于性功能障碍、习惯性流产及卵巢囊肿等。

19. 促卵泡生长激素（尿促性素主要含卵泡刺激 FSHT 和黄体生成素 LH）（Menotropins）：药典 2000 年二部 P321。促性腺激素类药。

（三）蛋白同化激素

20. 碘化酪蛋白（Iodinated Casein）：蛋白同化激素类，为甲状腺素的前驱物质，具有类似甲状腺素的生理作用。

21. 苯丙酸诺龙及苯丙酸诺龙注射液（Nandrolone phenylpro pionate）：药典 2000 年二部 P365。

（四）精神药品

22.（盐酸）氯丙嗪（Chlorpromazine Hydrochloride）：药典 2000 年二部 P676。抗精神病药。兽药典 2000 年版一部 P177。镇静药。用于强化麻醉以及使动物安静等。

23. 盐酸异丙嗪（Promethazine Hydrochloride）：药典 2000 年二部 P602。抗组胺药。兽药典 2000 年版一部 P164。抗组胺药。用于变态反应性疾病，如荨麻疹、血清病等。

24. 安定（地西泮）（Diazepam）：药典 2000 年二部 P214。抗焦虑药、抗惊厥药。兽药典 2000 年版一部 P61。镇静药、抗惊厥药。

25. 苯巴比妥（Phenobarbital）：药典 2000 年二部 P362。镇静催眠药、抗惊厥药。兽药典 2000 年版一部 P103。巴比妥类药。缓解脑炎、破伤风、士的宁中毒所致的惊厥。

26. 苯巴比妥钠（Phenobarbital Sodium）：兽药典 2000 年版一部 P105。巴比妥类药。缓解脑炎、破伤风、士的宁中毒所致的惊厥。

27. 巴比妥（Barbital）：兽药典 2000 年版二部 P27。中枢抑制和增强解热镇痛。

28. 异戊巴比妥（Amobarbital）：药典 2000 年二部 P252。催眠药、抗惊厥药。

29. 异戊巴比妥钠（Amobarbital Sodium）：兽药典 2000 年版一部 P82。巴比妥类药。用于小动物的镇静、抗惊厥和麻醉。

30. 利血平（Reserpine）：药典 2000 年二部 P304。抗高血压药。

31. 艾司唑仑（Estazolam）。

32. 甲丙氨脂（Mcprobamate）。

33. 咪达唑仑（Midazolam）。

34. 硝西泮（Nitrazepam）。

35. 奥沙西泮（Oxazcpam）。

36. 匹莫林（Pemoline）。

37. 三唑仑（Triazolam）。

38. 唑吡旦（Zolpidem）。

39. 其他国家管制的精神药品。

（五）各种抗生素滤渣

40. 抗生素滤渣：该类物质是抗生素类产品生产过程中产生的工业三废，因含有微量抗生素成分，在饲料和饲养过程中使用后对动物有一定的促生长作用。但对养殖业的危害很大，一是容易引起耐药性，二是由于未做安全性试验，存在各种安全隐患。

二、食品动物禁用的兽药及其他化合物清单（农业部公告第 193 号，2002 年)

序号	兽药及其他化合物名称	禁止用途	禁用动物
1	β-兴奋剂类：克仑特罗 Clenbuterol、沙丁胺醇 Salbu-tamol、西马特罗 Cimaterol 及其盐、酯及制剂	所有用途	所有食品动物
2	性激素类：己烯雌酚 Diethylstilbestrol 及其盐、酯及制剂	所有用途	所有食品动物
3	具有雌激素样作用的物质：玉米赤霉醇 Zeranol、去甲雄三烯醇酮 Trenbolone、醋酸甲孕酮 Mengestrol Ace-tate 及制剂	所有用途	所有食品动物
4	氯霉素 Chloramphenicol 及其盐、酯（包括琥珀氯霉素 Chloramphenicol Succinate）及制剂	所有用途	所有食品动物
5	氨苯砜 Dapsone 及制剂	所有用途	所有食品动物

（续）

序号	兽药及其他化合物名称	禁止用途	禁用动物
6	硝基呋喃类：呋喃唑酮 Furazolidone、呋喃它酮 Furaltadone、呋喃苯烯酸钠 Nifurstyrenate sodium 及制剂	所有用途	所有食品动物
7	硝基化合物：硝基酚钠 Sodium nitrophenolate、硝呋烯腙 Nitrovin 及制剂	所有用途	所有食品动物
8	催眠、镇静类：安眠酮 Methaqualone 及制剂	所有用途	所有食品动物
9	林丹（丙体六六六）Lindane	杀虫剂	所有食品动物
10	毒杀芬（氯化烯）Camahechlor	杀虫剂、清塘剂	所有食品动物
11	呋喃丹（克百威）Carbofuran	杀虫剂	所有食品动物
12	杀虫脒（克死螨）Chlordimeform	杀虫剂	所有食品动物
13	双甲脒 Amitraz	杀虫剂	水生食品动物
14	酒石酸锑钾 Antimonypotassiumtartrate	杀虫剂	所有食品动物
15	锥虫胂胺 Tryparsamide	杀虫剂	所有食品动物
16	孔雀石绿 Malachitegreen	抗菌、杀虫剂	所有食品动物
17	五氯酚酸钠 Pentachlorophenolsodium	杀螺剂	所有食品动物
18	各种汞制剂。包括氯化亚汞（甘汞）Calomel，硝酸亚汞 Mercurous nitrate、醋酸汞 Mercurous acetate、吡啶基醋酸汞 Pyridyl mercurous acetate	杀虫剂	所有食品动物
19	性激素类：甲基睾丸酮 Methyltestosterone、丙酸睾酮 Testosterone Propionate、苯丙酸诺龙 Nandrolone Phenylpropionate、苯甲酸雌二醇 Estradiol Benzoate 及其盐、酯及制剂	促生长	所有食品动物
20	催眠、镇静类：氯丙嗪 Chlorpromazine、地西泮（安定）Diazepam 及其盐、酯及制剂	促生长	所有食品动物
21	硝基咪唑类：甲硝唑 Metronidazole、地美硝唑 Dimetronidazole 及其盐、酯及制剂	促生长	所有食品动物

三、兽药地方标准废止目录公布的食品动物禁用兽药（农业部公告第560号，2005年）

类别	名称/组方
禁用兽药	β-兴奋剂类：沙丁胺醇及其盐、酯及制剂
	硝基呋喃类：呋喃西林、呋喃妥因及其盐、酯及制剂
	硝基咪唑类：替硝唑及其盐、酯及制剂
	喹噁啉类：卡巴氧及其盐、酯及制剂
	抗生素类：万古霉素及其盐、酯及制剂

四、禁止在饲料和动物饮水中使用的物质（农业部公告第1519号，2010年）

1. 苯乙醇胺 A（Phenylethanolamine A）：β-肾上腺素受体激动剂。

2. 班布特罗（Bambuterol）：β-肾上腺素受体激动剂。

3. 盐酸齐帕特罗（Zilpaterol Hydrochloride）：β-肾上腺素受体激动剂。

4. 盐酸氯丙那林（Clorprenaline Hydrochloride）：药典2010年二部 P783。β-肾上腺素受体激动剂。

5. 马布特罗（Mabuterol）：β-肾上腺素受体激动剂。

6. 西布特罗（Cimbuterol）：β-肾上腺素受体激动剂。

7. 溴布特罗（Brombuterol）：β-肾上腺素受体激动剂。

8. 酒石酸阿福特罗（Arformoterol Tartrate）：长效型 β-肾上腺素受体激动剂。

9. 富马酸福莫特罗（Formoterol Fumatrate）：长效型 β-肾上腺素受体激动剂。

10. 盐酸可乐定（Clonidine Hydrochloride）：药典 2010 年二部 P645。抗高血压药。

11. 盐酸赛庚啶（Cyproheptadine Hydrochloride）：药典 2010 年二部 P803。抗组胺药。

五、禁止用于食品动物的其他兽药

兽用药物及其他化合物名称	禁用动物	公告号
非泼罗尼及相关制剂	所有食品动物	农业部公告第 2583 号（2017 年 9 月 15 日颁布）
洛美沙星、培氟沙星、氧氟沙星、诺氟沙星 4 种原料药的各种盐、酯及其各种制剂	所有食品动物	农业部公告第 2292 号（2015 年 9 月 1 日颁布）
喹乙醇、氨苯胂酸、洛克沙胂 3 种兽药的原料药及各种制剂	所有食品动物	农业部公告第 2638 号（2018 年 1 月 12 日颁布）

附录 3

动物性食品中兽药最高残留限量

一、动物性食品允许使用，但不需要制定残留限量的药物

药物名称	动物种类	其他规定
Acetylsalicylic acid 乙酰水杨酸	牛、猪、鸡	产奶牛禁用产蛋鸡禁用
Aluminium hydroxide 氢氧化铝	所有食品动物	
Amitraz 双甲脒	牛/羊/猪	仅指肌肉中不需要限量
Amprolium 氨丙啉	家禽	仅作口服用
Apramycin 安普霉素	猪、兔山羊鸡	仅作口服用产奶羊禁用产蛋鸡禁用
Atropine 阿托品	所有食品动物	
Azamethiphos 甲基吡啶磷	鱼	
Betaine 甜菜碱	所有食品动物	
Bismuth subcarbonate 碱式碳酸铋	所有食品动物	仅作口服用
Bismuth subnitrate 碱式硝酸铋	所有食品动物	仅作口服用
Bismuth subnitrate 碱式硝酸铋	牛	仅乳房内注射用
Boric acid and borates 硼酸及其盐	所有食品动物	
Caffeine 咖啡因	所有食品动物	
Calcium borogluconate 硼葡萄糖酸钙	所有食品动物	
Calcium carbonate 碳酸钙	所有食品动物	

（续）

药物名称	动物种类	其他规定
Calcium chloride 氯化钙	所有食品动物	
Calcium gluconate 葡萄糖酸钙	所有食品动物	
Calcium phosphate 磷酸钙	所有食品动物	
Calcium sulphate 硫酸钙	所有食品动物	
Calcium pantothenate 泛酸钙	所有食品动物	
Camphor 樟脑	所有食品动物	仅作外用
Chlorhexidine 氯己定	所有食品动物	仅作外用
Choline 胆碱	所有食品动物	
Cloprostenol 氯前列醇	牛、猪、马	
Decoquinate 癸氧喹酯	牛、山羊	仅口服用，产奶动物禁用
Diclazuril 地克珠利	山羊	羔羊口服用
Epinephrine 肾上腺素	所有食品动物	
Ergometrine maleata 马来酸麦角新碱	所有哺乳类食品动物	仅用于临产动物
Ethanol 乙醇	所有食品动物	仅作赋型剂用
Ferrous sulphate 硫酸亚铁	所有食品动物	
Flumethrin 氟氯苯氰菊酯	蜜蜂	蜂蜜
Folic acid 叶酸	所有食品动物	
Follicle stimulating hormone（natural FSH from all species and their synthetic analogues）促卵泡激素（各种动物天然 FSH 及其化学合成类似物）	所有食品动物	
Formaldehyde 甲醛	所有食品动物	
Glutaraldehyde 戊二醛	所有食品动物	
Gonadotrophin releasing hormone 垂体促性腺激素释放激素	所有食品动物	
Human chorion gonadotrophin 绒促性素	所有食品动物	
Hydrochloric acid 盐酸	所有食品动物	仅作赋型剂用

（续）

药物名称	动物种类	其他规定
Hydrocortisone 氢化可的松	所有食品动物	仅作外用
Hydrogen peroxide 过氧化氢	所有食品动物	
Iodine and iodine inorganiccompounds including： 碘和碘无机化合物包括： ——Sodium and potassium-iodide 碘化钠和钾	所有食品动物	
——Sodium and potassium-iodate 碘酸钠和钾	所有食品动物	
Iodophors including：碘附包括： ——Polyvinylpyrrolidone-iodine 聚乙烯吡咯烷酮碘	所有食品动物	
Iodine organic compounds：碘有机化合物： ——Iodoform 碘仿	所有食品动物	
Iron dextran 右旋糖酐铁	所有食品动物	
Ketamine 氯胺酮	所有食品动物	
Lactic acid 乳酸	所有食品动物	
Lidocaine 利多卡因	马	仅作局部麻醉用
Luteinising hormone（natural LH from all species and their synthetic analogues） 促黄体激素（各种动物天然 FSH 及其化学合成类似物）	所有食品动物	
Magnesium chloride 氯化镁	所有食品动物	
Mannitol 甘露醇	所有食品动物	
Menadione 甲萘醌	所有食品动物	
Neostigmine 新斯的明	所有食品动物	
Oxytocin 缩宫素	所有食品动物	
Paracetamol 对乙酰氨基酚	猪	仅作口服用
Pepsin 胃蛋白酶	所有食品动物	
Phenol 苯酚	所有食品动物	
Piperazine 哌嗪	鸡	除蛋外所有组织

（续）

药物名称	动物种类	其他规定
Polyethylene glycols (molecular weight ranging from 200 to 10 000) 聚乙二醇（相对分子质量范围200～10 000)	所有食品动物	
Polysorbate 80 吐温- 80	所有食品动物	
Praziquantel 吡喹酮	绵羊、马、山羊	仅用于非泌乳绵羊
Procaine 普鲁卡因	所有食品动物	
Pyrantel embonate 双羟萘酸噻嘧啶	马	
Salicylic acid 水杨酸	除鱼外所有食品动物	仅作外用
Sodium Bromide 溴化钠	所有哺乳类食品动物	仅作外用
Sodium chloride 氯化钠	所有食品动物	
Sodium pyrosulphite 焦亚硫酸钠	所有食品动物	
Sodium salicylate 水杨酸钠	除鱼外所有食品动物	仅作外用
Sodium selenite 亚硒酸钠	所有食品动物	
Sodium stearate 硬脂酸钠	所有食品动物	
Sodium thiosulphate 硫代硫酸钠	所有食品动物	
Sorbitan trioleate 脱水山梨醇三油酸酯（司盘- 85)	所有食品动物	
Strychnine 士的宁	牛	仅作口服用，剂量最大 0.1mg/kg 体重
Sulfogaiacol 愈创木酚磺酸钾	所有食品动物	
Sulphur 硫黄	牛、猪、山羊、绵羊、马	
Tetracaine 丁卡因	所有食品动物	仅作麻醉剂用
Thiomersal 硫柳汞	所有食品动物	多剂量疫苗中作防腐剂使用，浓度最大不得超过 0.02%

（续）

药物名称	动物种类	其他规定
Thiopental sodium 硫喷妥钠	所有食品动物	仅作静脉注射用
Vitamin A 维生素 A	所有食品动物	
Vitamin B_1 维生素 B_1	所有食品动物	
Vitamin B_{12} 维生素 B_{12}	所有食品动物	
Vitamin B_2 维生素 B_2	所有食品动物	
Vitamin B_6 维生素 B_6	所有食品动物	
Vitamin D 维生素 D	所有食品动物	
Vitamin E 维生素 E	所有食品动物	
Xylazine hydrochloride 盐酸塞拉嗪	牛、马	产奶动物禁用
Zinc oxide 氧化锌	所有食品动物	
Zinc sulphate 硫酸锌	所有食品动物	

二、已批准的动物性食品中最高残留限量规定

药物名	标志残留物	动物种类	靶组织	残留限量
阿灭丁（阿维菌素） Abamectin ADI：0~2	Avermectin B_{1a}	牛（泌乳期禁用）	脂肪	100
			肝	100
			肾	50
		羊（泌乳期禁用）	肌肉	25
			脂肪	50
			肝	25
			肾	20
乙酰异戊酰泰乐菌素 Acetylisovaleryltylosin ADI：0~1.02	总 Acetylisovaleryltylosin 和 3-O-乙酰泰乐菌素	猪	肌肉	50
			皮+脂肪	50
			肝	50
			肾	50

（续）

药物名	标志残留物	动物种类	靶组织	残留限量
阿苯达唑 Albendazole ADI：0~50	Albendazole＋ABZSO2＋ ABZSO＋ABZNH2	牛/羊	肌肉	100
			脂肪	100
			肝	5 000
			肾	5 000
			奶	100
双甲脒 Amitraz ADI：0~3	Amitraz ＋2，4－DMA 的总量	牛	脂肪	200
			肝	200
			肾	200
			奶	10
		羊	脂肪	400
			肝	100
			肾	200
			奶	10
		猪	皮＋脂	400
			肝	200
			肾	200
		禽	肌肉	10
			脂肪	10
			副产品	50
		蜜蜂	蜂蜜	200
阿莫西林 Amoxicillin	Amoxicillin	所有食品动物	肌肉	50
			脂肪	50
			肝	50
			肾	50
			奶	10
氨苄西林 Ampicillin	Ampicillin	所有食品动物	肌肉	50
			脂肪	50
			肝	50
			肾	50
			奶	10

（续）

药物名	标志残留物	动物种类	靶组织	残留限量
氨丙啉 Amprolium ADI：0～100	Amprolium	牛	肌肉	500
			脂肪	2 000
			肝	500
			肾	500
安普霉素 Apramycin ADI：0～40	Apramycin	猪	肾	100
阿散酸/洛克沙肿 Arsanilic acid/ Roxarsone	总砷计 Arsenic	猪	肌肉	500
			肝	2 000
			肾	2 000
			副产品	500
		鸡/火鸡	肌肉	500
			副产品	500
			蛋	500
氮哌酮 Azaperone ADI：0～0.8	Azaperone＋Azaperol	猪	肌肉	60
			皮＋脂肪	60
			肝	100
			肾	100
杆菌肽 Bacitracin ADI：0～3.9	Bacitracin	牛/猪/禽	可食组织	500
		牛（乳房注射）	奶	500
		禽	蛋	500
苄星青霉素/ 普鲁卡因青霉素 Benzylpenicillin/ Procaine benzylpenicillin ADI：0～30μg/（人•d）	Benzylpenicillin	所有食品动物	肌肉	50
			脂肪	50
			肝	50
			肾	50
			奶	4
倍他米松 Betamethasone ADI：0～0.015	Betamethasone	牛/猪	肌肉	0.75
			肝	2.0
			肾	0.75
		牛	奶	0.3

（续）

药物名	标志残留物	动物种类	靶组织	残留限量
头孢氨苄 Cefalexin ADI：0～54.4	Cefalexin	牛	肌肉	200
			脂肪	200
			肝	200
			肾	1 000
			奶	100
头孢喹肟 Cefquinome ADI：0～3.8	Cefquinome	牛	肌肉	50
			脂肪	50
			肝	100
			肾	200
			奶	20
		猪	肌肉	50
			皮+脂	50
			肝	100
			肾	200
头孢噻呋 Ceftiofur ADI：0～50	Desfuroylceftiofur	牛/猪	肌肉	1 000
			脂肪	2 000
			肝	2 000
			肾	6 000
		牛	奶	100
克拉维酸 Clavulanic acid ADI：0～16	Clavulanic acid	牛/羊	奶	200
		牛/羊/猪	肌肉	100
			脂肪	100
			肝	200
			肾	400
氯羟吡啶 Clopidol	Clopidol	牛/羊	肌肉	200
			肝	1 500
			肾	3 000
			奶	20
		猪	可食组织	200

（续）

药物名	标志残留物	动物种类	靶组织	残留限量
氯羟吡啶 Clopidol	Clopidol	鸡/火鸡	肌肉	5 000
			肝	15 000
			肾	15 000
氯氰碘柳胺 Closantel ADI：0～30	Closantel	牛	肌肉	1 000
			脂肪	3 000
			肝	1 000
			肾	3 000
		羊	肌肉	1 500
			脂肪	2 000
			肝	1 500
			肾	5 000
氯唑西林 Cloxacillin	Cloxacillin	所有食品动物	肌肉	300
			脂肪	300
			肝	300
			肾	300
			奶	30
黏菌素 Colistin ADI：0～5	Colistin	牛/羊	奶	50
		牛/羊/猪/鸡/兔	肌肉	150
			脂肪	150
			肝	150
			肾	200
		鸡	蛋	300
蝇毒磷 Coumaphos ADI：0～0.25	Coumaphos 和氧化物	蜜蜂	蜂蜜	100
环丙氨嗪 Cyromazine ADI：0～20	Cyromazine	羊	肌肉	300
			脂肪	300
			肝	300
			肾	300

（续）

药物名	标志残留物	动物种类	靶组织	残留限量
环丙氨嗪 Cyromazine ADI：0～20	Cyromazine	禽	肌肉	50
			脂肪	50
			副产品	50
达氟沙星 Danofloxacin ADI：0～20	Danofloxacin	牛/绵羊/山羊	肌肉	200
			脂肪	100
			肝	400
			肾	400
			奶	30
		家禽	肌肉	200
			皮+脂	100
			肝	400
			肾	400
		其他动物	肌肉	100
			脂肪	50
			肝	200
			肾	200
癸氧喹酯 Decoquinate ADI：0～75	Decoquinate	鸡	皮+肉	1 000
			可食组织	2 000
溴氰菊酯 Deltamethrin ADI：0～10	Deltamethrin	牛/羊	肌肉	30
			脂肪	500
			肝	50
			肾	50
		牛	奶	30
		鸡	肌肉	30
			皮+脂	500
			肝	50
			肾	50
			蛋	30
		鱼	肌肉	30

（续）

药物名	标志残留物	动物种类	靶组织	残留限量
越霉素 A Destomycin A	Destomycin A	猪/鸡	可食组织	2 000
地塞米松 Dexamethasone ADI：0~0.015	Dexamethasone	牛/猪/马	肌肉	0.75
			肝	2
			肾	0.75
		牛	奶	0.3
二嗪农 Diazinon ADI：0~2	Diazinon	牛/羊	奶	20
		牛/猪/羊	肌肉	20
			脂肪	700
			肝	20
			肾	20
敌敌畏 Dichlorvos ADI：0~4	Dichlorvos	牛/羊/马	肌肉	20
			脂肪	20
			副产品	20
		猪	肌肉	100
			脂肪	100
			副产品	200
		鸡	肌肉	50
			脂肪	50
			副产品	50
地克珠利 Diclazuril ADI：0~30	Diclazuril	绵羊/禽/兔	肌肉	500
			脂肪	1 000
			肝	3 000
			肾	2 000
二氟沙星 Difloxacin ADI：0~10	Difloxacin	牛/羊	肌肉	400
			脂	100
			肝	1 400
			肾	800

（续）

药物名	标志残留物	动物种类	靶组织	残留限量
二氟沙星 Difloxacin ADI：0～10	Difloxacin	猪	肌肉	400
			皮＋脂	100
			肝	800
			肾	800
		家禽	肌肉	300
			皮＋脂	400
			肝	1 900
			肾	600
		其他	肌肉	300
			脂肪	100
			肝	800
			肾	600
三氮脒 Diminazine ADI：0～100	Diminazine	牛	肌肉	500
			肝	12 000
			肾	6 000
			奶	150
多拉菌素 Doramectin ADI：0～0.5	Doramectin	牛（泌乳牛禁用）	肌肉	10
			脂肪	150
			肝	100
			肾	30
		猪/羊/鹿	肌肉	20
			脂肪	100
			肝	50
			肾	30
多西环素 Doxycycline ADI：0～3	Doxycycline	牛（泌乳牛禁用）	肌肉	100
			肝	300
			肾	600
		猪	肌肉	100
			皮＋脂	300
			肝	300
			肾	600

（续）

药物名	标志残留物	动物种类	靶组织	残留限量
多西环素 Doxycycline ADI：0～3	Doxycycline	禽（产蛋鸡禁用）	肌肉	100
			皮＋脂	300
			肝	300
			肾	600
恩诺沙星 Enrofloxacin ADI：0～2	Enrofloxacin＋ Ciprofloxacin	牛/羊	肌肉	100
			脂肪	100
			肝	300
			肾	200
			奶	100
		猪/兔	肌肉	100
			脂肪	100
			肝	200
			肾	300
		禽（产蛋鸡禁用）	肌肉	100
			皮＋脂	100
			肝	200
			肾	300
		其他动物	肌肉	100
			脂肪	100
			肝	200
			肾	200
红霉素 Erythromycin ADI：0～5	Erythromycin	所有食品动物	肌肉	200
			脂肪	200
			肝	200
			肾	200
			奶	40
			蛋	150
乙氧酰胺苯甲酯 Ethopabate	Ethopabate	禽	肌肉	500
			肝	1 500
			肾	1 500

（续）

药物名	标志残留物	动物种类	靶组织	残留限量
苯硫氨酯 Fenbantel 芬苯达唑 Fenbendazole 奥芬达唑 Oxfendazole ADI：0～7	可提取的 Oxfendazole sulphone	牛/马/猪/羊	肌肉	100
			脂肪	100
			肝	500
			肾	100
		牛/羊	奶	100
倍硫磷 Fenthion	Fenthion & metabolites	牛/猪/禽	肌肉	100
			脂肪	100
			副产品	100
氰戊菊酯 Fenvalerate ADI：0～20	Fenvalerate	牛/羊/猪	肌肉	1 000
			脂肪	1 000
			副产品	20
		牛	奶	100
氟苯尼考 Florfenicol ADI：0～3	Florfenicol-amine	牛/羊 （泌乳期禁用）	肌肉	200
			肝	3 000
			肾	300
		猪	肌肉	300
			皮+脂	500
			肝	2 000
			肾	500
		家禽（产蛋禁用）	肌肉	100
			皮+脂	200
			肝	2 500
			肾	750
		鱼	肌肉+皮	1 000
		其他动物	肌肉	100
			脂肪	200
			肝	2 000
			肾	300

（续）

药物名	标志残留物	动物种类	靶组织	残留限量
氟苯咪唑 Flubendazole ADI：0～12	Flubendazole＋2 - amino 1H - benzimidazol - 5 - yl - (4 - fluorophenyl) methanone	猪	肌肉	10
			肝	10
		禽	肌肉	200
			肝	500
			蛋	400
醋酸氟孕酮 Flugestone Acetate ADI：0～0.03	Flugestone Acetate	羊	奶	1
氟甲喹 Flumequine ADI：0～30	Flumequine	牛/羊/猪	肌肉	500
			脂肪	1 000
			肝	500
			肾	3 000
			奶	50
		鱼	肌肉＋皮	500
		鸡	肌肉	500
			皮＋脂	1 000
			肝	500
			肾	3 000
氟氯苯氰菊酯 Flumethrin ADI：0～1.8	Flumethrin (sum of trans-Z-isomers)	牛	肌肉	10
			脂肪	150
			肝	20
			肾	10
			奶	30
		羊（产奶期禁用）	肌肉	10
			脂肪	150
			肝	20
			肾	10
氟胺氰菊酯 Fluvalinate	Fluvalinate	所有动物	肌肉	10
			脂肪	10
			副产品	10

（续）

药物名	标志残留物	动物种类	靶组织	残留限量
氟胺氰菊酯 Fluvalinate	Fluvalinate	蜜蜂	蜂蜜	50
庆大霉素 Gentamycin ADI：0～20	Gentamycin	牛/猪	肌肉	100
			脂肪	100
			肝	2 000
			肾	5 000
		牛	奶	200
		鸡/火鸡	可食组织	100
氢溴酸常山酮 Halofuginone hydrobromide ADI：0～0.3	Halofuginone	牛	肌肉	10
			脂肪	25
			肝	30
			肾	30
		鸡/火鸡	肌肉	100
			皮＋脂	200
			肝	130
氮氨菲啶 Isometamidium ADI：0～100	Isometamidium	牛	肌肉	100
			脂肪	100
			肝	500
			肾	1 000
			奶	100
伊维菌素 Ivermectin ADI：0～1	22，23 - Dihydro- avermectin B1a	牛	肌肉	10
			脂肪	40
			肝	100
			奶	10
		猪/羊	肌肉	20
			脂肪	20
			肝	15
吉他霉素 Kitasamycin	Kitasamycin	猪/禽	肌肉	200
			肝	200
			肾	200

（续）

药物名	标志残留物	动物种类	靶组织	残留限量
拉沙洛菌素 Lasalocid	Lasalocid	牛	肝	700
		鸡	皮＋脂	1 200
			肝	400
		火鸡	皮＋脂	400
			肝	400
		羊	肝	1 000
		兔	肝	700
左旋咪唑 Levamisole ADI：0～6	Levamisole	牛/羊/猪/禽	肌肉	10
			脂肪	10
			肝	100
			肾	10
林可霉素 Lincomycin ADI：0～30	Lincomycin	牛/羊/猪/禽	肌肉	100
			脂肪	100
			肝	500
			肾	1 500
		牛/羊	奶	150
		鸡	蛋	50
马杜霉素 Maduramicin	Maduramicin	鸡	肌肉	240
			脂肪	480
			皮	480
			肝	720
马拉硫磷 Malathion	Malathion	牛/羊/猪/禽/马	肌肉	4 000
			脂肪	4 000
			副产品	4 000
甲苯咪唑 Mebendazole ADI：0～12.5	Mebendazole 等效物	羊/马 （产奶期禁用）	肌肉	60
			脂肪	60
			肝	400
			肾	60

（续）

药物名	标志残留物	动物种类	靶组织	残留限量
安乃近 Metamizole ADI：0～10	4-氨甲基-安替比林	牛/猪/马	肌肉	200
			脂肪	200
			肝	200
			肾	200
莫能菌素 Monensin	Monensin	牛/羊	可食组织	50
		鸡/火鸡	肌肉	1 500
			皮+脂	3 000
			肝	4 500
甲基盐霉素 Narasin	Narasin	鸡	肌肉	600
			皮+脂	1 200
			肝	1 800
新霉素 Neomycin ADI：0～60	Neomycin B	牛/羊/猪/鸡/ 火鸡/鸭	肌肉	500
			脂肪	500
			肝	500
			肾	10 000
		牛/羊	奶	500
		鸡	蛋	500
尼卡巴嗪 Nicarbazin ADI：0～400	N，N'-bis- (4-nitrophenyl) urea	鸡	肌肉	200
			皮/脂	200
			肝	200
			肾	200
硝碘酚腈 Nitroxinil ADI：0～5	Nitroxinil	牛/羊	肌肉	400
			脂肪	200
			肝	20
			肾	400
喹乙醇 Olaquindox	[3-甲基喹啉-2-羧酸] （MQCA）	猪	肌肉	4
			肝	50

（续）

药物名	标志残留物	动物种类	靶组织	残留限量
苯唑西林 Oxacillin	Oxacillin	所有食品动物	肌肉	300
			脂肪	300
			肝	300
			肾	300
			奶	30
丙氧苯咪唑 Oxibendazole ADI：0~60	Oxibendazole	猪	肌肉	100
			皮+脂	500
			肝	200
			肾	100
噁喹酸 Oxolinic acid ADI：0~2.5	Oxolinic acid	牛/猪/鸡	肌肉	100
			脂肪	50
			肝	150
			肾	150
		鸡	蛋	50
		鱼	肌肉+皮	300
土霉素/金霉素/四环素 Oxytetracycline/ Chlortetracycline/ Tetracycline ADI：0~30	Parent drug, 单个或复合物	所有食品动物	肌肉	100
			肝	300
			肾	600
		牛/羊	奶	100
		禽	蛋	200
		鱼/虾	肉	100
辛硫磷 Phoxim ADI：0~4	Phoxim	牛/猪/羊	肌肉	50
			脂肪	400
			肝	50
			肾	50
		牛	奶	10
哌嗪 Piperazine ADI：0~250	Piperazine	猪	肌肉	400
			皮+脂	800
			肝	2 000
			肾	1 000

（续）

药物名	标志残留物	动物种类	靶组织	残留限量
哌嗪 Piperazine ADI：0～250	Piperazine	鸡	蛋	2 000
巴胺磷 Propetamphos ADI：0～0.5	Propetamphos	羊	脂肪	90
			肾	90
碘醚柳胺 Rafoxanide ADI：0～2	Rafoxanide	牛	肌肉	30
			脂肪	30
			肝	10
			肾	40
		羊	肌肉	100
			脂肪	250
			肝	150
			肾	150
氯苯胍 Robenidine	Robenidine	鸡	脂肪	200
			皮	200
			可食组织	100
盐霉素 Salinomycin	Salinomycin	鸡	肌肉	600
			皮/脂	1 200
			肝	1 800
沙拉沙星 Sarafloxacin ADI：0～0.3	Sarafloxacin	鸡/火鸡	肌肉	10
			脂肪	20
			肝	80
			肾	80
		鱼	肌肉＋皮	30
赛杜霉素 Semduramicin ADI：0～180	Semduramicin	鸡	肌肉	130
			肝	400
大观霉素 Spectinomycin ADI：0～40	Spectinomycin	牛/羊/猪/鸡	肌肉	500
			脂肪	2 000
			肝	2 000
			肾	5 000

（续）

药物名	标志残留物	动物种类	靶组织	残留限量
大观霉素 Spectinomycin ADI：0～40	Spectinomycin	牛	奶	200
		鸡	蛋	2 000
链霉素/双氢链霉素 Streptomycin/ Dihydrostreptomycin ADI：0～50	Sum of Streptomycin＋ Dihydrostreptomycin	牛	奶	200
		牛/绵羊/猪/鸡	肌肉	600
			脂肪	600
			肝	600
			肾	1 000
磺胺类 Sulfonamides	Parent drug（总量）	所有食品动物	肌肉	100
			脂肪	100
			肝	100
			肾	100
		牛/羊	奶	100
磺胺二甲嘧啶 Sulfadimidine ADI：0～50	Sulfadimidine	牛	奶	25
噻苯咪唑 Thiabendazole ADI：0～100	［噻苯咪唑和 5－ 羟基噻苯咪唑］	牛/猪/绵羊/山羊	肌肉	100
			脂肪	100
			肝	100
			肾	100
		牛/山羊	奶	100
甲砜霉素 Thiamphenicol ADI：0～5	Thiamphenicol	牛/羊	肌肉	50
			脂肪	50
			肝	50
			肾	50
		牛	奶	50
		猪	肌肉	50
			脂肪	50
			肝	50
			肾	50

（续）

药物名	标志残留物	动物种类	靶组织	残留限量
甲砜霉素 Thiamphenicol ADI：0～5	Thiamphenicol	鸡	肌肉	50
			皮＋脂	50
			肝	50
			肾	50
		鱼	肌肉＋皮	50
泰妙菌素 Tiamulin ADI：0～30	Tiamulin＋8-α- Hydroxymutilin 总量	猪/兔	肌肉	100
			肝	500
		鸡	肌肉	100
			皮＋脂	100
			肝	1 000
			蛋	1 000
		火鸡	肌肉	100
			皮＋脂	100
			肝	300
替米考星 Tilmicosin ADI：0～40	Tilmicosin	牛/绵羊	肌肉	100
			脂肪	100
			肝	1 000
			肾	300
		绵羊	奶	50
		猪	肌肉	100
			脂肪	100
			肝	1 500
			肾	1 000
		鸡	肌肉	75
			皮＋脂	75
			肝	1 000
			肾	250
甲基三嗪酮 （托曲珠利） Toltrazuril ADI：0～2	Toltrazuril Sulfone	鸡/火鸡	肌肉	100
			皮＋脂	200
			肝	600
			肾	400

（续）

药物名	标志残留物	动物种类	靶组织	残留限量
甲基三嗪酮 （托曲珠利） Toltrazuril ADI：0～2	Toltrazuril Sulfone	猪	肌肉	100
			皮＋脂	150
			肝	500
			肾	250
敌百虫 Trichlorfon ADI：0～20	Trichlorfon	牛	肌肉	50
			脂肪	50
			肝	50
			肾	50
			奶	50
三氯苯唑 Triclabendazole ADI：0～3	Ketotriclabendazole	牛	肌肉	200
			脂肪	100
			肝	300
			肾	300
		羊	肌肉	100
			脂肪	100
			肝	100
			肾	100
甲氧苄啶 Trimethoprim ADI：0～4.2	Trimethoprim	牛	肌肉	50
			脂肪	50
			肝	50
			肾	50
			奶	50
		猪/禽	肌肉	50
			皮＋脂	50
			肝	50
			肾	50
		马	肌肉	100
			脂肪	100
			肝	100
			肾	100
		鱼	肌肉＋皮	50

（续）

药物名	标志残留物	动物种类	靶组织	残留限量
泰乐菌素 Tylosin ADI：0～6	Tylosin A	鸡/火鸡/猪/牛	肌肉	200
			脂肪	200
			肝	200
			肾	200
		牛	奶	50
		鸡	蛋	200
维吉尼霉素 Virginiamycin ADI：0～250	Virginiamycin	猪	肌肉	100
			脂肪	400
			肝	300
			肾	400
			皮	400
		禽	肌肉	100
			脂肪	200
			肝	300
			肾	500
			皮	200
二硝托胺 Zoalene	Zoalene＋Metabolite 总量	鸡	肌肉	3 000
			脂肪	2 000
			肝	6 000
			肾	6 000
		火鸡	肌肉	3 000
			肝	3 000

三、允许作治疗用，但不得在动物性食品中检出的药物

药物名称	标志残留物	动物种类	靶组织
氯丙嗪 Chlorpromazine	Chlorpromazine	所有食品动物	所有可食组织
地西泮（安定）Diazepam	Diazepam	所有食品动物	所有可食组织
地美硝唑 Dimetridazole	Dimetridazole	所有食品动物	所有可食组织

（续）

药物名称	标志残留物	动物种类	靶组织
苯甲酸雌二醇 Estradiol benzoate	Estradiol	所有食品动物	所有可食组织
潮霉素 B Hygromycin B	Hygromycin B	猪/鸡 鸡	可食组织 蛋
甲硝唑 Metronidazole	Metronidazole	所有食品动物	所有可食组织
苯丙酸诺龙 Nadrolone phenylpropionate	Nadrolone	所有食品动物	所有可食组织
丙酸睾酮 Testosterone propinate	Testosterone	所有食品动物	所有可食组织
塞拉嗪 Xylzaine	Xylazine	产奶动物	奶

四、禁止使用的药物，在动物性食品中不得检出

药物名称	禁用动物种类	靶组织
氯霉素 Chloramphenicol 及其盐、酯（包括琥珀氯霉素 Chloramphenico succinate）	所有食品动物	所有可食组织
克仑特罗 Clenbuterol 及其盐、酯	所有食品动物	所有可食组织
沙丁胺醇 Salbutamol 及其盐、酯	所有食品动物	所有可食组织
西马特罗 Cimaterol 及其盐、酯	所有食品动物	所有可食组织
氨苯砜 Dapsone	所有食品动物	所有可食组织
己烯雌酚 Diethylstilbestrol 及其盐、酯	所有食品动物	所有可食组织
呋喃它酮 Furaltadone	所有食品动物	所有可食组织
呋喃唑酮 Furazolidone	所有食品动物	所有可食组织
林丹 Lindane	所有食品动物	所有可食组织
呋喃苯烯酸钠 Nifurstyrenate sodium	所有食品动物	所有可食组织
安眠酮 Methaqualone	所有食品动物	所有可食组织
洛硝达唑 Ronidazole	所有食品动物	所有可食组织
玉米赤霉醇 Zeranol	所有食品动物	所有可食组织
去甲雄三烯醇酮 Trenbolone	所有食品动物	所有可食组织
醋酸甲孕酮 Mengestrol acetate	所有食品动物	所有可食组织
硝基酚钠 Sodium nitrophenolate	所有食品动物	所有可食组织
硝呋烯腙 Nitrovin	所有食品动物	所有可食组织

（续）

药物名称	禁用动物种类	靶组织
毒杀芬（氯化烯）Camahechlor	所有食品动物	所有可食组织
呋喃丹（克百威）Carbofuran	所有食品动物	所有可食组织
杀虫脒（克死螨）Chlordimeform	所有食品动物	所有可食组织
双甲脒 Amitraz	水生食品动物	所有可食组织
酒石酸锑钾 Antimony potassium tartrate	所有食品动物	所有可食组织
锥虫砷胺 Tryparsamile	所有食品动物	所有可食组织
孔雀石绿 Malachite green	所有食品动物	所有可食组织
五氯酚酸钠 Pentachlorophenol sodium	所有食品动物	所有可食组织
氯化亚汞（甘汞）Calomel	所有食品动物	所有可食组织
硝酸亚汞 Mercurous nitrate	所有食品动物	所有可食组织
醋酸汞 Mercurous acetate	所有食品动物	所有可食组织
吡啶基醋酸汞 Pyridyl mercurous acetate	所有食品动物	所有可食组织
甲基睾丸酮 Methyltestosterone	所有食品动物	所有可食组织
群勃龙 Trenbolone	所有食品动物	所有可食组织

名词定义：

1. 兽药残留（Residues of Veterinary Drugs）：指食品动物用药后，动物产品的任何食用部分中与所用药物有关的物质的残留，包括原型药物或/和其代谢产物。

2. 总残留（Total Residue）：指对食品动物用药后，动物产品的任何食用部分中药物原型或/和其所有代谢产物的总和。

3. 日允许摄入量（ADI：Acceptable Daily Intake）：是指人一生中每日从食物或饮水中摄取某种物质而对健康没有明显危害的量，以人体重为基础计算，单位：微克每千克体重每天 [$\mu g/(kg \cdot d)$]。

4. 最高残留限量（MRL：Maximum Residue Limit）：对食品动物用药后产生的允许存在于食物表面或内部的该兽药残留的最高量/浓度（以鲜重计，表示为 $\mu g/kg$）。

5. 食品动物（Food-Producing Animal）：指各种供人食用或其产品供人食用的动物。

6. 鱼（Fish）：指众所周知的任一种水生冷血动物。包括鱼纲（Pisces），软骨鱼（Elasmobranchs）和圆口鱼（Cyclostomes），不包括水生哺乳动物、无脊椎动物和两栖动物。但应注意，此定义可适用于某些无脊椎动物，特别是头足动物（Cephalopods）。

7. 家禽（Poultry）：包括鸡、火鸡、鸭、鹅、珍珠鸡和鸽在内的家养的禽。

8. 动物性食品（Animal Derived Food）：全部可食用的动物组织以及蛋和奶。

9. 可食组织（Edible Tissues）：全部可食用的动物组织，包括肌肉和脏器。

10. 皮＋脂（Skin with fat）：指带脂肪的可食皮肤。

11. 皮＋肉（Muscle with skin）：一般特指鱼的带皮肌肉组织。

12. 副产品（Byproducts）：除肌肉、脂肪以外的所有可食组织，包括肝、肾等。

13. 肌肉（Muscle）：仅指肌肉组织。

14. 蛋（Egg）：指家养母鸡的带壳蛋。

15. 奶（Milk）：指由正常乳房分泌而得，经一次或多次挤奶，既无加入也未经提取的奶。此术语也可用于处理过但未改变其组分的奶，或根据国家立法已将脂肪含量标准化处理过的奶。

附录 4

一、二、三类疫病中
涉及羊的疫病*

一类动物疫病

口蹄疫、小反刍兽疫、痒病。

二类动物疫病

绵羊/山羊痘、蓝舌病、炭疽、布鲁氏菌病。

三类动物疫病

多种动物共患病：低致病性流感、伪狂犬病、破伤风梭菌病、气肿疽梭菌病、结核病、副结核病、致病性大肠杆菌病、沙门氏菌病、巴氏杆菌病、致病性链球菌病、李氏杆菌病、产气荚膜梭菌病、嗜水气单胞菌病、肉毒梭状芽孢杆菌病、腐败梭菌病和其他致病性梭菌病、鹦鹉热、放线菌病、钩端螺旋体病。

绵羊和山羊病：山羊关节炎/脑脊髓炎、梅迪/维斯纳病、传染性脓疱皮炎。

---

* 引自中华人民共和国农业部公告第 1125 号。

附录 5

兽药使用政策法规目录

1. 中华人民共和国动物防疫法（1997 年 7 月 3 日第八届全国人民代表大会常务委员会第二十六次会议通过，1997 年 7 月 3 日中华人民共和国主席令第八十七号公布；2007 年 8 月 30 日第十届全国人民代表大会常务委员会第二十九次会议修订，2007 年 8 月 30 日中华人民共和国主席令第七十一号公布）

2. 兽药管理条例（2004 年 4 月 9 日国务院令第 404 号公布，2014 年 7 月 29 日国务院令第 653 号部分修订，2016 年 2 月 6 日国务院令第 666 号部分修订）

3. 动物性食品中兽药最高残留限量标准（中华人民共和国农业部公告第 235 号）

4. 农业部关于印发《饲料药物添加剂使用规范》的通知（农牧发〔2001〕20 号）

5. 禁止在饲料和动物饮水中使用的药物品种目录（农业部、卫生部、国家药品监督管理局公告 2002 年第 176 号）

6. 食品动物禁用的兽药及其他化合物清单（中华人民共和国农业部公告第 193 号）

7. 部分兽药品种的休药期规定（中华人民共和国农业部公告第 278 号）

8. 农业部关于清查金刚烷胺等抗病毒药物的紧急通知（农医发

［2005］33 号)

9. 淘汰兽药品种目录（中华人民共和国农业部公告第 839 号)

10. 禁止在饲料和动物饮水中使用的物质（中华人民共和国农业部公告第 1519 号)

11. 兽用处方药品种目录（第一批）（中华人民共和国农业部公告第 1997 号)

12. 兽用处方药品种目录（第二批）（中华人民共和国农业部公告第 2471 号)

13. 乡村兽医基本用药目录（中华人民共和国农业部公告第 2069 号)

14. 关于禁止在食品动物中使用洛美沙星等 4 种原料药的各种盐、酯及各种制剂的公告（中华人民共和国农业部公告第 2292 号)

15. 禁止非泼罗尼及相关制剂用于食品动物（中华人民共和国农业部公告第 2583 号)

16. 关于停止喹乙醇、氨苯胂酸、洛克沙胂用于食品动物的公告（中华人民共和国农业部公告第 2638 号)

17. 农业部关于印发《2018 年国家动物疫病强制免疫计划》的通知（2018 年 1 月 16 日)

参 考 文 献

Mary C. Smith，David M. Sherman，2011. Goat Medicine ［M］. 2nd Edition. New York：Wiley-Blackwell.

白文彬，于康震，2002. 动物传染病诊断学 ［M］. 北京：中国农业出版社.

蔡宝祥，2001. 家畜传染病学 ［M］. 4 版. 北京：中国农业出版社.

陈溥言，2015. 兽医传染病学 ［M］. 6 版. 北京：中国农业出版社.

陈世军，黄炯，杨会国，等，2013. 抗感染药物兽医临床应用 ［M］. 北京：中国农业出版社.

陈杖榴，2009. 兽医药理学 ［M］. 3 版. 北京：中国农业出版社.

丁伯良，李秀丽，2013. 羊病临床诊疗实例解析 ［M］. 北京：中国农业出版社.

何利芝，徐登峰，张素辉，等，2016. 羊病诊治你问我答 ［M］. 北京：机械工业出版社.

赫什 D C，麦克劳克伦 N J，沃克 R L，2007. 兽医微生物学 ［M］. 2 版. 王凤阳，范泉水，译. 北京：科学出版社.

卡恩 C M，莱恩 S，2015. 默克兽医手册 ［M］. 10 版. 张仲秋，丁伯良，译. 北京：中国农业出版社.

孔繁瑶，2010. 家畜寄生虫学 ［M］. 2 版. 北京：中国农业大学出版社.

李宏全，2014. 门诊兽医手册 ［M］. 北京：中国农业出版社.

刘中仁，2017. 羊梭菌病的病因、临床症状和防控措施 ［J］. 现代畜牧科技（9）：117.

陆承平，2013. 兽医微生物学 ［M］. 5 版. 北京：中国农业出版社.

罗建勋，殷宏，2005. 羊病早防快治 ［M］. 北京：中国农业科学技术出版社.

马文壮，2017. 羊大肠杆菌病防治 ［J］. 中国畜禽种业（11）：112-113.

毛开荣，2014. 动物布鲁氏菌病诊断技术 ［M］. 北京：中国农业出版社.

皮尤 D G，2004. 绵羊和山羊疾病学 [M]. 赵德明，韩博，译. 北京：中国农业大学出版社.

仁和平，张敏，田文霞，等，2013. 现代羊场兽医手册 [M]. 北京：中国农业出版社.

沈正达，胡永浩，赵晋军，等，2005. 羊病防治手册 [M]. 北京：金盾出版社.

王洪斌，2002. 家畜外科学 [M]. 4 版. 北京：中国农业出版社.

王建辰，曹光荣，2002. 羊病学 [M]. 北京：中国农业出版社.

王建华，2002. 家畜内科学 [M]. 3 版. 北京：中国农业出版社.

王兆武，2015. 羊狂犬病的诊治 [J]. 当代畜禽养殖业 (2)：29.

王志武，毛杨毅，韩一超，等，2008. 羊病类症鉴别与防治 [M]. 太原：山西科学技术出版社.

卫广森，2009. 羊病学 [M]. 北京：中国农业出版社.

吴清民，2002. 兽医传染病学 [M]. 北京：中国农业大学出版社.

吴心华，王伟华，贝丽琴，等，2014. 肉羊肥育与疾病防治 [M]. 北京：金盾出版社.

武瑞，孙东波，2011. 羊病科学防治 7 日通 [M]. 北京：中国农业出版社.

杨立刚，2017. 羊破伤风的防治措施 [J]. 中国畜牧兽医文摘 (1)：121.

岳文斌，郑明学，古少鹏，等，2008. 羊场兽医师手册 [M]. 北京：金盾出版社.

张成，2017. 羊梭菌病的预防和治疗 [J]. 中国动物保健 (6)：55.

张英杰，刘月琴，刘洁，等，2014. 养羊手册 [M]. 北京：中国农业大学出版社.

中国农业科学院哈尔滨兽医研究所，1998. 动物传染病学 [M]. 北京：中国农业出版社.

图书在版编目（CIP）数据

羊场兽药规范使用手册／中国兽医药品监察所，中国农业出版社组织编写；薛青红，窦永喜主编．—北京：中国农业出版社，2018.12（2021.8重印）
（养殖场兽药规范使用手册系列丛书）
ISBN 978-7-109-24510-5

Ⅰ．①羊… Ⅱ．①中… ②中… ③薛… ④窦… Ⅲ．①羊病－兽用药－手册 Ⅳ．①S858.26-62

中国版本图书馆 CIP 数据核字（2018）第 193258 号

中国农业出版社出版
（北京市朝阳区麦子店街 18 号楼）
（邮政编码 100125）
策划编辑 孙忠超 刘 玮 黄向阳
责任编辑 刘 玮 弓建芳

北京万友印刷有限公司印刷　新华书店北京发行所发行
2018 年 12 月第 1 版　2021 年 8 月北京第 2 次印刷

开本：910mm×1280mm　1/32　印张：10.25
字数：250 千字
定价：30.00 元
（凡本版图书出现印刷、装订错误，请向出版社发行部调换）